信息通信基础设施
低碳节能技术及应用指南

主 编 李克民

U0347119

人民邮电出版社
北 京

图书在版编目（CIP）数据

信息通信基础设施低碳节能技术及应用指南 / 李克
民主编. -- 北京 : 人民邮电出版社, 2022.2
ISBN 978-7-115-58467-0

Ⅰ. ①信… Ⅱ. ①李… Ⅲ. ①通信工程－基础设施建
设－节能－指南 Ⅳ. ①TN91-62

中国版本图书馆CIP数据核字(2021)第263393号

内 容 提 要

　　我国积极推进绿色低碳能源政策，通信运营商陆续发布了十四五期间"碳达峰、碳中和"行动计划，响应国家碳减排的号召。本书分为八个章节，分别从国家政策层面解读，把不同地域、各类通信局（站）在线运行的各种节能技术汇总，详细讲解各个环节的重点工作，展现了通信行业目前实际运行低碳、节能的案例。本书真正成为信息通信基础设施低碳节能技术的总结和新建局站节能的指南，可作为相关领域管理人员、技术负责人等从业人员的技术参考书，也可作为大中专院校的参考材料。

◆ 主　　编　李克民
责任编辑　王建军
责任印制　陈　犇

◆ 人民邮电出版社出版发行　　北京市丰台区成寿寺路 11 号
邮编　100164　电子邮件　315@ptpress.com.cn
网址　https://www.ptpress.com.cn
雅迪云印（天津）科技有限公司印刷

◆ 开本：787×1092　1/16
印张：19.75　　　　　　2022 年 2 月第 1 版
字数：375 千字　　　　2022 年 2 月天津第 1 次印刷

定价：198.00 元
读者服务热线：(010)81055493　印装质量热线：(010)81055316
反盗版热线：(010)81055315
广告经营许可证：京东市监广登字 20170147 号

编 委 会

参编人员

徐砚星　珠海泰坦电源有限公司

张　海　广州威能机电有限公司

李昭桦　广东省电力设计研究院

姚志强　中国移动通信集团有限公司河南分公司

韩　啸　中国电信集团有限公司安徽分公司

侯永涛　中讯邮电咨询设计院有限公司

骆名文　广东美的暖通设备有限公司

刘　凯　广东美的暖通设备有限公司

张燕琴　中国联合网络通信有限公司研究院

参编单位及编委

杨李敏　中国移动通信集团湖北有限公司

李　菁　中国电信集团有限公司武汉分公司

范俊宁　中兴通讯股份有限公司

蔡　波　广东海悟科技有限公司

王继鸿　南京佳力图机房环境技术股份有限公司

王金生　山东圣阳电源股份有限公司

郭启明　山东圣阳电源股份有限公司

丁志永　苏州安瑞可信息科技有限公司

丁德坤　湖北兴致天下信息技术有限公司

田智会　上海科泰电源股份有限公司

董　捷　理士国际技术有限公司

王良根　上海现代通讯设备有限公司

雷卫清　杭州中恒电气股份有限公司

周青松　中塔新兴通讯技术集团有限公司

苏礼华　深圳市杭金鲲鹏数据运营有限公司

王　峥　深圳力维智联技术有限公司

陈　鹏　深圳力维智联技术有限公司

陈冀生　先控捷联电气股份有限公司

周　理　新疆华奕新能源科技有限公司

严锦程　新疆华奕新能源科技有限公司

参编单位名单

中国移动通信集团湖北有限公司

中国电信集团有限公司武汉分公司

中兴通讯股份有限公司

广东海悟科技有限公司

湖北兴致天下信息技术有限公司

南京佳力图机房环境技术股份有限公司

苏州安瑞可信息科技有限公司

上海科泰电源股份有限公司

理士国际技术有限公司

山东圣阳电源股份有限公司

杭州中恒电气股份有限公司

中塔新兴通讯技术集团有限公司

深圳市杭金鲲鹏数据运营有限公司

深圳力维智联技术有限公司

上海现代通讯设备有限公司

先控捷联电气股份有限公司

新疆华奕新能源科技有限公司

前 言 PREFACE

2020 年 9 月 22 日，习近平总书记在第 75 届联合国大会上提出我国二氧化碳排放力争在 2030 年前达到峰值，努力争取在 2060 年前实现碳中和，充分彰显了我国推进绿色低碳转型和高质量发展的巨大勇气、坚定信心和空前力度。为推动实现碳达峰、碳中和目标，中国将陆续发布重点领域和行业碳达峰实施方案和一系列支撑保障措施，构建起碳达峰、碳中和"1+N"的政策体系。

我国碳达峰、碳中和目标意义重大。第一，展现构建人类命运共同体的大国担当。中国是碳排放量最大的国家，有助于提升全球气候治理的话语权，树立负责任大国的积极形象。第二，这是践行生态文明理念的重要举措。时间上，这与"两个一百年"奋斗目标相吻合。本质上，是生态文明建设的重要内容之一，是实现美丽中国目标的必由之路。第三，推动绿色低碳发展的内在要求。我国的产业结构已经发生了深刻变化，中国当前处于工业化后期向后工业化过渡的阶段，已经具备了低碳发展的潜力。我国已经进入高质量发展时代，正立足新发展阶段，贯彻新发展理念，构建新发展格局，开启了全面建设社会主义现代化强国的新征程。

信息通信行业高度重视并已积极采取措施节约能源，并取得了较好的效果。当前我们的节能工作，主要任务是节约用电，降低能耗水平。通信局（站）的节能工作，已经进行了多年，投入了大量人力、物力和财力，创新了众多节能新技术，特别是中国电信、中国移动、中国联通三大基础电信运营商，在基础设施节能降耗方面取得了良好的成绩。要持续、健康、更有效地推进节能工作，我们必须注重总结通信局（站）已经采取的各种节能措施，把好的措施加以推广，推动信息通信行业节能工作达到一个新水平、新高度、新业态。

节能技术应可靠、适用、高效。实施节能措施，不能影响通信网络的安全运行，也不能增加运行维护的工作量，更不能降低供电系统、供冷系统的可靠性。要依靠先进技术、新材料、新工艺、新方法实施有效的维护，推进综合节能和系统节能，要注重实效，必须要具有明显的经济效益和良好的社会效益。

根据中国通信企业协会的任务部署，我们组织编写《信息通信基础设施低碳节能技术及应用指南》一书，就是要把不同地域、各类通信局（站）在线运行的各种节能技术进行总结分析、科学评估，注重实际运行效果、优中选优，把运行可靠、适合使用、节能显著的方法汇集成册推荐给大家，供新建局站和已建局站改造选用，推动信息通信行业的节能工作上一个新台阶，呈现一个新面貌，达到一个新效果。

本书以三大基础电信运营商在线运行较好的节能技术为主体，同时也汇集各行各业、各专用通信网、互联网企业的信息通信基础设施优秀的节能技术，以便相互借鉴，取长补短。提高通信网络供电系统、供冷系统的可靠性是节能工作必须重视的一个重要方面，保障通信网络安全运行是最高原则。网络要安全，装备是关键，所以我们也注意汇集设备制造商总结的设备最佳运行工况和创新的节能技术。

本书是信息通信局（站）新建和已建改造时选用节能技术和方案的指南。

本书编委会由三大基础电信运营商的运维骨干、中讯邮电咨询设计院有限公司、中国移动通信集团设计院有限公司、广东电信规划设计院有限公司的专家和行业内的知名专家组成。这本书是运维专业集体智慧的结晶，在此向参编人员深表感谢！由于水平有限，书中错误疏漏之处在所难免，敬请读者批评指正。

《信息通信基础设施低碳节能技术及应用指南》编委会

2021 年 10 月

目 录 CONTENTS

第 1 章

信息通信基础设施低碳节能政策及标准

1.1 国家关于节能减排的政策法规

1.2 信息通信行业标准中有关节能减排的要求

1.3 专家视点

从"十一五"开始，信息通信行业开始致力于"节能减排"。时至"十四五"开局之年，信息通信行业以"碳达峰""碳中和"作为新的工作目标。从"节能减排"到"双碳"，信息通信行业迎来了目标的升级，这意味着信息通信行业的工作从"节能减排"转换到"双碳"；诉求从企业降低自身成本转换到全社会达到"碳中和"。对此，一个必要的解决途径就是解读政策，了解标准。

1.1 国家关于节能减排的政策法规

1.1.1 以往的节能政策

《中华人民共和国节约能源法》中所称的节约能源，是指加强用能管理，采取技术上可行、经济上合理以及环境和社会可以承受的措施，从能源生产到消费的各个环节，降低消耗、减少损失和污染物排放、制止浪费行为，有效、合理地利用能源。"节能减排"一词出自《中华人民共和国国民经济和社会发展第十一个五年规划纲要》（简称《纲要》）。其中提出，"十一五"期间，单位国内生产总值能耗降低 20% 左右，主要污染物排放总量减少 10%。

2006 年以后，我国成了世界第一大碳排放国。我国快速增长的能源消耗和过高的石油对外依存度促使我国政府在 2006 年年初提出：希望到 2010 年，单位 GDP（Gross Domestic Product，国内生产总值）能耗比 2005 年降低 20%，主要污染物排放减少 10%。为实现经济社会发展目标，我国能源在"十一五"期间（2006—2010 年）的发展目标是：到"十一五"末期，能源供应基本满足国民经济和社会发展需求，能源节约取得明显成效，能源效率得到明显提高；结构进一步优化，技术取得实质性进步，经济效益和市场竞争力显著提高；与社会主义市场经济体制相适应的能源宏观调控、市场监管、法律法规、预警应急体系和机制得到逐步完善，能源与经济、社会、环境协调发展。

2010 年 3 月 26 日，国务院国有资产监督管理委员会下发《中央企业节能减排监督管理暂行办法》（第 23 号令），要求央企在"十二五"期间万元 GDP 综合能耗下降 20%，将"节能减排"纳入央企负责人任期考核指标，并给出了详细的管理办法和要求。该令的第五条中明确规定了节能减排的分类监督管理类别。

2016 年 12 月，国务院发布的《"十三五"节能减排综合工作方案》中提出：到 2020 年，全国万元 GDP 能耗比 2015 年下降 15%，能源消费总量控制在 50 亿吨标准煤以内。同时，《"十三五"节能减排综合工作方案》还提出在"十三五"期间，大力发展"互联网+智慧能源"，支持基于互联网的能源创新，推动建立城市智慧能源系统，鼓励发展智能家居、智能楼宇、智能小区和智能工厂，推动智能电网、储能设施、分布式能源和智能用电终端协同发展。

1.1.2 当前的"双碳"政策

当前，全球气候变化已达成国际共识。气候变化主要是由于人类活动产生的温室气体排放而造成的地球温度上升。自然界本身排放着各种温室气体，在地球的长期演化过程中，大气中温室气体的变化是很缓慢的，处于一种循环过程。碳循环就是一个非常重要的化学元素的自然循环过程。大气和陆生植被，大气和海洋表层植物及浮游生物每年都会产生大量的碳交换。从天然森林来看，二氧化碳的吸收和排放基本是平衡的。人类活动极大地改变了土地利用的形态，特别是工业革命后，大量森林植被被迅速砍伐一空，化石燃料使用量也以惊人的速度增长，人为的温室气体排放量相应不断增加。从全球来看，从 1975 年到 1995 年，能源生产量就增长了 50%，二氧化碳排放量相应也有了大幅增长。

为了控制温室气体排放，1992 年联合国环境与发展大会通过《联合国气候变化框架公约》，该公约提出到 20 世纪 90 年代末，发达国家温室气体的年排放量控制在 1990 年的水平。1997 年，在日本京都召开的缔约国第三次大会上通过的《联合国气候变化框架公约的京都议定书》，规定了 6 种受控温室气体，明确了各发达国家削减温室气体排放量的比例，并且允许发达国家之间采取联合履约的行动。

2020 年召开的中央经济工作会议对做好 2021 年的"碳达峰""碳中和"工作做出明确部署，强调要加快调整优化产业结构、能源结构，推动煤炭消费尽早达峰，大力发展新能源，继续打好污染防治攻坚战，实现减污降碳协同效应。

2021 年 2 月，国务院印发的《关于加快建立健全绿色低碳循环发展经济体系的指导意见》提出，要坚定不移地贯彻新发展理念，全方位全过程推行绿色规划、绿色设计、绿色投资、绿色建设、绿色生产、绿色流通、绿色生活、绿色消费，建立健全绿色低碳循环发展经济体系。生态环境部、国家发展和改革委员会、国家能源局等也出台了关于"碳达峰""碳中和"的配套政策。

1.1.3 "十四五"规划中的节能政策

中央财经委员会第九次会议指出，实现"碳达峰""碳中和"是一场广泛而深刻的经济社会系统性变革，要把"碳达峰""碳中和"纳入生态文明建设的整体布局，拿出抓铁有痕的劲头，如期实现"双碳"目标。"双碳"目标对能源的绿色低碳转型提出了更高和更迫切的要求，这对我国能源的绿色低碳转型既是严峻的挑战，又是重要的机遇，迫切需要系统思考、统筹谋划，努力实现能源革命、能源安全、生态保护、绿色复苏的协同共进。

2021 年，全国"两会"通过的《中华人民共和国国民经济和社会发展第十四个五年规划和 2035 年远景目标纲要》，对生产生活方式绿色转型、现代能源体系建设等提出了新的要求，"十四五"时期是"碳达峰"的关键期、窗口期，将会大力推进能源革命，优化能源结构，加快构建清洁低碳、安全高效的能源体系，控制化石能源总量，着力提高利用效能，实施可再生能源替代行动。

"十四五"发展规划大幅度提高了可再生能源、新能源汽车等新能源产业的发展目标和支持力度。加快能源的绿色低碳转型，是我国实现"双碳"目标的必由之路，也是推动绿色复苏的重要引擎。

2020 年，我国积极推进绿色低碳的能源政策，加大对光伏、风电、电动汽车等新能源行业的支持力度，使新能源产业实现了逆势增长，出现了光电、风电装机热，电动汽车销量大增的现象。据初步核算，2020 年，我国能源消费总量比 2019 年增长 2.2%，清洁电力生产比重大幅提高，一定规模的工业水电、核电、风电、太阳能发电等一次电力生产占全部发电量的比重为 28.8%，比 2019 年提高 1%。

1.2 信息通信行业标准中有关节能减排的要求

1.2.1 信息通信行业中的节能减排标准介绍

信息通信行业在基础设施领域积极开展节能减排行动，其中，"标准化"工作是有序、有效推进节能减排的重要措施。信息通信行业自"十一五"期间开始制定相关节能标准以来，包括国家标准、行业标准、团体标准等在内的众多标准已经全面覆盖了节能技术和节能建设所涉及的内容，在信息通信行业节能减排进程中发挥了重要作用。表 1-1 列出了信息通信行业基础设施节能技术的相关标准的信息。

表1-1 信息通信行业基础设施节能技术的相关标准

标准类型	标准号	标准名称
节能技术标准	YD/T 2435.1—2020	通信电源和机房环境节能技术指南 第1部分：总则
	YD/T 2435.2—2017	通信电源和机房环境节能技术指南 第2部分：应用条件
	YD/T 2435.4—2020	通信电源和机房环境节能技术指南 第3部分：电源设备能效分级
	YD/T 2435.4—2020	通信电源和机房环境节能技术指南 第4部分：空调能效分级
	YD/T 2435.5—2017	通信电源和机房环境节能技术指南 第5部分：气流组织
	GB/T 26264—2010	通信用太阳能电源系统
	YD/T 3087—2016	通信用嵌入式太阳能光伏电源系统
	GB/T 26263—2010	通信用风能电源系统
	YDB 051—2010	通信用氢燃料电池供电系统
	YD/T 3425—2018	通信用氢燃料电池供电系统维护技术要求
	T/CCSA 314—2021	通信用铝空气电池系统

（续表）

标准类型	标准号	标准名称
节能技术标准	YD/T 2657—2013	通信用高温型阀控式密封铅酸蓄电池
	YD/T 2378—2020	通信用240V直流供电系统
	YD/T 3089—2016	通信用336V直流供电系统
	YDT 1051—2018	通信局（站）电源系统总技术要求
	YD/T 3767—2020	数据中心用市电加保障电源的两路供电系统技术要求
	YD/T 1969—2020	通信局（站）用智能新风节能系统
	YD/T 2318—2011	通信基站用新风空调一体机技术要求和试验方法
	YD/T 2770—2014	通信基站用热管换热设备技术要求和试验方法
	YD/T 3223—2017	通信局（站）用热管空调一体机
	YD/T 2768.3—2018	通信户外机房用温控设备 第3部分：机柜用空调热管一体化设备
	YD/T 2557—2013	通信用制冷剂泵—压缩机双循环系统技术要求和试验方法
	YD/T 3320.2—2018	通信高热密度机房用温控设备 第2部分：背板式温控设备
	T/CCSA 239.1—2018	服务器用液冷系统 第1部分：间接冷板式
	T/CCSA 239.2—2020	服务器用液冷系统 第2部分：喷淋式
节能建设标准	YD/T 5184—2018	通信局（站）节能设计规范
	GB/T 51216—2017	移动通信基站工程节能技术标准
	YD 5205—2014	通信建设工程节能与环境保护监理暂行规定

1.2.2 节能技术标准

信息通信行业基础设施中的电源和空调是主要的耗能设备，因此节能技术类标准的制定主要针对这两种设备。

信息通信行业的基础设施是一个整体，因此非常有必要从总体的、系统的角度对其节能技术做出规定。《通信电源和机房环境节能技术指南》系列标准包括5个部分：第1部分"总则"规定了电源、空调、维护结构的总体节能要求；第2部分"应用条件"对各种节能技术的原理和应用条件做了详细规定；第3部分"电源设备能效分级"和第4部分"空调能效分级"规定了各种设备及系统的能效分级；第5部分"气流组织"详细规定了各种机房中气流组织的应用要求。该系列标准全面描述了各种节能技术的构成、应用，对信息通信行业基础设施的节能起到了总体的指导作用。

电源节能技术主要包括清洁能源、燃料电池、高温电池、高压直流供电、市电直供等技术。

清洁能源节能技术主要是指利用太阳能和风能的技术，GB/T 26264—2010《通信用太阳能电源系统》规定了独立太阳能、太阳能—市电互补、太阳能—柴发互补及其他混合发电等电源系统的技术要求；YD/T 3087—2016《通信用嵌入式太阳能光伏电源系统》则针对嵌入式系统做了统一规定；GB/T 26263—2010《通信用风能电源系统》

规定了独立风能、风能—市电互补、风能—柴发互补、风能—光伏互补等电源系统的技术要求。这些标准为清洁能源的使用做出了详细的设计指导。

燃料电池技术主要包括氢燃料电池和铝空气电池。YDB 051—2010《通信用氢燃料电池供电系统》、YD/T 3425—2018《通信用氢燃料电池供电系统维护技术要求》分别规定了氢燃料电池系统的技术和维护要求；T/CCSA 314—2021《通信用铝空气电池系统》规定了铝空气燃料电池的技术要求。

蓄电池是机房进一步提高控温目标来进行空调节能的短板，高温电池的应用则能解决该问题。YD/T 2657—2013《通信用高温型阀控式密封铅酸蓄电池》规定了高温型阀控式密封铅酸蓄电池的技术要求，从而促进了该类电池在机房中的应用普及，协助空调系统进行节能减排。

高压直流供电技术相比交流UPS（Uninterruptible Power Supply，不间断电源）去掉了DC/AC逆变器，能够提高供电系统能效，YD/T 2378—2020《通信用240V直流供电系统》、YD/T 3089—2016《通信用336V直流供电系统》分别规定了240V和336V直流供电系统的技术要求，目前高压直流供电技术在越来越多的机房得到应用。

市电直供全称为双路混合供电方式。这种方式采用一路市电加一路保障电源的双路混合供电架构。YDT 1051—2018《通信局（站）电源系统总技术要求》在编制背景说明中提到，在节能减排的推动下，提高供电系统效率成为追求的目标，因此出现了同一通信设备由交流和直流两种电源同时供电的混合供电方式。于是，该标准规定了双路混合供电方式，即通信局（站）电源系统可采用一路市电加一路保障电源的双路混合供电架构。YD/T 3767—2020《数据中心用市电加保障电源的两路供电系统技术要求》，进一步规定了数据中心用市电加保障电源的两路供电系统的系统组成、技术要求和供电架构。市电与高压直流混合供电系统是ICT（Information and Communications Technology，信息与通信技术）领域供电架构新的发展方向，它以高压直流供电作为保障供电基础，以市电作为主供电源，既利用市电直接供电的高效率，同时又获得直流系统的高保障性。此供电架构能够很好地实现节能降耗，解决远距离供电问题和高功率密度供电难题，实现高效、高可靠性与轻资产等目标。

空调节能技术主要包括自然冷源、近热源冷却和液冷技术。

自然冷源技术是最主要的空调节能技术。YD/T 1969—2020《通信局（站）用智能新风节能系统》规定了机房、基站等场景中独立新风系统的技术要求；YD/T 2318—2011《通信基站用新风空调一体机技术要求和试验方法》规定了基站新风空调一体机的技术要求；YD/T 2770—2014《通信基站用热管换热设备技术要求和试验方法》、YD/T 3223—2017《通信局（站）用热管空调一体机》分别规定了独立热管设备和热管空调一体机的技术要求；YD/T 2768.3—2018《通信户外机房用温控设备 第3部分：机柜用空调热管一体化设备》规定了户外柜空调热管一体机的技术要求；YD/T

2557—2013《通信用制冷剂泵—压缩机双循环系统技术要求和试验方法》规定了机房氟泵空调的技术要求。上述标准涉及了多种自然冷源方案，能够指导各个机房因地制宜地选用合适的自然冷源技术，从而产生有效的节能减排效果。

近热源冷却是利用较高的回风温度以及较短的气流输送距离使空调系统产生节能效果。近热源冷却较为典型的技术是背板空调技术。YD/T 3320.2—2018《通信高热密度机房用温控设备　第 2 部分：背板式温控设备》规定了热管背板、水冷背板的技术要求。随着高热密度机柜越来越多，背板技术将得到越来越广泛的应用。

近年来液冷技术发展较快，液冷技术不仅能够解决高热密度散热问题，还具有显著的节能效果，是未来空调节能技术发展的重要趋势。T/CCSA 239.1—2018《服务器用液冷系统　第 1 部分：间接冷板式》、T/CCSA 239.2—2020《服务器用液冷系统　第 2 部分：喷淋式》分别规定了间接冷板式、喷淋式等服务器液冷系统的技术要求。目前，液冷技术的标准化程度较低，行业需要进一步推动已经制定标准的执行，继续推进关键液冷技术的标准化工作。

1.2.3　节能建设标准

节能技术应用于信息通信行业基础设施的各个基本单元，因此，节能建设的标准化也是十分重要的。目前，节能建设类标准已经包括了通信局（站）在工程设计及施工阶段的相关要求。

YD/T 5184—2018《通信局（站）节能设计规范》全面地规定了通信局（站）建设设计中应达到的节能要求，其中包括局（站）的选址，建筑布局，维护结构，通信设备选用及安装，空调系统的冷源、输配、气流、设备布置，电气系统的供配电、通信电源、照明、布线，以及管理系统的节能设计，从整体到局部对节能建设做了详细的要求。

GB/T 51216—2017《移动通信基站工程节能技术标准》针对通信基站的节能建设做了全面的规定，其中包括基站选型与选址、通信设备节能功能要求、空调和换热设备的选用、电源设备的选用、清洁能源的利用等。我国的基站规模庞大，切实执行好基站节能建设标准对信息通信行业的节能减排具有重大意义。

YD 5205—2014《通信建设工程节能与环境保护监理暂行规定》是针对通信建设工程施工阶段节能、环境保护方面工作而制定的，其对施工阶段节能监理做出了相关规定。

除了上述提到的标准，目前还有多项新节能技术如蒸发冷却等标准正在制定中，标准的制定工作正在紧跟行业发展和需求。另外，基础电信运营商在过去是行业节能减排的主要参与者，随着近年来信息通信行业的蓬勃发展，腾讯、百度、阿里巴巴等大型互联网企业对基础设施尤其是数据中心建设的参与和带动能力越来越强，以及"30、60 双碳目标"在全社会的实施，信息通信行业基础设施的节能减排工作将更加多元化，例如，阿里巴巴等企业提出了高效供电、高效冷却方案及其团体标准。在整个行业参与者的共同努力和协作下，节能减排工作将会取得更大的成效。

1.2.4 节能测试标准

与信息通信行业基础设施节能相关的测试标准一般与其对应的产品标准紧密结合，这些标准中所规定的节能指标测试方法，为节能性能的测量提供了标准的、统一的方法，为整个信息通信行业的节能技术发展奠定了可测量、可量化的技术基础。节能性能的测试可以分为针对电源类产品的节能测试、针对空调类产品的节能测试以及针对系统的节能测试。

电源类产品的节能性能，主要体现在电源转换效率、输入功率因数、输入电流谐波等性能指标方面。信息通信行业主要应用通信用开关电源、通信用交流不间断电源、通信用逆变器、通信用240V/336V高压直流等电源产品为主设备提供可靠的电能供给。这些电源产品是使用电力电子技术的变换器，最核心的部分均为进行电力特征形式变换的电力电子电路。在电压或者电流的变换过程中，由于不同的电源产品所应用的器件、拓扑、控制等因素不同，因此电能的转换损耗也不同。判断电源产品节能性能的一个重要指标就是电源转换效率。YD/T 731—2018《通信用48V整流器》规定了48V输出的整流器电源的转换效率的测试方法，并根据实际使用场景提出了在30%、50%、100%额定负载电流下的电源转换效率测量方法。YD/T 1058—2015《通信用高频开关电源系统》规定了开关电源系统的转换效率的测试方法，并根据实际使用场景提出了在30%、50%、70%、100%额定负载电流下的电源转换测量方法。YD/T 1095—2018《通信用交流不间断电源（UPS）》规定了UPS转换效率的测试方法，针对额定输出容量小于10kVA、10kVA～100kVA、大于100kVA这3种规格的UPS，规定了在30%、50%、100%额定阻性负载下的转换效率测试方法。YD/T 2378—2011《通信用240V直流供电系统》规定了额定输出电流小于20A、大于20A两种规格的240V输出整流器，在50%、100%额定电流下的转换效率测试方法。YD/T 3089—2016《通信用336V直流供电系统》规定了30%、50%、100%额定负载下的336V直流供电系统的转换效率测试方法。

对于交流输入的电源变换设备，输入功率因数、输入电流谐波也是衡量电源节能性能、电能质量的重要性能参数。输入功率因数标志着交流输入的电源变换设备对电网电能的有效利用能力，输入电流谐波标志着供电环境受电源变换设备的干扰程度。较高的输入功率因数、较低的输入电流谐波代表着电源变换设备利用电网电能的高效、低耗，反之则会带来较大的电缆损耗，同时开关、熔丝、油机等的配置都需要增容。YD/T 731—2018《通信用48V整流器》和YD/T 1058—2015《通信用高频开关电源系统》针对48V输出的整流器电源及开关电源系统规定了输入功率因数、输入电流谐波的测试方法，并根据实际使用场景提出了在30%、50%、100%额定负载电流下的测量方法。YD/T 1095—2018《通信用交流不间断电源（UPS）》规定了UPS输入功率因数、输入电流谐波的测试方法，并详细给出了在30%、50%、100%非线性负载下的测试方法。YD/T 2378—2011《通信用240V直流供电系统》规定了240V输出整流器，在50%、100%额定电流下的输入功率因数、输入电流谐波测试方法。YD/T 3089—2016《通信用336V直流供电系统》规定了在30%、50%、100%额定负载下的336V直流供电系统的输入功率因数、输入电流谐波测试方法。

空调类产品最主要的节能性能指标是能效比。越高的能效比代表着使用更少的电能转移更多的热量。YD/T 2061—2020《通信机房用恒温恒湿空调系统》规定了风冷型、冷冻水型机房精密空调的能效比测试方法。YD/T 2318—2011《通信基站用新风空调一体机技术要求和试验方法》规定了新风空调一体机在机械制冷、新风两种制冷（冷却）工作模式下的能效比测试方法。YD/T 2557—2013《通信用制冷剂泵—压缩机双循环系统技术要求和试验方法》规定了双循环空调系统在泵循环模式下的能效比，以及机组全年能效比的测试方法。YD/T 3320系列标准针对高热密度机房中应用的列间式、背板式、顶置式空调规定了能效比测试方法。YD/T 2768系列标准规定了户外机房用的嵌入式、相变材料、空调热管一体化空调设备的能效比测试方法。YD/T 1968—2021《通信局（站）用智能热交换系统》、YD/T 1969—2020《通信局（站）用智能新风节能系统》规定了通信基站用的热交换和新风设备的能效比测试方法。

除了电源类、空调类产品的节能性能测试，通信机房作为一个整体进行节能性能测试在实际应用中更加具有现实意义。YD/T 3032—2016《通信局（站）动力和环境能效要求和评测方法》对于通信局（站）的整体能效提出了具体的测试方法，并对局（站）中的供电系统及空调系统分别规定了能效测试方法。

综上所述，信息通信行业对于基础设施从产品级到系统级，均规定了节能性能的测试方法，这些测试方法与相应的产品节能指标要求紧密结合，为节能指标的测试统一了试验方法，使得节能指标的量化更加科学，更具有针对性。

1.3 专家视点

1.3.1 通信局（站）设备环境条件要求

1.3.1.1 概述

信息通信机房主要包括接入、汇聚、传输、核心综合业务机房，动力机房以及近年来得到飞速发展的IDC（Internet Data Center，互联网数据中心）机房。作为"新基建"的重要组成部分，5G基站和IDC机房是目前建设规模和能耗增长最为迅速的两类机房。5G基站具有数量庞大、站址分散、机房环境较差的特点；IDC机房则具备建设规范，环境指标要求高的优势。虽然不同类型的信息通信机房建设模式差异较大，放置设备不同，但是机房环境条件应满足相关设备运行的需求。

当前，国内外信息通信行业对于机房环境有相关的技术指标要求。同时，信息通信设备属于固定应用的电工电子类产品，相关的国际标准和国家标准对此类产品的环境条件也有规定和要求。但在实际应用中，这些标准对于环境条件的规定却有较大的差异。

信息通信基础设施的建设投资与机房环境条件关系密切，较高的环境条件要求将显著增大基础设施建设投资和提升后期的运营、运维成本，以及产生较高的能耗。因此，相关人员根据当前不同类型机房的实际应用场景，制订合理的设备环境要求和机房基础设施建设要求，这对于降低建设和运营费用、减少能源消耗是十分必要的。

1.3.1.2 机房环境条件影响因素

1. 环境因素对电子设备的影响

对电子设备运行有显著影响的环境因素主要包括温度、湿度、气压、电磁环境、各类腐蚀性气体和空气洁净度等指标，其中，气压、腐蚀性气体和电磁环境因素应该在机房站址选型、设备选型时进行充分考虑，如果机房附近有固定污染源，如在海边、化工厂、燃煤电厂、饲养场等附近选址，就要充分考虑腐蚀性气体的因素；在高海拔地区选址，就要考虑气压的影响；在大型变电站、高压电力输电线附近选址，则要考虑电磁环境的影响。

而温度、湿度和空气洁净度指标则成为在机房建设和运营过程中，始终需要重点关注的环境因素。对于大量的中小型机房，如基站，很多时候无法完全避免腐蚀性气体的影响，也要将其作为一个影响因素。

温度对电子元器件、绝缘材料等有较大的影响，高温将影响电子器件的散热、可靠性和使用寿命。对于半导体元器件而言，室温每增加$10\,^{\circ}\text{C}$，其可靠性就会降低25%，电解电容器的寿命将下降50%。温度过高，印刷电路板结构强度将降低；温度过低，绝缘材料将会变脆。

湿度对于电气产品也具有明显的影响，相对湿度较高时，电子元器件表面易形成水膜，降低电子产品的绝缘强度，导致器件短路；湿度较低时，容易产生静电，危害电子线路的安全。

粉尘影响主要包括机械影响、化学影响和电学影响：机械影响主要有阻碍冷却气流、干扰移动部件、产生磨损和表面形变，以及其他类似影响；化学影响主要指落在电路板上的粉尘会导致组件腐蚀，以及相邻的功能部件短路；电学影响指粉尘引起电路阻抗变化和电子电路发生桥接故障。

2. 机房环境条件分类

信息通信行业不同类型的机房建设模式差异较大，例如大型IDC机房、核心综合业务机房，单个建筑体积大，设施完善。而对于数量庞大的基站，由于各种条件的限制，为满足快速、极简建站和低成本运营的需求，接入机房（含基站）的建设模式多种多样，不同类型机房的维护结构、温控方案差异较大。

根据不同的建设模式，信息通信机房可以分为以下 4 种类型。

（1）有气候防护完全温控场所

此类场景的设备工作环境有严格的温控措施，维护结构可能会受到太阳辐射或短暂的热辐射影响，不会受到冷凝水和雨雪等的影响，遭受沙尘的影响极小。一般而言，各类IDC、核心综合业务机房、有机房的汇聚/接入站和配置完善的温控措施、密封较好的户外机柜，可以归为此类。

（2）有气候防护部分温控场所

此类场景的设备工作环境没有完善的温度和湿度控制措施，但在极端恶劣的条件下有防止极端低温和异常高温的措施，可能会受到太阳辐射或短暂的热辐射影响，可能受到冷凝水的影响（但不是雨雪等影响），会受到一定的沙尘影响。部分温控系统劣化的小型机房，例如汇聚/接入站、户外柜等，可以归为此类。

（3）有气候防护无温控场所

此类场景的设备工作环境没有任何温度和湿度控制措施，可能暴露在外界空间或仅有部分工作环境有气候防护，可能会受到太阳辐射或短暂的热辐射影响，可能受到冷凝水的影响（但不是雨雪等影响），会受到一定的沙尘影响。温控失效的户外通信机柜、室内分布基站可以归为此类。

（4）无气候防护场所

此类场景的设备工作环境是没有任何气候防护的，完全暴露在外部空间，可能会受到太阳辐射和热辐射的影响，可能会受到雨雪的影响，可能会受到很强的沙尘影响，设备处于户外安装的物理设施环境。此类场所主要包括郊外旷野、公路边、各种露天场所。

1.3.1.3 信息通信机房运营现状及环境标准

1. 信息通信机房现状

对于IDC机房、核心综合业务机房来说，由于此类机房数量较少，且在网络中处于重要地位，会常年有人值守，当出现故障时，可以得到及时维护。而对于信息通信行业众多的中小型机房，如汇聚站、基站，在实际运行时，维护不到位而出现的破损、密封不严以及温控设备发生故障、机房空气洁净度无法保证、机房高温等问题较为普遍，直接使机房环境条件劣化，威胁信息通信设备的运行安全，严重时甚至会导致信息通信设备宕机退服。

在各类信息通信机房中，基站数量最庞大，站址分散，建设模式多样化，运行环境也最恶劣，从经历了建设初期站点少、造价高，到目前数量庞大、极简建站的历程，基站设备的工作环境也经历了显著变化。

（1）基站建设分类

目前，基站建设主要分为以下4种类型。

1）宏基站

传统宏基站建设模式有租赁房屋和自建板房。按照建设规范要求，宏基站配置专用空调，并应考虑空调的备用，其机房是所有接入机房（含基站）类型中环境条件最好的。在实际运行中，馈线窗、穿墙洞等封堵不严，基站门漏风甚至常年开启造成宏基站内部环境较差。近年来，由于投资原因，部分运营商没有在宏基站配置备用空调，一旦空调出现故障，宏基站将不可避免遭遇高温，这些因素导致基站设备实际运行环境无法满足相关技术规范的要求。某宏基站密封不严的穿墙洞及室内环境如图1-1所示。

图1-1　某宏基站密封不严的穿墙洞及室内环境

2）户外一体化机柜基站

随着基站建设数量的急剧增加，有机房宏基站资源越发稀缺。与传统有机房宏基站相比，户外一体化机柜基站具有占地少、建设快、成本低的优势，目前，户外一体化机柜基站在建设中得到了大量应用。但与传统宏基站相比，户外一体化机柜基站的环境条件更难于把控，主要表现在夏季机柜高温以及机柜密封问题。

由于机柜空间小，当基站负荷较大、空调制冷量不足或者制冷出现故障时，机柜将不可避免地产生高温，最终导致基站退服。事实上，种种原因，例如季节性杨絮、柳絮堵塞空调进风口、机柜空调故障率较高等，都会导致机柜高温。为保证机柜常年保持在适宜的温度，一些维护单位在机柜上挖孔，安装风机，采用了不带过滤器的直通风方式降温，但这样又会导致柜内灰尘的堆积。户外一体化机柜基站案例如图1-2所示。该图从左至右分别为空调进风口堵塞、在机柜后期挖的直通风孔洞以及机柜内的环境状况。大量户外一体化机柜安装在市区道路边，由于温控劣化或损坏导致柜门常开的案例屡见不鲜，而实际工作环境更加恶劣。

图 1-2　户外一体化机柜基站案例

3）室内分布基站

室内分布基站设备基本安装在大楼的电缆上线井、电梯间等场所，此类环境基本没有温控措施，在基站设备持续发热后，部分电缆上线井内部也会产生较高的温度，因此要求设备能够持续在高温下正常工作。

4）户外抱杆基站

对于完全没有气候防护的基站，相关设备完全暴露在外部露天环境下时，在产品设计时，对密封、防水和耐高温方面有很高的要求，对基础设施建设的要求很低。

（2）不同类型基站的能耗比较

在相关基站的建设类型中，室内分布基站和户外抱杆基站没有任何温控措施，尤其是户外抱杆基站，在产品设计阶段就考虑了高温、密封、防水等方面的措施，对基础设施的要求低，两者具有最低的系统PUE（Power Usage Effectiveness，电源使用效率），但这两种建站模式的应用范围较窄，无法满足宏基站和室内分布基站对复杂场景的需求；其他两类基站建设方式，即户外一体化机柜基站和有机房宏基站，可以满足复杂场景的需求，两者基础设施建设有显著差异，当采用不同的温控措施时，基站的能耗相差较大。

配置空调的户外一体化机柜基站，在实际运行时由于空调损坏而打开机柜门的情况屡见不鲜，这使部分机柜夏季长期处于高温、高粉尘的环境下，工作环境恶劣。针对这种情况，安装人员通过安装新风系统、更换原有铅酸电池等改进措施解决了上述这些问题。例如安装带有自动清洁过滤器的新风系统，将机柜外的冷空气引入机柜内，G4 等级过滤器可阻挡 90% 以上的粉尘进入机柜，使机柜内外温差维持在 5℃ 左右，保证机柜内温度在夏季基本低于 45℃；将普通铅酸电池更换为磷酸铁锂电池，解决铅酸电池不耐高温的短板。在采取这些措施后，可以轻松实现机柜基站系统的PUE值小于 1.1，也解决了夏季户外机柜长期开门的问题。

有机房宏基站配置的空调一般设定温度为 28℃ ～ 30℃，设备工作环境条件属于各类基站中最好的，但其 PUE 值也大多高于 1.5。

以直流负荷 53.5V/60A 基站为例，当 PUE 值=1.1 时，其温控系统年用电量约为 2812kW·h；当 PUE 值=1.5 时，其温控系统年用电量约为 14060kW·h，采用新风系统的户外一体化机柜年耗电节约 11248kW·h，节电率为 75%，节能效果十分可观。

对于户外一体化机柜，由于更换了磷酸铁锂电池，因此更适应高温工作环境；电路板设计可以采用优化电路板风道组织的方法，优先冷却受温度影响较大的元器件，如电解电容器，使其工作在较为适宜的环境温度。目前，部分设备制造商在设计电路板时，都会对风道组织开展大量的测试和优化工作。采取相关措施后，基站内设备短时间工作在 40℃～ 45℃的温度中，不会对基站正常工作和设备寿命产生显著影响。

另外，与安装空调相比，虽然直通风方式增加了过滤器的新风系统可以过滤 90% 的粉尘，但在空气洁净度、腐蚀性气体指标方面仍会降低，这些因素对设备正常工作和寿命的影响，相关设备制造商也在不断研究和改进。

2. 现有标准环境要求指标

当前，有关信息通信机房环境条件的各类标准较多，而作为电工电子类产品，信息通信设备的工作环境条件要求也可以参考电工电子产品类的国家标准。

涉及通信机房和基站环境要求的标准主要有 GB 50174—2017《数据中心设计规范》、GB/T 51216—2017《移动通信基站工程节能技术标准》、YD/T 1821—2018《通信局（站）机房环境条件要求与检测方法》等，可参考的国家标准有 GB/T 4798.3—2007《电工电子产品应用环境条件　第 3 部分：有气候防护场所固定使用》、GB/T 4798.4— 2007《电工电子产品应用环境条件　第 4 部分：无气候防护场所固定使用》等，可参考的国外标准有 ETSI 300 019-2-3 V2.5.1 2020 以及 GR-63-CORE 等，GB/T 4798.3— 2007 修改采用了 IEC 60721-3-3：2002《环境条件分类　第 3 部分：环境参数分类及其严酷程度分级　第 3 节：有气候防护场所固定使用》（英文版）。

（1）相关标准关于腐蚀性气体和空气洁净度的规定

GB 50174—2017《数据中心设计规范》是主要针对数据中心机房的设计规范，环境要求描述包括腐蚀性气体和空气洁净度。关于腐蚀性气体，仅在 4.1 节有定性的描述——"应远离产生粉尘、油烟、有害气体以及生产或存储具有腐蚀性、易燃、易爆物品的场所"；关于灰尘，则规定为"主机房的空气含尘浓度，在静态或动态条件下测试，每立方米空气中粒径大于或等于 0.5μm 的悬浮粒子数应少于 17600000 粒"。

GB/T 51216—2017《移动通信基站工程节能技术标准》则对腐蚀性气体和空气洁净度做了较为细致的规定，见表 1-2 和表 1-3。该标准的环境分类和指标遵循了 ETSI 300 019-2-3 V2.5.1 2020 和 GB/T 4798.3—2007《电工电子产品应用环境条件　第 3 部分：有气候防护场所固定使用》的相关规定。

表1-2　GB/T 51216—2017《移动通信基站工程节能技术标准》对腐蚀性气体的要求

化学活性物质	单位	范围（平均值*）
二氧化硫（SO_2）	mg/m³	≤0.30
硫化氢（H_2S）	mg/m³	≤0.10
氨气（NH_3）	mg/m³	≤1.00
氯气（Cl_2）	mg/m³	≤0.10
氯化氢（HCL）	mg/m³	≤0.10
氟化氢（HF）	mg/m³	≤0.01
臭氧（O_3）	mg/m³	≤0.05
一氧化氮（NO）	mg/m³	≤0.5

注：平均值*为一周的平均值。

表1-3　GB/T 51216—2017《移动通信基站工程节能技术标准》对空气洁净度的要求

环境参数	单位	室内设备（允许值）	室外设备（允许值）
沙	mg/m³	—	≤300
尘（漂浮）	mg/m³	≤0.1	≤5.0
尘（沉积）	mg/（m²·d）	≤36	≤480

YD/T 1821—2018《通信局（站）机房环境条件要求与检测方法》没有对腐蚀性气体的规定，其空气洁净度要求是"直径大于0.5μm的灰尘粒子浓度≤18000粒/升"。

GB/T 4798.3—2007《电工电子产品应用环境条件　第3部分：有气候防护场所固定使用》和ETSI 300 019-2-3 V2.5.1 2020对于腐蚀性气体和空气洁净度的规定，都是采用计重的方法，本文不再单独列举。

（2）对腐蚀性气体和空气洁净度指标的探讨

我们对国内部分标准进行归纳，从腐蚀性气体和空气洁净度方面进行比较，可见相关标准在定量规定方面有较大的差异。

对于腐蚀性气体，大型机房可以从选址方面考虑，避免建设在固定污染源附近。但对于基站而言，由于数量众多，且大多数建在繁华市区及人口密集区，不可能从选址上完全避免固定污染源的影响。因此，对基站设备制定腐蚀性气体的指标并进行测试是十分必要的。

对于空气洁净度，相关标准指标主要分为两类：一类为计数法，将单位体积空气中0.5μm粒子的含量作为指标来衡量空气洁净度；另一类为计重法，按照单位体积空气的漂浮尘和每天单位面积的沉积尘重量作为指标，衡量空气的洁净度。这两种计量指标之间，没有科学的换算关系。

近年来，PM10和PM2.5作为衡量空气质量的重要指标为公众所关注。我们通常把粒径在10μm以下的颗粒物称为可吸入颗粒物，即PM10，一般小于10μm的粒子可以长期漂浮于空气中而不沉降；而粒径小于 2.5μm 的粒子，即 PM2.5，则可以进入人的毛细血管。由于空气粒子中含有重金属、盐分以及细菌等，其在进入人的身体后，会严重影响人的身体健康。原国家环境保护部发布的 HJ 633—2012《环境空气质量指数（AQI）技术规定（试行）》指出，根据单位体积（1m³）中污染物的重量进行分级，形成每天公布的 6 级空气质量等级。

部分工业场合对空气洁净度有严格要求，例如微电子、精细化工、医药生产以及汽车喷漆等，若空气中漂浮的粒子封装进入半导体产品，可能导致产品内部电路短路报废；而空气粒子喷涂到汽车表面，会使汽车表面产生麻点，将严重影响质量等。因此，这些行业的生产场所都遵照 GB 50073—2013《洁净厂房设计规范》设计，目的是防止漂浮的空气粒子在生产过程中混入产品内部。表 1-4 为 GB 50073—2013《洁净厂房设计规范》规定的洁净室和洁净区空气洁净度等级。

表1-4　GB 50073—2013《洁净厂房设计规范》规定的洁净室和洁净区空气洁净度等级

空气洁净度等级	大于或等于最大粒径的最大浓度限值（pc/m³）					
	0.1μm	0.2μm	0.3μm	0.5μm	1μm	5μm
1	10	2	—	—	—	—
2	100	24	10	4	—	—
3	1000	237	102	35	8	—
4	10000	2370	1020	352	83	—
5	100000	23700	10200	3520	832	29
6	1000000	237000	102000	35200	8320	293
7	—	—	—	352000	83200	2930
8	—	—	—	3520000	832000	29300
9	—	—	—	35200000	8320000	293000

按照计数指标，目前相关信息通信机房标准所定义的机房环境空气洁净度等级约为 8.7 级。按照要求，在洁净厂房，工作人员进入洁净室前，需要更换洁净工作服，经过人身净化用室和空气吹淋室等清洁，物料也要求有专门的物料净化用室，但是目前还有很多机房远达不到这些要求。按照以上指标衡量中小型机房（基站），显然要求过高。空气中的漂浮粒子，如果不在电子设备电路板表面沉降，对电子设备不会有破坏性影响。如果按照沉积尘的指标考虑，电子设备表面允许一部分沉积尘的存在，并且在设备实际使用和运行中，沉积尘不影响电子产品散热，不产生短路及其他机械故障，相关设备可以正常稳定工作，将更符合实际运行场景的需求。

当前，部分信息通信设备制造商根据中小机房（主要为汇聚站和基站）的实际工况，采用多种技术手段改进电子设备的设计，例如优化风道组织和电路板结构设计，便于散热，减少电路板上粉尘的堆积；对电路板增加防腐、防潮的工艺处理等，以满足其耐高温、耐高湿、耐腐蚀、抗灰尘的运行条件，并自行设计测试方法，取得了较好的效果，极大提高了中小型机房设备在恶劣场景下运行的可靠性。

1.3.1.4 粉尘和腐蚀性气体测试

为解决基站实际运行环境恶劣的问题，部分设备制造商进行了大量产品可靠性试验的研究，制订了关于电路板耐粉尘和腐蚀性气体的测试方法，以适应中小型机房现场复杂的运行工况。

1. 粉尘测试

耐粉尘测试的内容主要包括自由沉降试验、湿度和凝露试验两部分。在测试过程中，被测试电路板（设备）应处于正常通电的工作状态，以检验其可靠性。进行粉尘测试后的设备状况如图 1-3 所示，被测试设备表面堆积了大量的灰尘。

图 1-3　进行粉尘测试后的设备状况

（1）自由沉降

测试箱中摆放被测试电路板（或系统设备），利用发尘设备将测试用粉尘吹到测试箱内，测试箱内的粉尘自由沉降到电路板（或系统设备）表面，以此模拟实际应用时的灰尘积累。为保证测试接近真实场景，测试用粉尘可以根据需要配置盐分及其他腐蚀性物质。

发尘量可以根据信息通信设备实际应用场景选择，例如，采用 111g/（m² · d）时，相当于市区 1.00g/（m² · d）条件下 111 天（近 4 个月）的实际降尘量。

（2）湿度和凝露试验

在自由沉降完成后，我们可以使用加湿器和凝露的方法，使粉尘吸湿，并在此基础上进行恒定湿热工作、凝露试验、交变湿热工作或恒定湿热存储测试。

1）恒定湿热工作：温度 40℃，湿度 90%RH，时间 7 天，电源额定输入，应正常工作。

2）凝露试验：被测试设备在 –5℃下放置至少 4h，至温度平衡后，打开温箱门保持 15min，然后使被测试设备上电，应正常工作。

3）交变湿热工作：温度 25℃ → 40℃ → 25℃进行多次循环，湿度 90%RH，电源额定输入，应正常工作。

4）恒定湿热存储：温度 40℃，湿度 90%RH，存储 16h 后上电，应正常工作。

测试过程中以及测试后，被测试设备必须满足以下要求才能够判定为合格：

1）测试过程中未出现绝缘击穿和拉弧打火等现象；

2）测试过程中产品基本功能、性能完全正常；

3）测试后电路板上（尤其是进风口、器件管脚、焊点、电路板走线等）无肉眼可见的腐蚀，如铜绿、黑斑等；

4）测试后拆解风扇，内部电路板无肉眼可见的腐蚀，如铜绿、黑斑等；

5）测试后拆解接触器，其内部触点无肉眼可见的腐蚀。

2. 腐蚀性气体测试

我们将被测试的设备放置在专用腐蚀性气体测试箱中，用高浓度二氧化硫、氯气、硫化氢等几种气体充满测试箱体，在指定的温度和相对湿度环境下对材料或产品进行加速腐蚀，模拟材料或产品在一定时间范围内所遭受的破坏程度。该项测试后的样品一般需要到专业机构送检，因为测试难度大，测试要求高。但该测试对于测试设备在腐蚀性环境中的耐受能力评测是十分必要的。

1.3.1.5 结论

信息通信机房类型众多，不同类型机房的实际运行环境差异较大，对环境条件要求较低的设备，将极大减少维护结构的建设投资以及后期的运维、运营费用，节省大量温控系统的能耗。随着 5G 应用的发展，边缘 DC 建设成为热点，大量无人值守的边缘 DC 机房基础设施建设，预计也将逐步向低成本建设、宽环境适应、极简运维、高效运营的方向发展。因此，提升信息通信设备的环境适应性，在各类环境条件下实现安全、稳定、高效工作，是十分有必要的。

第 2 章

通信机房分类及节能分级实施原则

2.1 通信机房分类原则

2.2 机房节能分级分类原则

随着近年来网络规模的快速发展，通信机房的类型逐渐变得多样化、大型化、集中化，既有大到承载上亿用户业务的数据中心园区，也有小到承载几百用户业务的接入机房（含基站）。通信机房在物理规模上存在差距，其采用的制冷和供电技术也有一定区别，所承载业务的重要程度也有较大差距，我们不能"一刀切"地实施无差别的节能措施。"在确保业务安全的前提下尽可能实施节能技术"已成为各信息通信运营企业达成的共识。

因此，在实施低碳节能技术之前，有必要先对机房类型和级别进行划分，再根据机房的物理规模和业务承载情况，因地制宜、分级实施节能技术。

2.1　通信机房分类原则

根据各通信运营商在机房级别划分方面的实际经验，机房分类一般可从物理规模和业务级别两个维度考虑。阿里巴巴、百度、腾讯等互联网公司的机房多数是近年来随着业务发展自建的数据中心，或者公司直接租用各大运营商的数据中心或传统核心机楼，一般不涉及以下分类原则。

2.1.1　根据物理规模分类

运营商通信机房按照物理规模分类，从大到小一般分为数据中心、传统核心机楼、汇聚机房、接入机房（含基站）。

按照设计可承载机柜（主设备）的负荷能力，换算为 2.5 kW 功率的标准机柜数量，我们将数据中心规模分为以下几个级别。

1）超大型数据中心：标准机柜数 ≥ 10000 个，或主设备设计功率 ≥ 25000 kW。

2）大型数据中心：3000 个 ≤ 标准机柜数 < 10000 个，或 7500 kW ≤ 主设备设计功率 < 25000 kW。

3）中型数据中心：1000 个 ≤ 标准机柜数 < 3000 个，或 2500 kW ≤ 主设备设计功率 < 7500 kW。

4）小型数据中心：100 个 ≤ 标准机柜数 < 1000 个，或 250 kW ≤ 主设备设计功率 < 2500 kW。

5）微型数据中心：标准机柜数 < 100 个，或主设备设计功率 < 250 kW。

大型数据中心园区俯视图及机房冷热通道布局如图 2-1 所示。

传统核心机楼一般包括省级枢纽机楼、地市级枢纽机楼，传统核心机楼引入的市电容量大多在 1000kVA ～ 5000kVA（引入一路或者多路 10kV 市电）；制冷方式一般采用风冷精密空调分散制冷，送风方式采用"地板下送风"。传统核心机楼主要用于部署运营商传统通信业务，例如核心网、传输网、承载网设备等，单机柜额定功率普遍较低（1kW ～ 3kW）且单机柜设备上架率也较低。

图 2-1　大型数据中心园区俯视图及机房冷热通道布局

传统核心机楼外观及机房内部普遍布局情况如图 2-2 所示。

图 2-2　传统核心机楼外观及机房内部普遍布局情况

　　汇聚机房一般是指区、县级通信机楼（机房），汇聚机房引入的市电容量一般在 630kVA 以内（引入一路 10kV 市电或一路 220V/380V 市电），制冷方式采用小型风冷精密空调制冷或者柜式舒适型空调制冷。汇聚机房在业务级别上又细分为重要汇聚机房、普通汇聚机房、业务汇聚机房 3 类。重要汇聚机房多引入一路 10kV 市电，容量不低于 310kVA，部分重要汇聚机房可配置固定发电机组；普通汇聚机房多引入一路交流 380V 三相市电，容量不低于 67kVA；业务汇聚机房引入一路交流 380V 三相市电或 220V 单相市电，容量不低于 33kVA。近年来随着 5G/IDC 业务的发展以及对边缘计算需求的增长，运营商的汇聚机房数量仍在快速增加。

　　接入机房是通信行业物理规模上最小的机房，其市电容量一般在 30kVA 以内，引入一路交流 380V 三相市电或 220V 单相市电，制冷方式采用壁挂式或柜式空调制冷。接入机房主要用于承载无线网设备、家宽设备等直接面向用户业务的设备。近年来，随着通信业务的快速发展，一体化基站、室外一体化能源柜等新型的接入机房形态越来越多，此类机房一般采用自然散热或小型舒适型空调制冷。

2.1.2　根据业务级别分类

　　信息通信机房根据机房内的信息通信设备在网络中所处的地位和设备重要程度的

差异，以及所服务用户的不同，分为以下几个类型的机房。

1）A类机房：承载国际、省际等全网性业务的机房，集中为全省提供业务及支撑的机房（原则上对应省级枢纽机房），超大型和大型IDC机房等。

2）B类机房：承载本地网业务的机房、集中为全本地网提供业务及支撑的机房（原则上对应地市级枢纽机房）、中型IDC机房等。

3）C类机房：承载本地网内区域性业务及支撑的机房（原则上对应县级、本地网区域级汇聚机房）、小型IDC机房和动力机房等。

4）D类机房：承载网络末梢接入业务的机房和接入机房（含基站）等。

5）E类机房：承载无机房建筑的站点、户外柜等。

随着边缘计算和CDN（Content Delivery Network，内容分发网络）业务下沉，以及自动驾驶等业务的发展，C、D类机房的重要程度等级逐渐提高。

2.2　机房节能分级分类原则

通信机房节能工作应在确保业务运行安全、风险可控的前提下开展。由于数据中心、传统核心机楼、汇聚机房和接入机房（含基站）的物理规模差距较大，每个类型机房承载的业务级别也有所不同，在供电制冷系统设计环节，设计人员往往会考虑不同的节能技术。

对于新建机房，设计人员主要应从设计环节考虑节能效果，应用节能效果较好的设备并采用低能耗的供电制冷架构。

对于存量机房，应从运维环节和改造环节实施节能举措。本章主要从节能技术改造和节能运维优化方面，阐述节能的分级分类原则。后续章节将从节能技术设计和节能设备应用层面阐述低碳节能技术应用案例。

2.2.1　节能技术改造

运营商现网存在大量已投产多年的传统核心机楼和汇聚机房，制冷技术落后、制冷设备老旧，整体制冷效率低下，迫切需要进行局部或者整体改造。

存量传统核心机楼因建设之初规划的单机架功率密度低，目前，普遍存在供电容量不够、制冷能力不足、能耗高、配套用房面积受限等问题，急需进行改造以提升能力。另外，随着5G业务的开展，为满足低时延需求，地市级枢纽机楼将是未来新业务机架部署的重要场所，提升传统核心机楼的装机能力和制冷效率已迫在眉睫。汇聚机房是运营商重要的网络节点，随着CDN、MEC（Mobile Edge Computing，移动边缘计算）等业务的下沉，汇聚机房网元增多，设备功耗大幅提升，对机房的空调、电源等配套能力提出了更高的要求，需针对新的业务需求进一步优化机电配置方案，广泛应用节能技术，降低机房的建设和运行成本。

节能技术改造措施以空调系统改造为主，从实施范围来看，可分为气流组织优化类和制冷方式优化类两种。

（1）气流组织优化类

主要从局部技术改造入手，通过投入较少成本实现节能。该类主要包括以下 3 种形式。

1）冷热通道隔离、气流阻隔优化：一般采用精密空调"地板下送风"或"列间空调列间送风＋封闭冷/热通道"的形式，可以有效对冷热气流进行隔离，避免气流混杂。

2）空调精准送风、风道改造、架空地板改造：可能涉及风管安装、增加开孔地板或增加开孔率等小范围改造，可以在送风地板下加装送风机，保证高功耗机架空调进风量。

3）机架摆放优化：可通过模拟机房气流找出最优气流组织方案，优化机架布置，提前预判机房内可能存在局部热点的情况，对此可采用增加机架周围空间或空机柜的方法，消除高功耗机柜的影响。

（2）制冷方式优化类

主要从机房整体改造入手，将原有的低效制冷系统整体替换为高效、节能的制冷系统，涉及较大额投资成本。该类主要包括以下 3 种形式。

1）机楼整体改造：由房间级制冷改为行列级制冷、机柜级制冷，实施机房墙体/房顶隔热改造等。

2）较大规模改造：主要是将风冷空调改为冷冻水空调或冷却水空调。该方案是对原有风冷精密空调系统架构整体改造替换，具体实施时需查勘机楼是否具备改水冷的条件。适用于传统核心机楼改造的冷冻水空调系统，主要包括"冷机＋板换＋冷却塔系统"、风冷冷水机组系统及集成冷站水冷冷水系统。

3）小规模制冷方式改造：通过在小范围内应用间接蒸发冷却系统、氟泵空调、变频空调、室外机蒸发冷却喷雾、新风制冷、湿膜恒湿机等节能设备/技术，实现机房节能效果。

考虑到实施机房节能过程中出现的改造风险，电信运营商将气流组织优化类措施归为"必做"类型，将制冷方式优化类措施归为"选做"类型。

2.2.2 节能运维优化

根据运营商的实际运维经验，处于同一气候区域、PUE 设计值接近、负载率接近的机楼，由于运维精细化水平的差异，其 PUE 值实际运行值往往存在一定差距。

节能维护精细化不足主要体现在以下 3 个方面。

1）基础维护工作不到位：例如，未按要求开展水处理、管路清洗工作，未按要求安装机柜盲板，机房门未及时关闭，导致制冷效率降低、冷量"跑冒滴漏"的问题。

2）空调温度设置过低：例如，部分机房空调末端出风温度设置过低（甚至低于18℃），高压冷机的冷冻水、冷却水的供回水温度设置过低，或未按一年四季不同气温、负载率情况调整变化。

3）制冷策略设置不当：例如，空调群控未合理配置策略（包括冷机/冷却塔切换策略、水泵运行频率等），未合理应用板式换热器、蓄冷罐，未设置冷机自动启停。某电信运营商严寒地区的数据中心全年开启高压冷机制冷4个月以上，而同区域负载率更高的某互联网公司数据中心主要利用板式换热器制冷，全年冷机开启时间不到1个月。

节能运维优化措施主要包括以下6类。

1）减少冷量损失：例如，机柜盲板封堵、保持机房门关闭。

2）避免过度制冷：例如，冷通道温湿度探头位置优化，提高监测精度；合理设置空调送风温度/湿度，提高冷通道温度。

3）水处理及管路清洗：例如，实施水系统的水质监测、水处理、管路清洗工作，从而提高空调系统制冷效率。

4）优化空调系统运行策略：例如，优化冷却塔、水泵运行频率设置，优化冷机和板换切换设置，充分利用自然冷源；优化空调群控策略，根据系统运行参数，动态计算冷负荷并对设备运行策略适时调整。

5）合理关断末端空调：通过人工或自动化控制，实现低温季节、低负荷时段关闭空调，充分利用自然冷源。

6）提高空调送风温度：例如，应用磷酸铁锂电池的汇聚机房或接入机房（含基站），提升电池耐受温度，在IT类负载允许的范围内，提高机房温度。

根据电信运营商的实践经验，在以上节能运维优化措施中，减少冷量损失、避免过度制冷、实施水处理及管路清洗等应作为"必做"措施；优化空调系统运行策略、合理关断末端空调和提高空调送风温度应根据业务的重要程度作为"宜做"或"选做"类型。

第 3 章

通信主设备节能技术及应用

3.1 IT 类设备节能技术

3.2 无线类设备节能技术

3.3 专家视点

运营商的通信机房里主要的用电主设备包括服务器、路由器、交换机、防火墙、存储等IT类设备，基站天线射频、基带处理单元等无线类设备，以及PTN（Packet Trans-port Network，分组传送网）、OLT（Optical Line Terminal，光线路终端）等传输类设备。不同类型的通信机房中部署的主要设备类型也有所不同，数据中心和传统核心机楼主要以IT类设备为主，汇聚机房和接入机房（含基站）主要以传输设备和无线设备为主。本章主要阐述IT类设备和无线类设备的节能技术及其应用情况。

3.1 IT 类设备节能技术

IT类设备节能技术主要包括服务器节能技术、网络存储节能技术两种。其中，服务器节能技术主要包括整机柜服务器技术、液冷服务器技术；网络存储节能技术主要包括光盘库存储技术、磁光电融合存储技术。

3.1.1 整机柜服务器技术

整机柜服务器技术是融合分离的服务器和机柜，最初是一种交付方式，后来演进为一类产品。针对该技术，现在并存着多个执行标准，互联网公司的相关实际应用案例较多，运营商目前仅有少量的相关试点案例。整机柜服务器技术的最大优势之一是交付效率高，同时也具有节能、高密度、简化工程设计等优点。

整机柜服务器技术适用于新建的高功率密度（一般单机柜功率大于10kW）的数据中心，整机柜的部署需要机房具备相应配套的建设和可以执行相关改造，比如在散热、机房码头、电梯和机房走廊、机房承重和固定等方面实施和落实上述工作。从节能角度出发，若业务对服务器硬件配置要求较低、整机柜能满足要求的情况下，建议优先选整机柜服务器技术。

3.1.2 液冷服务器技术

液冷服务器技术目前主要包括冷板式液冷系统、喷淋式液冷系统和浸没式液冷系统这3种类型。这3种液冷形式在投资、热管理、承重、可靠性和兼容性等方面各有所长，目前运营商总体相关应用案例较少。

3.1.2.1 冷板式液冷系统

冷板式液冷系统是一种间接液冷系统，在该系统中，各部件不直接接触液体，而是通过装有液体的冷板（通常为铜铝等导热金属构成的封闭腔体）导热，然后通过液体循环带走热量。由于服务器芯片等发热器件无须直接接触液体，所以实施该系统时不用对整套机房设备进行重新改造设计，可操作性更高，因此冷板式液冷技术也是各种液冷技术中成熟度最高的技术。

冷板式液冷技术为作为一种非接触式液冷技术，具有集成度高、散热效率高、静音节能、成熟度高等特点，是解决大功耗设备部署、提升能效、降低制冷费用、降低TCO（Total Cost of Ownership，总拥有成本）的有效手段之一，冷板式液冷服务器形态如图3-1所示。

图 3-1 冷板式液冷服务器形态

其中，服务器内冷板存在两种工作模式，一种是热管换热式，另一种是直接换热式。前者需在服务器机柜内设置一个冷板热管与外界水进行热交换的微型板换，后者使外界水直接进入冷板进行热交换。

3.1.2.2 喷淋式液冷系统

喷淋式液冷系统主要由喷淋液冷服务器、喷淋液冷机柜和冷却液冷却系统 3 部分组成。低温冷却液进入服务器精确控制喷淋芯片和主板发热单元带走热量；喷淋后的高温冷却液返回冷却单元重新处理，为低温冷却液后再次进入服务器喷淋做准备；冷却液全程无相变，如此单相循环。喷淋式液冷系统可以充分利用自然冷源，免除使用传统空调压缩机，以降低空调能耗。因此将喷淋式液冷系统在高温、炎热地区的数据中心内使用，可以产生明显的节能效果。

喷淋式液冷系统原理示意如图3-2所示。

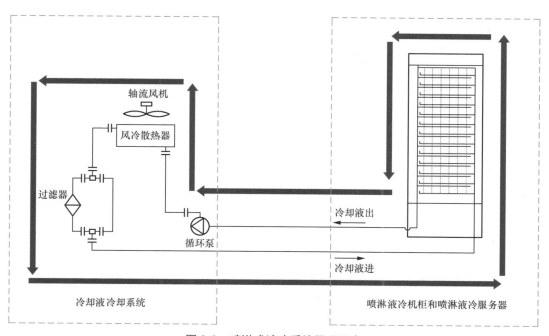

图 3-2 喷淋式液冷系统原理示意

3.1.2.3 浸没式液冷系统

浸没式液冷系统是将服务器的各部分器件全部浸入冷却液中冷却，机柜的整体形态类似于冰柜，该系统完全改变了服务器和机房的传统形态。

目前，浸没式液冷系统分为相变浸没式液冷技术和单相浸没式液冷技术。其中，相变浸没式液冷技术面临的主要问题是制冷液易挥发，初始投资成本较高，对机房承重的要求较高，并且运维便利性和成熟度有待进一步验证，相变浸没式液冷服务器形态如图 3-3 所示。

图 3-3　相变浸没式液冷服务器形态

单相浸没式液冷技术是将IT类设备完全浸没在绝缘冷却液中，通过液体的流动，降低发热元器件的热量，通过换热器将热量传递给冷却水，最终冷却水在冷却塔（或干式冷却器，又称干冷器）中将热量散发到室外，单相浸没式液冷散热原理示意如图 3-4 所示。相对于相变浸没式液冷技术，单相浸没式液冷技术具有运维简单、液体稳定不易挥发、成本相对较低等核心优势。但是单相浸没式液冷的技术难度更高，涉及精细流场、复杂系统控制、高稳定性冷却液研发等核心技术难点。此外，单相浸没式液冷技术的初始投资成本也较高、对机房承重的要求较高，并且成熟度有待进一步验证，单相浸没式液冷服务器形态如图 3-5 所示。

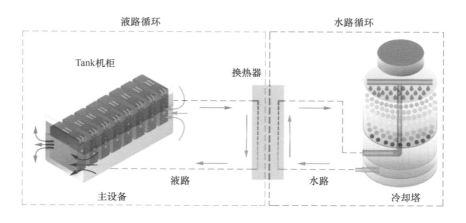

图 3-4　单相浸没式液冷散热原理示意

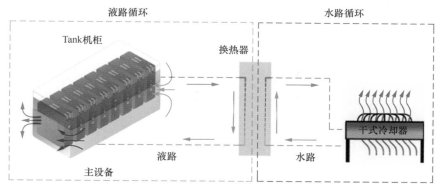

图 3-4　单相浸没式液冷散热原理示意（续）

图 3-5　单相浸没式液冷服务器形态

3.1.3　光盘库存储技术

　　光盘库存储是配备大量光盘存储介质并带有自动换盘机构（机械手）的大容量存储设备，通常由放置光盘的光盘匣、自动换盘机构（机械手）、驱动器和光盘组成。光存储介质从CD、DVD发展到蓝光光盘，蓝光光盘库是当前企业级光存储设备的主流。光盘库利用自动换盘机构（机械手）选出光盘送到驱动器进行读写。光盘库存储技术具有保存寿命长、保存质量好、功耗低、数据防篡改等优势。

　　光盘库存储技术适用于有功耗要求、时延要求低的长期备份、归档场景。从节能角度出发，光盘库为离线数据存储提供了一种新的有效选择。目前，该技术由于价格高、潜在厂商少，尚未被大规模应用，建议运营商可根据节能需求重点关注。

　　光盘库存储技术如图 3-6 所示。

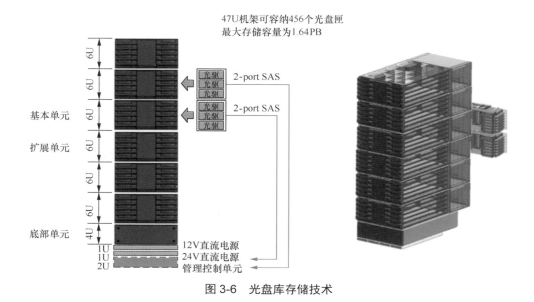

图 3-6　光盘库存储技术

3.1.4　磁光电融合存储技术

磁光电融合存储技术采用多级存储融合和全光盘库虚拟化存储机制，将固态存储（电）、硬盘（磁）、光存储（光）有机结合组成一个存储系统，对数据进行分级存储，具有保存寿命长、功耗低、数据安全性高等优势。磁光电融合存储技术适用于功耗要求、时延要求不高的备份或存储场景。从节能角度出发，磁光电融合存储技术为数据存储提供了一种新的有效选择。

3.2　无线类设备节能技术

通信网络发展到 5G 网络时代，虽然具有高速率、大容量、低时延的特点，但同时也导致 5G 无线设备的功耗比 4G 基站高出 3 倍多，通信运营商面临越来越沉重的节能压力。

2020 年以来，三大运营商陆续发布了 5G 网络节能技术应用指导意见。以中国移动为例，其 5G 网络节能技术部署制订了"经济有效、安全可靠、应开尽开"的总体原则。"经济有效"是指节能技术部署前应综合考虑投资、运维成本等因素进行节能效益评估，原则上投资回收期不得超过 3 年；"安全可靠"是指节能技术的部署应保证网络安全，对网络质量和用户业务体验不应产生明显影响；"应开尽开"是指各项节能技术在设备支持、场景适用的情况下应全部开启，建立定期复查机制，确保应开尽开，不断优化节能参数设置，提升节能技术的生效时长。

目前，5G 无线节能技术主要包含亚帧关断技术、通道关断技术、深度休眠技术等基本举措，以及微站关断技术、下行功率控制技术、载波关断技术、4G/5G共模基站协作关断技术、智能硬关断技术、极简站点技术等优化举措。

3.2.1 亚帧关断技术

在基站设备中，RRU（Remote Radio Unit，射频拉远单元）/AAU（Active Antenna Unit，有源天线单元）的射频器件如功率放大器（Power Amplifier，PA）的能耗最多，在没有信号输出时，功率放大器也会产生静态能耗，亚帧关断技术可以进一步削减静态电流。亚帧关断技术可当5G基站检测到部分下行亚帧（下行符号）无数据发送时，实时关闭功率放大器等射频硬件，从而降低基站功耗的技术，实现在低业务负荷下节电约10%。有数字传输时可实时使用该技术，网络越空闲，节能效果越明显。

亚帧关断对应用场景无特殊要求，可以在大多数场景下使用，亚帧关断技术原理示意如图3-7所示。

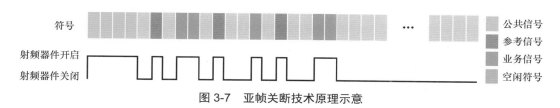

图 3-7 亚帧关断技术原理示意

3.2.2 通道关断技术

通道关断技术指基站在某些时间段处于轻载或空载，但射频模块的发射通道仍处于工作状态，造成了基站能耗的浪费，当网络负荷较低时，关闭（或休眠）部分基站发射的射频通道，从而达到节约功耗的目的。在5G密集覆盖场景的多通道基站（64/32通道）低业务量时段开启该功能，可实现在低业务负荷下节电约15%。

通道关断技术适用于话务潮汐效应较明显的区域（如学校、城区、大型场馆等），适用于空载或轻载网络。通道关断后，单通道的利用率和功耗会上升，通道关断示意如图3-8所示。

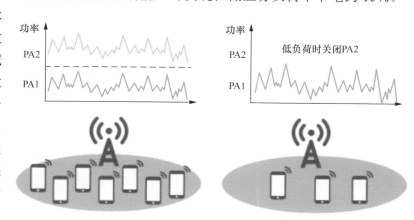

图 3-8 通道关断示意

3.2.3　深度休眠技术

深度休眠技术是在低业务时段通过关闭尽可能多的射频硬件资源，例如，功放器件、射频模块以及数字中频等器件，只保留数字接口（如eCPRI接口）部分的少量电路，使射频模块进入深度休眠状态，降低功耗，实现比小区关断行为更好的节电效果。在5G业务量极低的时段开启该功能，可实现AAU节电约50%。

深度休眠技术示意如图3-9所示。

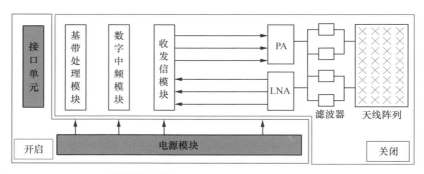

注：LAN（Low Noise Amplifier，低噪声放大器）。

图3-9　深度休眠技术示意

3.2.4　微站关断技术

微站关断是在宏微组网环境下，当业务量较低时将微站置于休眠状态，降低网络能耗的技术。目前，我们建议在宏微组网场景下试点应用微站关断功能。

3.2.5　下行功率控制技术

下行功率控制是根据无线信道环境及业务需求自动调整下行信道发射功率，在保证用户感知不变的前提下，减小基站对部分用户的下行发射功率，从而降低能耗的技术。

3.2.6　载波关断技术

载波关断技术应用于异频同覆盖组网。在异频同覆盖组网中，低频段小区作为基础小区，保障基本覆盖；高频段小区作为容量小区，用于吸收话务量，提升系统容量。载波关断技术是指当容量小区和基础小区上的负荷较低时，将容量小区的用户切换到基础小区中，然后关断容量小区对应的载波，仅保留基础覆盖小区的载波。如果关断的载波所在射频模块的功率放大器上没有其他工作的载波，那么将关闭射频模块的功率放大器，实现降低整网的能耗。

载波关断技术示意如图3-10所示。

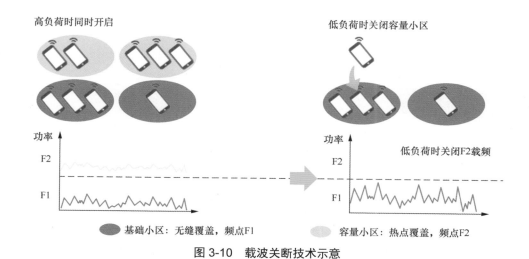

图 3-10　载波关断技术示意

3.2.7　4G/5G 共模基站协作关断技术

在 LNR 共覆盖组网场景下，网络处于轻载或空载的时段，保持 NR（New Radio，新空口）小区开启会产生较大能耗。LNR 协助关断功能，当 5G 业务量低时，NR 制式的载波及 5G 载波被关断，然后将 NR 小区业务迁移到 LTE 小区，用户业务由 4G 小区承载。NR 载波被关断，相关射频、功放等被关断，以降低整网能耗，可在部署 4G/5G 共模基站的场景中试点应用。LNR 共模站协作关断技术示意如图 3-11 所示。

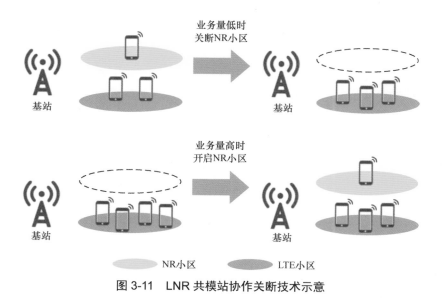

图 3-11　LNR 共模站协作关断技术示意

3.2.8　智能硬关断技术

技术人员在基站无线设备RRU/AAU的供电端加装智能开关，在4G/5G多层网络覆盖区域实时采集无线网络在各小区的实时话务数据业务流量，进行人工智能与大数据分析，区分覆盖层/容量层，并对容量层小区RRU/AAU的供电开关实施远程遥控断开/闭合操作，在业务量较低时关断容量层，在业务量上升开启容量层。实施远程关闭的容量层小区，可在深度休眠的基础上进一步节电，节电率可达100%。

智能硬关断节能的技术方案，可在所有多层网络覆盖的区域和站点部署实施。在不影响网络服务与用户感知的情况下，基站智能硬关断技术可达到最大程度和最精准的节电效果。智能硬关断技术节能实施方案如图3-12所示。

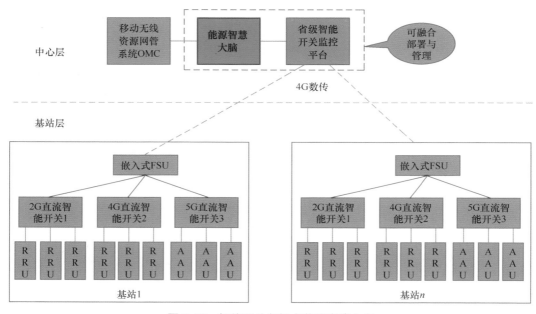

图 3-12　智能硬关断技术节能实施方案

3.2.9　极简站点技术

极简站点技术指通过C-RAN（Cloud-Radio Access Network，基于云计算的无线接入网架构）改造和室外化改造，减少占用接入机房（含基站），降低机房的租金，节省机房内空调能耗，有效降低机房费用。对于在安装机房内的RRU（如2G RRU等），全部迁移安装至机房外，针对改造后的RRU/AAU站点，采用室外电源进行供电，实现站点的全室外化，从而减少站点租金。对同一物理站址存在多制式多频RRU且为多BBU（Building Base band Unit，室内基带处理单元）场景，在BBU配置满足要求的情况下进行多模 RRU 和 BBU 整合，以实现极简站点，降低维护费用。

极简站点改造示意如图 3-13 所示。

注：OPM（Opportunistic Mesh，适机认知无线网络）。

D-RAN（Distributed RAN，分布式无线接入网）。

图 3-13 极简站点改造示意

自制 5G BBU 设备竖立+隔热导流板等节能创新，助力 5G 建设快速落地。

3.3 专家视点

3.3.1 自制 5G BBU 竖装 + 高效热导流板等节能创新，助力 5G 建设快速落地

3.3.1.1 实施方案

1. 方案说明

中国电信安徽某分公司深入研究和探索 C-RAN 模式下 BBU 集中部署时，供电需求大、BBU 设备发热量大而密集等特点，以及按照产品规范在机柜中水平安装 BBU 设备出现局部发热量大、局部热岛、散热不良等问题。通过对端局及以上机房（中型 C-RAN 机房）、接入网机房（小型 C-RAN 机房）等多个场景反复进行分析和测试，从 BBU 设备安全运行和利于节能等方面综合考虑，最终研究出一套"BBU 设备竖立+隔

热导流板"的解决方案。通过"机房空调—机柜—设备"合理的气流组织,有效地解决了上述问题,为BBU设备提供了良好的运行环境,保证了BBU设备的正常运行,并有效地降低了能耗,从而实现了节能减排。

2. 自制BBU设备竖装子框

为解决气流组织和机柜内部通风不畅问题,现场利用现有资源对原网络机柜进行了改造。利用仓库废旧机柜的立柱和L型槽钢自制BBU设备竖装子框如图3-14所示。

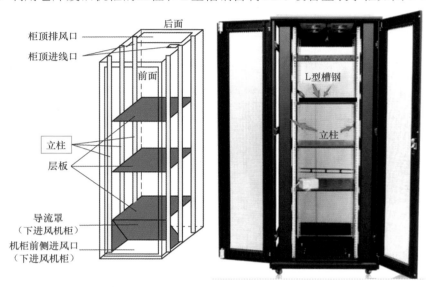

图 3-14　利用仓库废旧机柜的立柱和 L 型槽钢自制 BBU 设备竖装子框

同时,立柱上的开孔使用对应BBU设备的耳角螺丝固定,牢固地将BBU设备固定在机柜子框上。

3. 设置隔热导流板

BBU设备竖装后,一般每个机柜可以布放两层自制的BBU竖装子框。由于改造后BBU设备散热的气流组织为从下到上,为了避免下层子框对上层子框产生影响,因地适宜地选用了材质为铝合金板或镀锌板、倾斜角为30°左右的隔热导流板。隔热导流板如图3-15所示。

设置隔热导流板后,有效

图 3-15　隔热导流板

地解决上下层子框气流组织相互干扰的问题，实现冷热通道的隔离，BBU 设备及机柜内部的气流组织如图 3-16 所示。

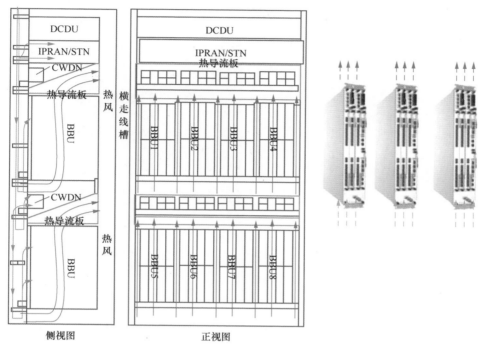

图 3-16　BBU 设备及机柜内部的气流组织

3.3.1.2　实际应用案例

1. 应用情况

中国电信安徽某分公司从 2019 年 11 月起，陆续按照上述方案在工程中对 BBU 设备机柜进行了改造，共计安装了 20 多个机柜和 40 多个竖装 BBU 子框，完成了"BBU 设备竖立+隔热导流板"的创新改造工作。

为适应不同的实际应用场景，采用了两种改造方式，一种是采用增强型竖装 BBU 子框，另一种是采用稳定型竖装 BBU 子框。

改造后的效果如图 3-17 所示。

2. 改造投资成本

中国电信安徽某分公司在 C-RAN 模式下的"BBU 设备竖立+隔热导流板"改造，本着节约利旧的原则。在条件允许的情况下，该公司充分利用了现场的废旧网络机柜作为原材料。BBU 竖装子框的改造投资成本情况见表 3-1。

正视面　　　　　　　　　　　背视面

图 3-17　改造后的效果

表3-1　BBU竖装子框的改造投资成本情况

序号	材料名称	材质	材料获取	数量（个）	单价（元）	合计（元）
1	隔热导流板	铝合金或镀锌板	加工	2	50～100	100～200
2	机柜立柱	铝合金或镀锌型材	利旧	1	0～50	0～50
3	理线槽	不锈钢铁板	利旧/设备自带	1	0	0
4	L型角钢	铝合金或镀锌型材	利旧/机柜自带	1	0	0
合计						100～250

3. 改造前后对比

BBU竖装机柜改造前，原采用的BBU集装架主要存在以下问题。

（1）散热效果差

机柜内气流组织不畅，冷热风混流，难以实现自然通风散热。存在温度过高的局部热点，一些局部热点温度甚至高达 50℃ 以上。

（2）机柜内布线复杂

采用综合集装架，没有设计布线通道。机柜内飞线现象较多且比较混乱，布线存在一定的困难。

BBU竖装机柜改造后具有以下优点。

（1）散热效果好，无局部热点

机柜内冷热风道实现了隔离，气流组织趋于合理。

（2）机柜内布线简单美观

机柜内配有横向和纵向的布线通道，并可绑扎线条。布线美观大方，实现了强弱电线的分离布放。

机柜改造前后的整体对比如图 3-18 所示。

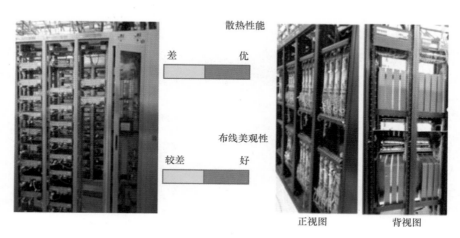

（a）原有BBU集装架

（b）5G BBU设备竖装+自制高效热导流板

图 3-18 机柜改造前后的整体对比

4. BBU设备运行情况

竖装改造后的BBU设备上电后，投入运行工作已超过一年。在正常的机房环境控制下，机柜内整体温度在30℃以下，没有出现局部热点现象。设备机柜、竖装子框、隔热导流板使用正常，BBU设备没有出现因温度过高引起的运行中断，故障率较低。建设投资和维护运营取得了良好的经济效益，实现了一定意义上的节能减排。

3.3.1.3 实施方案创新点及实施成效

1）利用BBU设备子框理顺了BBU设备的散热气流方向，实现了合理的气流组织，有效地解决了设备出现局部热岛的问题。

2）机柜内部设置隔热导流板，除进行导流外，还有隔热作用，解决了冷热气流混流的问题。

3）大部分材料都是利旧来实现的。1 个机柜和两个子框的投资成本一般在 300 元左右，而通过市场采购的BBU专用机柜，按照 1 个机柜配置两个子机框计算，加上人工安装施工费用，合计为 700 元～ 1000 元。

4）由于采用了自制的方式，改造机柜、子框和隔热导流板的针对性更强、灵活性更大，这是本实施方案最大的创新点。

3.3.1.4 实施成效

"BBU 设备竖立 + 隔热导流板"方案实施以来，取得了良好的效果，具体包括以下几个方面。

1）保证 C-RAN 模式下 BBU 设备的正常运行，有效提升了机房 BBU 集中部署的合理性。同时，规范了设备分区，有利于实行分等级差异化维护管理。

2）BBU 设备得到高效的散热，延长了设备的使用寿命，降低了设备的故障率。同时，避免了因 BBU 自身发热量大，影响周围其他通信设备的运行，提高了运行效率。

3）通过合理的气流组织，有效减少了设备局部热点，避免了机房及机柜内的局部热岛，从而提升了机房整体的运行环境质量。

4）减少了机房空调制冷和 BBU 设备风扇的耗电量。据测算，耗电量将减少 10% ～ 30%。中国电信安徽某分公司从 2019 年 11 月以来，共计改造了约 20 个机柜，涉及 5 个机房，近 5 个月来共节约用电量 4320kW·h。

3.3.1.5 投资回报分析

通过市场采购的 BBU 专用机柜，费用在 700 元～ 1000 元。投资成本是本实施方案的 2 ～ 3 倍。以中国电信安徽某分公司已部署的 20 个机柜测算，节约投资成本 1.4 万元左右。后期计划在分公司推广，针对近 98 个局站，共计 238 个机柜进行改造，预估节约投资成本 16.66 万元。

改造方案在分公司全面实施后，预计 BBU 设备的散热耗电量将可减少 10% ～ 30%。按照 98 个局站，共计 238 个机柜计算，每年将节约用电 104.5 万 kW·h，真正实现了节能减排的效果，同时降低了运营成本。

第 4 章

温控节能技术及应用

数据中心温控技术从实体维度分为硬件和软件系统，硬件主要包含空调设备及空调配电设备，软件系统主要为智能控制系统。

空调系统从系统形式可分为风冷系统、水冷系统和蒸发冷却空调系统。冷却系统架构可分为冷源系统、输配系统和末端系统。本章主要对系统形式和冷却系统架构进行分析。

空调智能化系统主要由含群控系统组成，但随着人工智能的蓬勃发展，逐渐出现利用人工智能来优化群控系统、提高能源利用效率的尝试，以及充分利用现代自控技术制定合理的策略。采用该技术后，空调系统各设备运行可提供基于全局的节能控制，更精准控制数据中心设备的运行时间，可提供直观全面的空调系统运行信息交互界面，降低管理成本，实现"双节能"。

4.1 空调制冷系统节能

传统机械制冷由压缩机、冷凝器、节流阀和蒸发器等部件组成，在蒸汽压缩式制冷循环中，冷凝器起到的作用是使高温高压的制冷剂液化，而在此过程中将会释放大量的冷凝热，需要自然界中的冷源对其进行散热。目前常用的散热方式有风冷、水冷和蒸发冷3种。数据中心温控技术主要从系统层面和设备层面考虑节能。从系统架构角度进行分析，在冷源侧主要从两个方面考虑节能：其一，在常规制冷技术或系统的基础上，增加自然冷却功能段，例如在风冷系统的基础上，增加氟泵或乙二醇自然冷却等技术实现节能；其二，提高冷源的利用温度，采用此方法主要是为了增加自然冷却时间。从输配系统角度进行分析，主要的节能方法是减少传热环节，同时增大载冷剂的供液与回液的温差。从末端系统进行分析，主要的节能方法是提高送风温度，同时使末端逐渐接近负荷中心，减少传热损失。从设备节能的角度进行分析，主要的节能方法是提高设备的换热效率。

下面我们将从系统层面和设备层面介绍空调制冷系统的节能情况。

4.1.1 风冷系统

风冷系统可分为风冷冷媒空调系统和风冷冷冻水空调系统，两者蒸汽压缩式制冷循环中的冷凝器均采用室外空气进行散热，这种散热方式的驱动势为冷凝器外壁面与室外空气的干球温差。风冷系统主要包括压缩机、蒸发器、膨胀阀、冷凝器及送风机、加湿器、控制系统等，制冷剂一般为氟利昂，单机制冷量为10kW ～ 100kW。每套空调相对独立地控制和运行风冷系统，属于分散式系统。风冷空调系统原理如图4-1所示。风冷冷媒空调系统具备易于形成冗余、可靠性较高、安装和维护简单的特点。

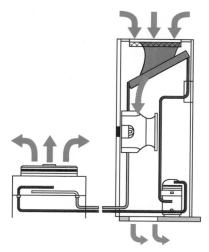

图 4-1　风冷空调系统原理

4.1.1.1　氟泵技术

1. 原理

由于风冷空调系统能效比较低，无法利用室外自然冷源，常常需要增加相应的节能措施，以达到节能目的，例如，增加氟泵模块，氟泵的作用是当室外干球温度较低时替代压缩机，利用室外自然冷源达到节能目的。增设氟泵模块后，空调系统有机械制冷模式、混合运行模式和自然冷却模式 3 种运行模式。

（1）机械制冷模式

当室外温度较高时，氟泵关闭，压缩机运行，机组运行蒸汽压缩式制冷循环，为机房供冷。机械制冷模式如图 4-2 所示。

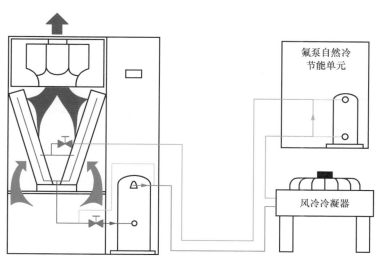

图 4-2　机械制冷模式

（2）混合运行模式

当处于过渡季节时（室外空气的干球温度高于自然冷却切换温度，且低于完全机械制冷时的温度），氟泵和压缩机联合运行，通过氟泵辅助增压，降低冷凝温度，提高机组的能效比，实现部分机房自然冷却。混合运行模式如图 4-3 所示。

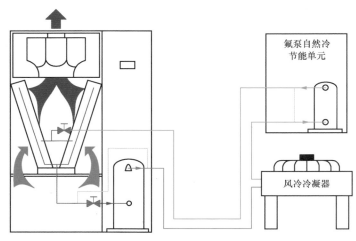

图 4-3　混合运行模式

（3）自然冷却模式

当室外空气的干球温度低于自然冷却切换温度时，关闭压缩机，制冷循环由氟泵驱动，实现自然冷却。自然冷却模式如图 4-4 所示。

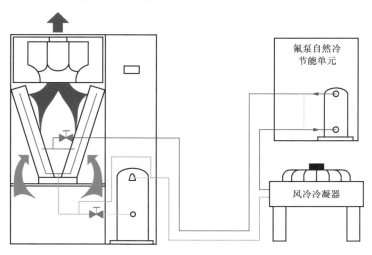

图 4-4　自然冷却模式

2. 主要特点和优势

（1）无水进机房，安全可靠

在单机架功率过大并易出现局部过热的情况时，风冷空调、冷冻水末端空调与热管空调均适用。但冷冻水末端的应用会出现一个新问题：水进入机房后，会威胁机房的安全性，加大运维难度。但是使用氟泵技术和热管机组产品，无水进入机房，机房内连接管路与换热管循环介质为低压制冷剂，可消除水入机房后的安全隐患。

（2）可选择自然冷却功能

氟泵的作用是当室外干球温度较低时替代压缩机，利用室外自然冷源达到节能的目的。氟泵也可用于水冷型主机，例如用于乙二醇干式冷却器。乙二醇干式冷却器可以利用室外自然环境进行冷却，与冷却塔方案相比成本低，不会产生水资源的浪费，同时在冬季没有冻结风险，自然冷源利用率高，整套机组系统节能率高。

4.1.1.2 乙二醇自然冷却技术

在风冷冷水机组或直膨式机房专用空调的冷凝器部分增加节能盘管，内部采用乙二醇水溶液作为较低温度下机房内空气与室外空气之间传热的介质，通过乙二醇水溶液的循环作用，实现机房的散热。在自然冷却模式下，压缩机不可运行。

1. 工作原理及结构特点

乙二醇热交换节能技术利用自然冷源降温节约了电能。乙二醇节能系统与空调系统联动，当室外温度高时，空调制冷，而当室外温度低到一定温度值时（如 15℃以下），空调压缩机关闭乙二醇节能系统开始工作，将室外自然冷源的冷量带到室内，实现制冷。乙二醇节能系统的结构如图 4-5 所示，空调与乙二醇节能系统联动工作示意如图 4-6 所示。

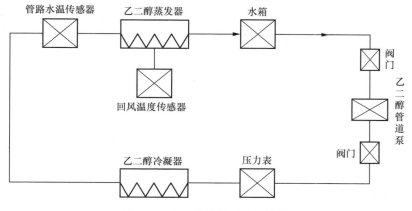

图 4-5 乙二醇节能系统的结构

2. 主要特点和优势

① 在乙二醇系统工作期间，空调压缩机将关闭，以降低空调压缩机的耗电及减少磨损，延长压缩机使用寿命。

② 乙二醇机组独立工作，不影响原有空调制冷系统。

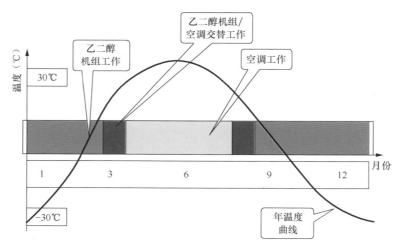

图 4-6　空调与乙二醇节能系统联动工作示意

③ 进行乙二醇节能改造时，不破坏机房维护结构，不影响机房外观。

3. 注意事项

① 乙二醇节能系统宜采用PPR（Polypropylene-Random，三型聚丙烯）管路，PPR管路不会产生内部腐蚀和外部氧化，也不用维护。

② 乙二醇节能系统的水泵宜选用封闭电磁泵，封闭电磁泵不会渗漏。

③ 乙二醇节能系统室内过滤网的更换和原有空调一样。

④ 乙二醇节能系统须每年添加少量乙二醇和水。

⑤ 要保证室内外有足够大的温差，建议室内外温差至少达 10℃。

⑥ 乙二醇热交换有两种布局方法，一种是独立安装，另一种是在原有空调风柜的蒸发器上方叠加安装。乙二醇节能系统翅片盘管安装位置如图 4-7 所示。在蒸发器上方叠加乙二醇热交换器可能会增加风阻，影响空调供风量及风压，建议独立安装乙二醇热交换系统，这样不会影响空调的正常运行。

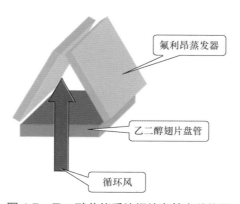

图 4-7　乙二醇节能系统翅片盘管安装位置

4. 适用场合和条件

按气温情况，我国陆地分为严寒地区、寒冷地区、夏热冬冷地区、温暖地区、夏热冬暖地区。在夏热冬暖的南方地区，可以使用乙二醇机组的理论年运行时间有 1598 个小时，在北方，使用时间接近 6000 个小时。

全国部分地区温度情况统计（15℃以下）见表 4-1。在这些地区运行乙二醇机组，理论上可以得出一个大致的应用节能比例。

表4-1　全国部分地区温度情况统计（15℃以下）

地域		全年15℃以下小时数（个）	占全年小时比例（%）	理论年节能比例（%）	
黑龙江省	哈尔滨市	5872	67.0	26.8	34.5
吉林省	长春市	5815	66.4	26.6	34.2
辽宁省	沈阳市	5350	61.1	24.4	30.5
河北省	石家庄市	4449	50.8	20.3	25.4
天津市	天津市	4563	52.1	20.8	26.0
山西省	太原市	5170	59.0	23.6	29.5
山东省	济南市	4244	48.4	19.4	24.2
江苏省	南京市	4076	46.5	18.6	24.3
上海市	上海市	3700	42.2	16.9	21.1
河南省	郑州市	4271	48.8	19.5	24.4
安徽省	蚌埠市	4000	45.7	18.3	22.8
湖北省	武汉市	3606	41.2	16.5	20.6
浙江省	杭州市	3684	42.1	16.8	21.0
江西省	南昌市	3403	38.8	15.5	19.4
湖南省	长沙市	3829	43.7	17.5	21.9
福建省	福州市	2395	27.3	10.9	13.7
广东省	广州市	1598	18.2	7.3	9.1
广西壮族自治区	南宁市	1537	17.5	7.0	8.8
贵州省	贵阳市	3861	44.1	17.6	22.0
重庆市	沙坪坝区	3296	37.6	15.1	18.8
四川省	成都市	3602	41.1	16.4	20.6
云南省	昆明市	3583	40.9	16.4	20.5
陕西省	西安市	4363	49.8	19.9	24.9
宁夏回族自治区	银川市	5733	65.4	26.2	32.7
内蒙古自治区	海拉尔区	5765	65.8	26.3	32.9

5. 工程案例

（1）陕西某 IDC 机房应用情况

陕西地区属于暖温带半湿润大陆性季风气候，市区年平均气温为 14.3℃，最冷月份 1 月平均气温为 -0.9℃，最热月份 7 月平均气温为 26.4℃，全年无霜期为 232 天。

安装地点：陕西某IDC楼机房。

机房面积：288m²。

IDC机房设备现用电（不含空调）：290kW约为机房装满设备用电量的2/3。

IDC机房装满设备用电（不含空调）：433kW。

空调配置：型号为LIEBERT/ CM100，数量为7台，制冷量为623kW，设置为上送风、下回风。

乙二醇节能系统基本配置如下。

方案一：室内配备7台制冷量为100kW的换热器，室外配备封闭冷却塔1台，以及水泵、管道、控制器等。室外机使用冷却塔连接示意如图4-8所示。

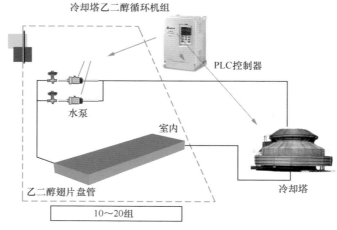

图4-8　室外机使用冷却塔连接示意

方案二：室内配备7台制冷量为100kW的换热器，室外配备7台制冷量为110kW的换热器，以及水泵、管道、控制器等。室外机使用换热器连接示意如图4-9所示。

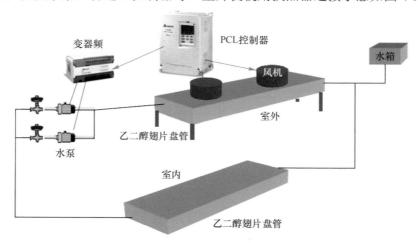

图4-9　室外机使用换热器连接示意

（2）武汉某 IDC 机房应用情况

武汉市是典型的亚热带湿润季风气候，全年平均气温为 15.8℃～17.5℃，全年无霜期为 211～272 天，这种气象条件有助于乙二醇节能系统的使用与推广。机房所在地区属于暖温带半湿润大陆性季风气候，无霜期一般在 240 天左右，乙二醇节能机组可以工作 120 天左右。

武汉市某 IDC 机房内设备及发热量情况如下。

6 楼 IDC 机房：面积约 600m²，共计 9 个电源柜、12 个列配线柜、1 个中心配线柜、198 个服务器机柜，发热功率大约为 600kW。

5 楼 IDC 机房：面积约 600m²，共计 11 个电源柜、15 个列配线柜、两个中心配线柜、3 个网络柜、223 个服务器机柜，发热功率大约为 670kW。

该 IDC 采用封闭冷却塔，根据表 4-1 可知，武汉市交换机房乙二醇循环制冷的工作时间为 3606 小时，占全年时间的 41.2%。

空调配置及乙二醇节能系统的基本配置如下。

6 楼 IDC 机房：按机房内现共有 15 台制冷量为 3.7 万千卡的机房专用空调计算，则现有总制冷量为 55.5 万千卡。

5 楼 IDC 机房：按机房内现共有 15 台制冷量为 3.7 万千卡的机房专用空调计算，则现有总制冷量为 55.5 万千卡。

在现有专用空调上安装乙二醇节能机组，每层楼的 IDC 机房将分别安装 15 套。具体安装方式为：鉴于现在机房内走线、空调送风方式为"上走线、下送风"，室内换热器将加装在空调机的上方。室外要有 15 平方米～25 平方米的设备安装场地，通风良好，例如平台、楼顶等。每个换热器有两根直径为 5cm 的 PPR 管路与室外机组连接。

按武汉所处地理位置，乙二醇节能系统年工作 120 天，节能比例为 20%，则年节约电能如下。

6 楼 IDC 机房：600×24×365×20%=1051200kW·h。

5 楼 IDC 机房：670×24×365×20%=1173840kW·h。

（3）哈尔滨应用情况

哈尔滨年温度曲线如图 4-10 所示，以哈尔滨示范站 5 月一天的实测数据为例，室外温度低于 12℃时启动乙二醇机组，可以发现一天需要启动压缩机制冷的时间不到全天的 1/3。哈尔滨示范站乙二醇节能系统 5 月份其中一天的实测数据如图 4-11 所示。

空调加装乙二醇机组后实测结果对比见表 4-2。

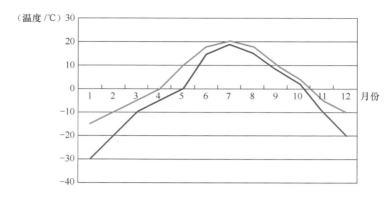

图 4-10　哈尔滨年温度曲线

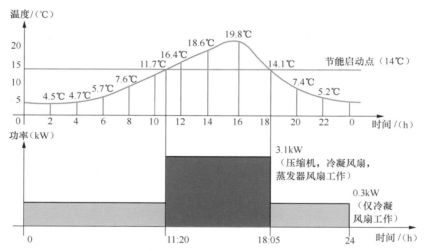

图 4-11　哈尔滨示范站乙二醇节能系统 5 月份其中一天的实测数据

表4-2　空调加装乙二醇机组后实测结果对比

项目	海洛斯34UA	加装乙二醇节能系统的海洛斯空调
空调压缩机日功耗（kW·h）	216	36
室外风机日功耗（kW·h）	14.4	
加湿器日功耗（kW·h）	21.07	21.07
室内风机日功耗（kW·h）	69.6	69.6
单台日总功耗（kW·h）	321.07	126.67
单台年总功耗（kW·h）	117190.55	81712.55
年节约（kW·h）	35478	
百分比（%）	100	69.73
年节能率（%）	30.07	

　　由表 4-2 可知，空调加装乙二醇机组后，节能效果良好，节能率达 30%，单机年

节能 3.5 万 kW·h，经济效益良好，预计两年便可收回投资成本。

4.1.2　水冷系统

　　水冷系统中蒸汽压缩式制冷循环中的冷凝器散热由水控制，在此系统中，需配置冷却水系统。水冷冷冻水空调系统由冷冻水系统和冷却水系统组成，其中，冷冻水系统包含冷水机组、冷却水泵等设备，冷却水系统包含冷却塔、冷却水泵等设备，水冷冷冻水空调系统架构如图 4-12 所示。

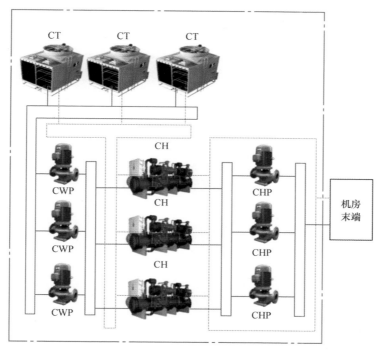

　　注：CH（Coldwater Host，冷水主机）。
　　　　CT（Cooling Tower，冷却塔）。
　　　　CWP（Cooling Water Pump，冷却水泵）。
　　　　CWP（Chilled Water Pomp，冷冻水泵）。

图 4-12　水冷冷冻水空调系统架构

4.1.2.1　冷却塔供冷

　　在北方地区，水冷系统为利用室外自然冷源，常在冷冻水与冷却水之间增设节能板式换热器，当室外温度较低时，通过控制冷却水部分或全部流向，新增节能板式换热器，直接利用流经节能板换冷区后的冷冻水，从而实现利用自然冷源的目的。冷却塔系统架构如图 4-13 所示。

　　供冷系统按冷却水是否直接送入空调末端设备，可分成间接供冷系统和直接供冷系统两类。

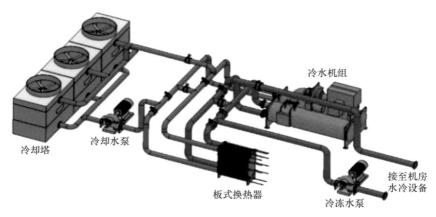

冷水机组

冷却塔　冷却水泵

板式换热器　冷冻水泵

接至机房
水冷设备

图 4-13　冷却塔系统架构

1. 间接供冷系统

间接供冷系统是指系统中冷却水环路与冷冻水环路相互独立，不相互连接，能量传递主要依靠中间换热设备来进行，其最大的优点是保证冷冻水系统环路的完整性，保证环路的卫生条件，但由于其存在中间换热损失，供冷效果有所下降。在原有空调水系统中附加一台板式换热器，在冷却塔供冷时，关闭制冷机组，使冷却水与冷冻水分别接入板式换热器，实现能量传递。

2. 直接供冷系统

直接供冷系统是指在原有空调水系统中设置旁通管道，将冷冻水环路与冷却水环路连接在一起的系统。夏季按常规空调水系统运行，转入冷却塔供冷时，将制冷机组关闭，通过阀门打开旁通，使冷却水直接进入设备末端。系统采用开式冷却塔和闭式冷却塔均可。采用开式冷却塔时，冷却水与外界空气直接接触，易被污染，污染物易随冷却水进入室内空气调水管路，从而造成盘管被污物阻塞，故应用量较少。采用闭式冷却塔虽可满足卫生要求，但由于其靠间接蒸发冷却原理降温，传热效果会受到影响，加上闭式冷却塔在国内应用较少，故也很少被厂商采用。

4.1.2.2　冷却塔供冷系统设计应注意的问题

室外转换温度点的选择直接关系到系统供冷时数。假设经过计算，确定此时空调末端所需供水水温为12.7℃，考虑到冷却塔冷幅度、管路及换热器等热损失使水温升高4.5℃，则可知，在室外湿球温度等于或低于8.2℃时即可切换为冷却塔供冷模式。

系统中冷却塔在依夏季冷负荷及夏季室外计算湿球温度选型后，还应对其在冷却塔供冷模式下的供冷能力进行校核。

间接供冷系统中换热器应选择板式换热器。板式换热器与传统的管壳式换热器相比，具有高效率的换热能力。

在直接供冷系统中，冷却水环路中冷冻水泵应设旁通。冷却塔处于供冷模式时冷冻水泵关闭，冷却水通过冷冻水泵的旁通管，此时循环水动力由冷却水泵提供。故在系统设计时要考虑转换供冷专用泵。

在直接供冷系统设计中，相关人员应重视对于冷却水除菌过滤的设计，以防止冷却水中的污物阻塞末端盘管。

考虑到在特定室外湿球温度和建筑负荷下冷却塔冷幅（冷却塔出水温度与室外湿球温度之差）随冷却塔填料尺寸的增大而减小，故对于多套冷却塔系统可采用串联冷却塔的方法来增加冷却效果，提高冷却塔供冷模式的室外转换温度，从而增加供冷时数。

冷却塔供冷系统主要在冬季运行，故在冬季温度较低地区，应在冷却水系统中设置防冻设施，例如设置旁管、增设加热器等。

4.1.2.3 工程实例分析

冷却塔供冷技术特别适用于需要常年供冷的建筑，例如，IDC机房、通信机房、计算机房、程控交换机房等。在一些风机盘管上加新风系统可使冬季免费供冷成为可能，近年来，国内外已有不少应用案例，我国很多数据中心有明显的内外区，冬季机房有大量的热量产生，于是采用冷却塔和水—水板式换热器的组合，形成冬季自然供冷水系统，充分节约了能源。

4.1.2.4 间接蒸发式冷水机组供冷

间接蒸发式冷水机组是一种以不饱和空气中蕴含的干空气能作为驱动势，在空气和水直接接触进行蒸发冷却过程之前，先对空气进行等湿降温，从而制取冷水的机组。冷却产生的冷水极限温度为空气的露点温度。

间接蒸发冷却式冷水机组原理如图 4-14 所示。

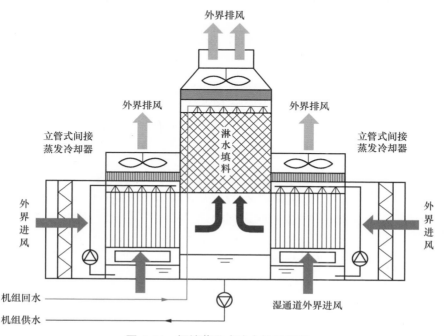

图 4-14　间接蒸发式冷水机组原理

间接蒸发式冷水机组空气与水热湿交换过程如图4-15所示。

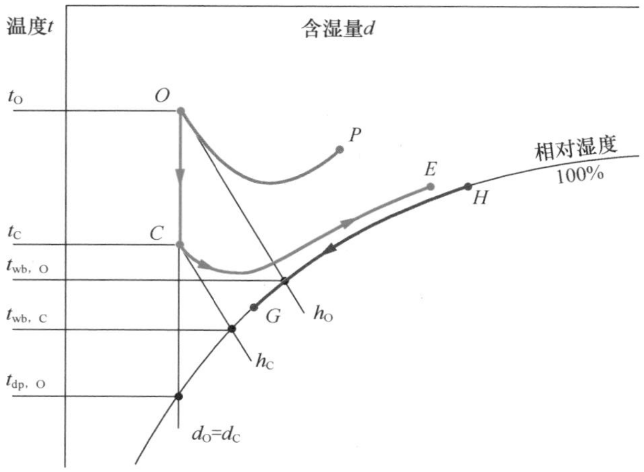

图4-15　间接蒸发式冷水机组空气与水热湿交换过程

间接蒸发式冷水机组相较于传统开式冷却塔，具有以下优点。

① 制备冷水温度更低。传统开式冷却塔制备冷水温度一般高于进风口空气湿球温度3℃～5℃，而间接蒸发式冷水机组制备冷水温度可低于进风口空气的湿球温度。

② 自然冷却时间更长。由于该设备相较于传统开式冷却塔制备的冷水温度更低，可大幅延长自然冷却时间。以广州为例，以冷冻水供回水温度15℃～21℃分析，间接蒸发式冷水机组全年自然冷却时间比冷却塔自然冷却时间长近1000个小时。

4.1.2.5　自然水源直供节能技术

自然水源直供节能技术是一种利用室外低温的自然水源代替传统的冷媒（氟利昂）来达到降低机房温度的新型空调节能技术。与传统的电制冷冷却技术（使用市政水）相比，充分利用洁净、低温的天然湖水进行换热冷却的自然水源直供冷却方式，更显高效、安全、环保、节能。

1. 原理

自然水源（如湖水等）冷却是一种因地制宜、合理利用数据中心所在地自然冷源的一种方式，在不影响当地生态平衡及水质的情况下，直接或间接利用深层低温自然水源代替冷水机组供冷，从而达到大幅降低数据中心空调能耗的目的。对于湖水或人工水库而言，其径流量、库容量、水温应能满足数据中心的散热需求，同时，我们在采用湖水自然冷却方案时，应充分调研湖水或水库的水文条件，同时还应兼顾数据中心供冷的高安全性和高可靠性的要求。

利用天然低温的自然水资源，从安全角度考虑应设置两套冷源系统：一套系统为自然水源直供，选用板式换热器（应有冗余备份），自然水与低温自然水换热后制取的冷冻水通过冷冻水泵（应有冗余备份）进行机械循环；一套系统为集中式冷冻水系统，配置水冷离心式制冷机组及其配套设备作为备用，在天然自然水资源不能使用时（温度超过限定值），通过储冷罐（满足整个系统 15 分钟的用水量）为整个空调系统提供冷量，待主机制冷系统开启后，通过离心机组制取冷冻水为机房制冷。

2. 主要特点和优势

（1）高效节能

充分利用自然冷源（天然湖水）进行机房冷却，在自然冷源冷却时制冷能耗仅来源于冷冻水泵和空调末端风机。以湖南某湖数据中心为例，湖的水温常年在 10℃～18℃。全年平均水温为 12.9℃，全年中，66% 的时间的水温低于 13℃，72% 的时间可以完全利用湖水源进行直接冷却，28% 的时间可以利用湖水源进行部分冷却，节能率高达 64.8%。

（2）安全环保

天然湖水取自上游湖水，通过完全密闭的管道流经数据中心隔绝换热，帮助服务器降温，再流经湖水的下游。上游取水、下游排水的方式不会产生热积效应，也不会影响湖泊生态，既安全又环保。

3. 注意事项及存在问题

（1）冷源系统方案选择要合理

数据中心的冷源应根据数据中心空调负荷的规模，建设地点的能源条件、能源结构、能源价格，以及国家节能减排和环保政策的相关规定等，通过综合论证来确定。选择水冷电动压缩式冷水机组时，按照冷量范围，经性能价格综合比较后确定。具有多种能源的地区可采用复合式能源供冷。

（2）自然冷源利用方案要合理

数据中心空调系统应满足国家节能、环保的相关要求，在保证机房安全生产的前提下，应充分考虑空调系统运行的节能性。根据当地气候条件，严寒地区、寒冷地区、夏热冬冷地区、温和地区应充分利用自然冷源。在室外温度较低时，可利用冷却塔及热交换器进行制冷。在水温较低的区域，可利用板式换热器进行制冷。设计集中式空调系统的数据中心时，应根据机房所在地的热源状况、供热需求，通过技术经济比较，设置机房余热回收装置，以提高能源的综合利用率。

重要性大或机组功率高、密度大的机房，应制订不间断供冷保障措施。不间断供冷时长应按照发电机和制冷机启动后恢复供冷的总时长来确定。

冷却方式应根据数据中心建设地区的水资源状况进行选择。当水资源满足需要且可靠性有保证时，应优先采用水冷却方式。当水资源供应或可靠性没有保证时，也可采用风冷却方式。

4. 适用场合和条件

适用超大型数据中心和大型数据中心。

5. 工程案例

湖南省某湖数据中心应用自然水源制冷达到很好的节能效果。某湖大数据中心具备优质的低温水资源，是发展大数据产业独特的自然条件。某湖每年至少释放 15 亿立方米、13℃以下的清洁冷水作为数据中心冷源。某湖园区总投资为 500 亿元，平均每年少耗电 50 亿千瓦时，折合成标煤约 177 万吨，减少二氧化碳排放约 552 万吨。某湖大数据中心自 2017 年 6 月运营以来，依托某湖低温湖水直供、全自然冷却的优势，全年、全天候采用某湖冷水作为服务器散热冷源，期间从来没有启动过备份冷冻水制冷机组，制冷工程建造成本、电能消耗均远低于传统的冷却方式，具有性价比和可靠性高的双重优势。

4.1.2.6 中央空调水处理技术

中央空调水系统一般分为两个部分，即冷却水循环系统和冷冻水循环系统。冷却水循环系统多为开放式，冷冻水循环系统为封闭式。这两个系统各有特点，但存在同一个问题：结垢、腐蚀和生物粘泥。如果不进行适当的处理，势必会引起管道堵塞、腐蚀泄漏、传热效率大大降低等一系列问题，从而影响整个空调系统的正常工作。

1. 原理

中央空调水系统的用水分为未经过任何处理的自来水、软化水和去离子水 3 类。水中主要对设备产生影响的因素为碱度、pH（Hydrogen ion concentration，氢离子浓度指数）值、氯离子、氧含量等。自来水的水质因地区不同而变化较大，在水的循环过程中，硬度和碱度是造成结垢的主要因素，氯离子、低 pH 值、溶解氧是造成腐蚀的主要原因，由于水质差异，这两种危害的主副性有所区别。结垢性离子 Ca^{2+}、Mg^{2+} 为保护性离子，由于软化水去除了这些离子，增加了 Na^+、Cl^- 等腐蚀性离子，从而加重了对设备的腐蚀，所以软化水虽然避免了设备出现结垢问题，却加重了对设备的腐蚀，这种问题会随着时间的推移而暴露出来。去离子水去除了结垢性离子和腐蚀性离子，但并未去除水中的溶解氧，去离子水刚开始对设备的腐蚀速度较慢，但会逐渐加速，最终导致红水现象发生。

循环冷却水化学处理技术是目前空调水处理使用最为普遍的一种方法，也是在空调循环水处理中应用最广泛、技术最成熟的一种方法。循环冷却水化学处理技术包括以下两种处理方法。

（1）缓蚀阻垢处理

过去使用以聚磷酸盐为主体的缓蚀剂，如果冷却水系统在高浓缩倍数下进行，反而会引起结垢，聚磷酸盐会大量附着在金属表面，并水解生成正磷酸盐，生成磷酸盐垢。聚合物类阻垢剂等复合药剂出现后，即使冷却水被高度浓缩，仍能充分发挥缓蚀和阻垢作用。近年来随着新的合成药剂不断出现，缓蚀阻垢效果也越来越好，合成药剂具体的使用方法与水质条件有关。

（2）杀菌灭藻

粘泥是指水中藻类植物和细菌增殖后，与从大气中洗涤出来的灰尘等杂质构成的具有粘着性的软泥质的物质，这些粘泥附着在管壁上会影响水的流速和流量，附着在换热器管壁上会影响热交换能力，还会造成微生物对金属器壁的腐蚀，所以必须对其进行杀菌。粘泥抑制剂一般为杀生剂。通常，氧化型与非氧化型杀生剂会被轮流交替使用，以防止菌藻产生抗体。空调水系统多处于闹市区，人员集中，所以对杀生剂的使用要求较高，要求其无味、对人体无毒且杀菌效果好，例如氯气就不能在空调系统中使用。

冷冻水是将冷量输送到各个空间的主要载冷工质，根据冷冻水系统的构成，可将冷冻水系统分为密闭式和非密闭式，非密闭式又分为部分敞开式和喷淋式。中央空调冷冻水系统多为密闭式。

与一般循环冷却水系统相比，冷冻水系统有以下 5 个特点。

① 密闭式冷冻水系统在循环过程中，由于不与空气接触，没有蒸发，水量基本上没有损失。

② 水温比较低，一般在 1℃～ 20℃，大多数在 6℃～ 12℃。

③ 水处理药剂为一次性投入，为了保证药剂的有效性，需要在指定的周期内排污换药。

④ 冷冻水对设备的主要危害是腐蚀，冷冻水系统常因腐蚀出现红水现象。

⑤ 一般来说，冷冻水系统的贮水量与循环水量要小一些。

2. 主要特点和优势

中央空调水系统在运行过程中会有大量水垢、淤泥、铁锈等腐蚀产物和藻类尘物粘泥产生，这些污垢附着在换热器铜管表面，会严重影响中央空调的制冷效果和使用寿命，因此我们需要对中央空调冷却水系统和冷冻水系统定期投放各种水处理药剂（例如缓蚀阻垢剂、分散剂、杀菌剂），使结垢性离子稳定在水中，防止结垢、微生物、藻类的生成，起到控制腐蚀、保护中央空调机组的作用。此方法是目前工业循环水处理、中央空调水处理使用最为普遍的一种方法，既有效又节省成本。

中央空调水处理技术对改善中央空调制冷效果、节约能源、抑制设备腐蚀及延长机组使用寿命具有现实意义和实用价值。

3. 中央空调清洗及水处理的意义

① 由于水中钙、镁、盐类物质的存在，空调水系统不可避免地会结生各种水垢，水垢的导热系数是碳钢的 1.11%，油垢、藻类、粘泥的导热系数仅是碳钢的 0.23%，当空调水系统结生污垢后，机组传热性能恶化，排气压力增大，制冷效率下降，从而导致能源浪费，运行维修成本增加，结垢严重时还会使主机高压断开保护，直接影响机组正常运行。

② 水垢使水中溶解氧浓度与垢下金属面的氧浓度产生浓度差，从而形成氧浓度差电池，使垢下金属不断被腐蚀。同时微生物粘泥也会对金属产生腐蚀，从而增加系统的运行维修费用，缩短设备使用寿命，严重时可使主机提前报废。

③ 根据空调系统出现的结尘水垢和氧腐蚀问题，必须对空调系统进行定期清洗除垢和日常水质处理。安全有效的化学清洗可使设备安全正常运行，达到显著提高制冷量或供暖效率的目的。清洗后，系统的运行成本、电、油、气耗量大幅度降低。缓蚀阻垢，防腐预膜后使主机及管网不受腐蚀，不再结生水垢，延长机组的使用寿命。

4. 中央空调水处理后的效果

① 明显改善制冷效果，减少事故发生。中央空调水处理技术可杀菌灭藻，去除污泥，使管路畅通，水质清澈，同时可提高中央空调冷凝器、蒸发器的热交换效率，从而避免高压运行、超压停机的现象，提高了冷冻水流量，改善了制冷效果，换热器进出的温度差提高，系统能安全高效地运行。

② 大幅节约能源，减少成本。由于沉积物的存在会降低热交换器的效率，电力消耗增加。冷凝器热交换效率降低致使冲凝压力升高，从而导致压缩机的功耗明显增加，制冷系数大大降低。

③ 保护设备，延长使用寿命。中央空调水处理可以防锈、防垢，避免设备被腐蚀、损坏，经预防处理后，可延长使用寿命。缓蚀剂可以使设备系统腐蚀速度下降90%，消除冷媒水系统发生"黄水"现象。

④ 大量节省维修费用。未经水处理的中央空调会出现设备管路堵塞、结垢、腐蚀、超压停机的现象，甚至发生故障。例如，运行系统因腐蚀而产生溶液污染，需要更换热装置和溶液，中央空调主机维修费一般需要 20 万元～ 50 万元。中央空调经水处理后，既可减少维修费用，又可延长设备的使用寿命，为用户创造更多的经济效益。

⑤ 环保排放、有益健康。中央空调经清洗和缓蚀阻垢，杀菌灭藻水处理后，水质清澈，空调水中对人体危害极大的军团菌也可被杀灭，这使中央空调所供的冷暖气清新、安全，有利于使用者的身体健康。

5. 注意事项及存在的问题

在冷水机组中，空调水系统水侧的水垢、腐蚀及青苔对制冷系统影响极大，这也是空调能耗高的重要原因。定期对空调水系统进行水处理是降低消耗、提高空调系统工作效率的方法之一。

空调系统水处理技术性较强，水处理不当可能会对空调水系统管道造成损坏，建议请专业水处理公司对空调水系统进行专业保养和维护。

6. 适用场合和条件

随着中央空调的发展和特殊工艺要求的增加，中央空调水处理已成为工业水处理中的重要领域。中央空调水处理技术适用于有中央空调系统运行的大型通信局（站），只要有水系统就适合采用。

7. 实际使用案例

中央空调水处理技术应用广泛，目前大部分安装中央空调系统的通信局（站）都会进行水处理。

4.1.2.7 中央空调系统水泵变频技术

随着中国信息通信行业的飞速发展，数据中心机楼不断兴建，大量中央空调系统投入使用，中央空调系统有力保障了通信设备的正常运行，但空调设备在通信机房耗电中占相当大的比例，空调用电成本不断上涨。为降低运行成本，空调节能是通信行业要考虑的一个重要问题。

1. 原理

变频器结构比较简单，变频器先将交流电转换为直流电，然后用逆变桥将其再转换为变频、变压的交流电源。变频器的结构如图 4-16 所示。

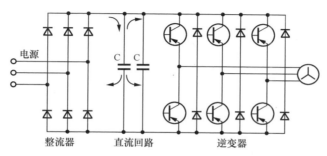

图 4-16　变频器的结构

图 4-16 显示，三相电源在被全波整流器整流后变成直流电，在直流回路的电容器能够降低电压波动，且在短时间的电源断路情况下能够继续提供能量。直流电压运用脉宽调制技术被转换为交流电压。理想的波形通过输出晶体管（绝缘栅极晶体管）在固定频率（开关频率）下的开关切换而建立。通过改变绝缘栅极晶体管的开关时间，得到理想的电流，输出电压为一系列的方波脉冲，电机绕组的电感使其变成正弦的电机电流。变频器脉宽调制电机波形如图 4-17 所示。

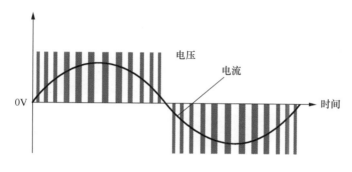

图 4-17　变频器脉宽调制电机波形

2. 变频器典型接线方式

变频器典型接线方式如图 4-18 所示。

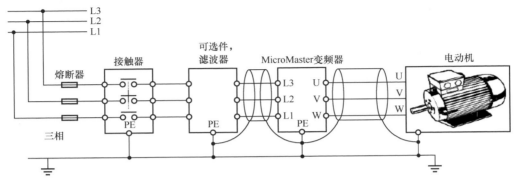

图 4-18　变频器典型接线方式

3. 变频调节水泵转速的节电原理

传统的风机、水泵等设备的调速方法是通过调节入口或出口的挡板、阀门开度来调节给风量和给水量，其输入功率大量的能源消耗在挡板、阀门的截流过程中。有效的节能措施是采用变频调速器来调节流量，风机和水泵类负载是典型的变转距负载，轴功率与转速立方成正比，当风机、水泵转速下降时，消耗的功率也大大下降。

水泵的流量、扬程、轴功率和转速间的关系如下：

$$\frac{G_1}{G_2} = \frac{n_1}{n_2} \cdot \frac{H_1}{H_2} = \left(\frac{n_1}{n_2}\right)^2 \cdot \frac{N_1}{N_2} = \left(\frac{n_1}{n_2}\right)^3 \tag{4-1}$$

式中，n_1、n_2 代表电机转速；G_1、G_2 代表水流量；H_1、H_2 代表水泵扬程；N_1、N_2 代表水泵轴功率。

图 4-19 和图 4-20 绘出了阀门调节和变频调速控制两种状态的压力—流量（H-Q）关系及功率—流量（P-Q）关系。

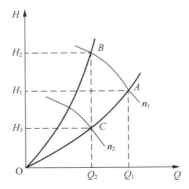

图 4-19　变频调速压力—流量（H-Q）关系

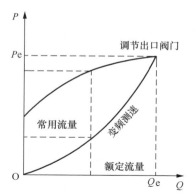

图 4-20　阀门调节和变频调速功率—流量（*P-Q*）关系

从图 4-20 中可见，用变频调速的方法来减少水泵流量的经济效益是十分显著的，当所需流量减少，水泵转速降低时，电动机所需的功率按转速的三次方下降。例如，水泵转速下降到额定转速的 60%，即*f*=30Hz 时，其电动机轴功率下降了 78.4%。

4. 主要特点及负载分类

变频器的正确选择对于控制系统的正常运行是非常关键的。选择变频器时必须要充分了解变频器所驱动的负载特性。人们在实践中常将生产机械分为恒转矩负载、恒功率负载和风机、泵类负载 3 种类型。中央空调系统的水泵属于风机、泵类负载。

（1）恒转矩负载

负载转矩 T_L 与转速 n 无关，任何转速下 T_L 总能保持恒定或基本恒定。例如，传送带、搅拌机、挤压机等摩擦类负载及吊车、提升机等位能负载都属于恒转矩负载。变频器拖动恒转矩性质的负载时，低速下的转矩要足够大，并且有足够的过载能力。如果需要在低速下稳速运行，应该考虑标准异步电动机的散热能力，避免电动机的温升过高。

（2）恒功率负载

机床主轴和轧机、造纸机、塑料薄膜生产线中的卷取机、开卷机等要求的转矩，大体与转速成反比，这就是所谓的恒功率负载。负载的恒功率性质是就一定的速度变化范围而言的，当速度很低时，受机械强度的限制，T_L 不可能无限增大，在低速下会转变为恒转矩性质。

（3）风机、泵类负载

在各种风机、水泵、油泵中，随叶轮的转动，空气或液体在一定的速度范围内所产生的阻力大致与速度 n 的二次方成正比。随着转速的减小，转矩按转速的二次方减小，这种负载所需的功率与速度 n 的三次方成正比。当所需风量、流量减小时，利用变频器通过调速的方式来调节风量、流量，可以大幅节约电能。由于高速运转时所需功率随转速增长过快，与速度 n 的三次方成正比，所以通常不应使风机、泵类负载超工频运行。

5. 注意事项和存在问题

① 应该根据中央空调的水泵负载特性选择变频器。

② 选择变频器时应以实际电机电流值作为变频器选择的依据，电机的额定功率只能作为参考。

③ 应充分考虑变频器的输出含有丰富的高次谐波，高次谐波会使电动机的功率因数和效率变低。因此要适当留有余量，以防止温升过高，影响电动机的使用寿命。

④ 在一些特殊的应用场合，例如高环境温度、高开关频率、高海拔高度等，会引起变频器的降容，变频器需要放大一档选择。

⑤ 选择变频器时，一定要注意其防护等级是否与现场的情况相匹配，否则现场的灰尘、水汽会影响变频器的长久运行。

⑥ 变频器的运转对水泵及空调系统可能会产生负面影响。运行中可能出现的问题主要表现为谐波问题、噪声、振动、负载匹配、发热等，应该从多个方面考虑，减少这些问题的发生，保证空调系统的稳定运行。

6. 适用场合和条件

根据负载特性选择变频器，中央空调冷冻水泵及冷却水泵属于风机、泵类负载，应选择适合于这类负载的变频器。

7. 工程案例

对广州天河区某大厦中央空调水泵变频进行跟踪测试和数据分析采集，以下是大厦的测试情况分析。

为所有水泵配电总输入端安装电度表，实验方法如图 4-21 所示。耗电量测试位置参见测试点 1 和测试点 2，也可根据具体情况灵活设置。测试点 2 可以测试整个空调系统的耗电量。

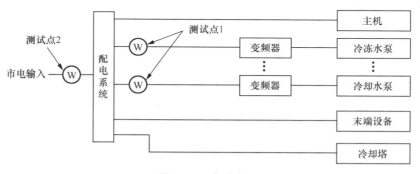

图 4-21　实验方法

以 24h 为一个测试时间段，轮流测试变频和工频供电模式下水泵系统总耗电量，总测试时间为连续 4 个工作日。对比测试所有变频器的负载（水泵）在工频供电和变频供电两种方式下的耗电量数据，并据此计算水泵系统节电率 η_1。

$$\eta_1=（W_{工频}-W_{变频}）/W_{工频} \qquad (4\text{-}2)$$

式（4-2）中 $W_{工频}$、$W_{变频}$ 分别为水泵在工频和变频供电方式下的耗电量。

此大厦有 4 台制冷量为 600 冷吨的离心式中央空调机组、一台制冷量为 300 冷吨的螺杆中央空调机组，制冷量总共为 2700 冷吨。我们随机抽取了 4 天的数据进行分析。测试数据见表4-3。

表4-3　测试数据

项目名称		4月26日～27日变频运行（24h）	4月27日～28日工频运行（24h）	差值	结论
4#主机	室外温度（℃）	23～30	22～30		主机在工频运行时与在变频运行时的耗电量只有约1.07%的差别，可以当成误差
	平均电压（V）	385	385		
	平均电流（A）	480	480		
	耗电量（kW·h）	5984	5920	-64	
	冷冻进水平均温度（℃）	10	10		
	冷冻出水平均温度（℃）	7	7		
	冷冻进水平均压力（MPa）	0.85	0.85		
	冷冻出水平均压力（MPa）	1.1	1.42	0.32	
	冷却进水平均温度（℃）	27	27		
	冷却出水平均温度（℃）	30	30		
	冷却进水平均压力（MPa）	0.55	0.55		
	冷却出水平均压力（MPa）	0.85	1.1	0.25	
4#冷冻泵	平均电流（A）	70	130	60	冷冻泵在变频运行时节电约43.38%
	耗电量（kW·h）	992	1752	760	
	电机平均温度（℃）	80	85	5	
	平均电流（A）	95	135	40	冷却泵在变频运行时节电约30.86%
	耗电量（kW·h）	1344	1944	600	
	电机平均温度（℃）	80	85	5	
	总功耗（kW·h）	8320	9616	1296	总节电率为13.48%
	水泵用电占空调系统用电百分比	（1344+992）/8320=28.08%	（1752+1944）/9616=38.44%		
	经济性计算	电费以0.86元/kW·h计，24小时可以节省的电费为：1296×0.86=1114.56（元）			

从表 4-3 中我们可以看出，4 月 26 日～ 28 日的室外温度条件基本一致，主机在工频运行时与在变频运行时的耗电量差别只有约 1.06%，可以当成误差，也就是两种工况对主机运行功率没有太大的影响。冷冻泵在变频运行时节电约 43.38%，冷却泵在变频运行时节电约 30.86%，一天可以节电约 1296kW·h，节约电费为 1114.56 元，总

节电率为 13.48%。

4.1.3 蒸发冷却系统

蒸发冷却技术在其本身节能的基础上，可以通过复合其他节能技术延长自然冷却的时间，达到系统节能的目的。蒸发冷却技术根据水与空气的接触程度可分为直接蒸发冷却和间接蒸发冷却，相关原理及特点分析如下。

1. 原理

（1）直接蒸发冷却原理

直接蒸发冷却是使空气和水直接接触，利用水的蒸发使空气温度下降，使用加湿后冷却的空气对房间进行降温。

干燥空气向水膜表面传递的显热量通过湿表面水分的蒸发以潜热的形式返回到空气。在这个过程中，空气的焓值基本保持不变，热力学描述为绝热加湿（等焓降温）过程，出风干球温度下降幅度一般为空气入口干湿球温度差的 70% ～ 90%。

直接蒸发冷却原理的特点是对空气实现等焓加湿降温过程，送风降温的极限温度为进风的湿球温度。

直接蒸发冷却原理如图 4-22 所示。

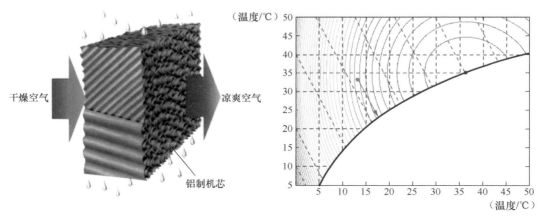

图 4-22　直接蒸发冷却原理

（2）间接蒸发冷却原理

间接蒸发冷却中一次空气和二次空气呈逆流或交叉流动。在二次空气侧通过湿球表面水分的蒸发，降低空气的干球温度，然后通过壁面的导热冷却间壁一侧的一次空气，这样在一次空气侧仅发生显热的交换。在这个过程中，经过处理后的一次空气的干球温度和湿球温度都下降，而含湿量不变，可对送风气流实现减焓等湿降温过程，送风降温的极限温度为进风的湿球温度。

间接蒸发冷却原理如图 4-23 所示。

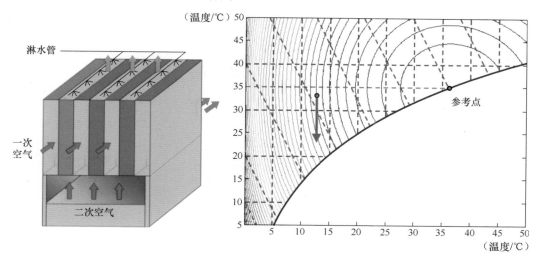

图 4-23　间接蒸发冷却原理

（3）蒸发冷凝技术原理

为实现风冷系统的挖潜，一般在风冷冷凝器周围叠加蒸发冷却模块，可采用的技术形式为在风冷冷凝器的周围增设高压微雾，此时冷凝器散热的驱动势为冷凝器外壁面的干球温度与周围空气的湿球温度之差，相较于叠加之前，可大幅降低冷凝温度，实现空调系统的节能。我们还可以在风冷冷凝器的进风侧增设湿帘模块，通过降低进入冷凝器的空气温度，从而降低冷凝温度。

（4）蒸发冷凝耦合氟泵空调技术原理

蒸发冷凝耦合氟泵空调技术是由蒸发冷却技术与氟泵自然冷却技术耦合而成，并创新采用高能效变频磁悬浮压缩机、封闭热通道、变频节能技术等多项先进节能技术，实现最佳节能效果。而蒸发冷凝技术是在传统风冷冷媒空调的基础上，通过复合蒸发冷却技术，提高风冷冷媒空调的能效比，通过在风冷冷凝器上部淋水，利用水蒸发吸热的原理为冷凝器散热，从而降低水冷冷媒空调温度。氟泵空调系统是基于蒸汽压缩制冷循环，在制冷循环中通过压缩机部分与氟泵等设备的耦合，从而实现多种运行模式。通过蒸发冷却技术与氟泵技术结合，可充分延长自然冷却的时间，充分利用室外自然冷源的潜力，为电子信息设备散热。

蒸发冷凝耦合氟泵自然冷却系统架构如图 4-24 所示。

2. 主要特点、注意事项及存在问题

（1）主要特点

① 蒸发冷却空调可以不使用压缩机，只利用室外自然环境的冷源。

② 使用自然环境作为制冷的驱动能源。

③ 系统简单，设备在常温常压下运行，维护管理易于实现。

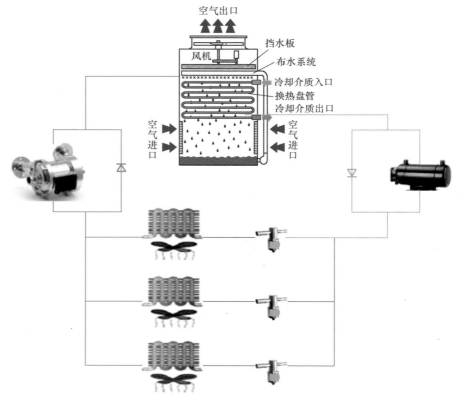

图 4-24　蒸发冷凝耦合氟泵自然冷却系统架构

（2）注意事项及存在问题

① 要结合实际应用地区的气象条件，充分分析该地区全年的气象参数，从而科学合理地确定该空调系统不同运行模式间的切换基准。

② 要结合实际应用地区的自然条件，根据当地水质以及当地空气质量，为该空调系统配置不同级别的水质处理技术和新风过滤系统，使整个系统的衰减控制在合理范围内。

③ 要因地制宜，根据数据中心建设地区的自然条件、气象条件、甲方个性化需求等因素，适当备份压缩式制冷空调系统。

④ 注重优化蒸发冷却设备的体积冷量比，科学合理地在保证制冷量的同时减小机组的体积。

3. 适用场合和条件

蒸发冷却空调系统适用于空气质量较好的地域超大型、大型、中小型等数据中心，针对空气质量不好的地区，可采用间接蒸发冷却和机械制冷复合的组合模式来工作，可最大限度地提供全年自然冷却的使用时间。

4. 阿勒泰某运营商北屯数据中心

此数据中心机房面积（不含动力室）为 174m²，共布置 63 个 4kW 机柜，总体冷负荷为 252kW，共配置 3 套蒸发冷却空调系统，机房内部的微模块数据中心如图 4-25 所示，机房外部的蒸发冷却空调如图 4-26 所示。

图 4-25　机房内部的微模块数据中心

图 4-26　机房外部的蒸发冷却空调

4.1.4　热管换热系统

热管是以毛细结构的抽吸作用来驱动工质循环流动的蒸发、冷凝传热装置，是依靠自身内部制冷剂相变来实现热量传递的传热元件，重力型背板热管系统是在热管原理的基础上创新衍生出来的应用于数据中心机房的制冷产品，其可安装于机柜服务器背门，依靠重力自然回流完成循环换热。针对不同的服务器容量，重力型背板热管系统换热能力可与之匹配，单机换热量为 0 ～ 20kW。

4.1.4.1　重力型背板热管节能系统

1. 原理

重力型背板热管节能系统安装在服务器设备的热风侧，通过冷媒管与壳管式/板式换热器相连，蒸发侧吸收热量，冷凝侧排出热量，通过相态变化及自然重力原理实现机房内封闭循环，系统在机房内部（除背板风扇）基本没有耗能元件。背板热管中充注的制冷剂通过吸收服务器排出的热量汽化，汽化后的制冷剂依靠较高的蒸汽压力经气体通道循环至外部冷凝器，冷凝后的制冷剂再依靠重力作用经液体通道回流至背板热管，如此循环，散出服务器排出的热量。

重力型背板热管节能系统原理如图 4-27 所示。

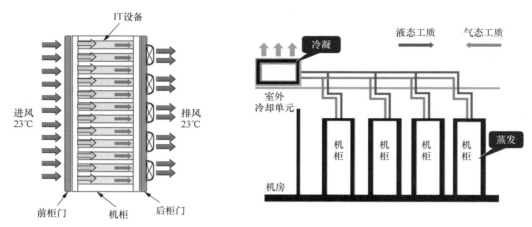

图 4-27　重力型背板热管节能系统原理

2. 主要特点和优势

（1）安全、可靠

重力型背板热管节能系统是通过制冷剂相态变化完成服务器与室外冷凝换热单元之间的热量传递的，不会产生水进入机房的安全隐患；此外，重力型背板热管节能系统中电源、水源、中间换热单元、冷媒管路、背板换热器均可配置双路，可靠性更高。

（2）高效节能

重力型背板热管节能系统具有较高的传热效率，相较于传统的房间级和行级冷冻水空调，其供水温度可以从 7℃ 提升至 15℃，提高蒸发温度，延长自然冷源的利用时间，可节约冷水主机能耗 30% 左右。此外，重力型背板热管贴近发热源，相比传统的房间级和行级空调，风机能耗可以降低 40% ～ 60%。

（3）机房无热点

重力型背板热管节能系统更贴近热源并且通过制冷剂相变传热，可以较好地解决房间级精密空调、行级空调难以解决的 5kW 以上机柜形成的机房热点问题。

（4）提升机房利用率

重力型背板热管节能系统采用高效换热器，其换热效率更高，可以大幅优化设计空间（原房间级和行级空调的摆放空间可以用来增加服务器机柜），机房利用率提升了 20% 左右。

3. 注意事项及存在问题

（1）注意事项

重力型背板热管在标准测试工况下为全显热，即显热比约为1.0。但在机房湿度过大、机柜负荷较低的极端情况下显热比可能小于1.0，会有极少量冷凝水析出。为保证机房绝对安全，宜加装排水装置。

重力型背板热管应配置调速强排风机，根据进出风温度调节转速，单台背板风量应有不低于20%的冗余。风机应配置UPS，保证不间断供电。风机状态应可监控，出现故障时可定位故障风机。

重力型背板热管应考虑安全备份，单台背板宜有双片换热器，且单片换热器换热量不低于其对应的IT设备的功耗；每列重力型背板热管的冷媒管路应有冗余，相邻背板热管或单个背板热管的不同蒸发器应接入不同冷媒管路，保证单个背板热管出现故障或某路冷媒管路出现故障时，IT机柜仍能正常运行。

重力型背板热管应采用倒角设置，开门角度不小于90°，不影响机柜内部维护，其厚度不宜超过200mm。

重力型背板热管气液冷媒管路应能根据数据机房现场情况，灵活地确定走管方式且要确保相邻背板热管分液均匀。

（2）存在的问题

对于数据机房非标准化服务器机柜或机房传输设备等不宜加装重力型背板热管的情况，可以考虑采用吊顶式热管末端形式取代背板末端。

4. 适用场合和条件

重力型背板热管节能系统适用于中小型各类数据中心机房的新建或改造项目。对于大型数据中心，推荐使用的重力型背板热管系统形式为水冷冷水机组（X ≥ 1000RT）+换热器+重力型背板热管；对于中型数据中心，推荐使用的重力型背板热管系统形式为风冷冷水机组（1000RT ≥ X ≥ 300RT）+换热器+重力型背板热管；小型数据中心总冷负荷较小（例如退网机房改造），不宜配置冷水机组，在此类环境条件下，推荐使用的重力型背板热管系统形式为双冷源复合空调机组（150RT ≥ X ≥ 30RT）+重力型背板热管。单列重力型背板热管节能系统背板热管数量应不多于20架（包括20架），可不设置防静电地板，机房层高要求可以降低到4.5m，仅需在走廊或隔间上方预留壳管式或板式换热器的安装空间，保证壳管式或板式换热器与重力型背板热管的高度差大于或等于1m即可。

5. 工程案例

（1）南京某数据中心重力型背板热管项目

南京某数据中心的机房内原来采用的是风冷型机房精密空调，该数据中心改造后的系统形式为水冷冷水机组+壳管式换热器+重力型背板热管。南京某数据中心重力型背板热管改造前后的情况如图 4-28 所示。

（a）改造前　　　　　　　　　　（b）改造后

图 4-28　南京某数据中心重力型背板热管改造前后的情况

（2）南京鼓楼某数据中心重力型背板热管项目

南京鼓楼某数据中心原来采用风冷型机房专用空调制冷，送风方式为地板下送风、风帽直接送风或风管送风。该数据中心改造后的系统形式为风冷冷水机组+壳管式换热器+重力型背板热管。南京鼓楼某数据中心改造前后的情况分别如图 4-29、图 4-30 所示。

图 4-29　南京鼓楼某数据中心改造前情况

图 4-30　南京鼓楼某数据中心改造后情况

4.1.4.2　动力型热管空调节能技术

数据中心动力型热管空调系统根据末端形式的不同可分为动力型双冷源空调系统、

动力型列间空调系统、动力型热管背板空调系统这 3 种。它用制冷剂作为传热介质，依靠制冷剂泵驱动，可利用自然冷源，通过封闭管路中介质的蒸发、冷凝循环而形成动态热力平衡，降低机房内的温度。其中，动力型热管背板空调系统的机柜级制冷方式更契合绿色数据中心建设需求。

1. 原理

动力型热管背板空调系统利用动力热管原理，将室内机设计成机柜背板形式，可将机柜内散出的热量通过背板热管空调直接排出室外，替代常规精密空调给机房降温，实现按需制冷，就近冷却，属于机柜级弹性化制冷装置。动力型热管空调系统原理如图 4-31 所示。

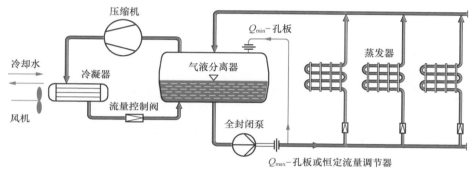

注：Q_{max} 为设计最大流量。

图 4-31　动力型热管空调系统原理

制冷剂泵与压缩机的组合分为两种，一种是纯制冷剂泵、纯压缩机及制冷剂泵+压缩机并行三态工作模式；另一种是制冷剂泵或压缩机分工二态工作模式。相对而言，三态模式比二态模式节能效率高。

室内机末端（热管背板）安装于 IT 机柜出风侧，机柜内主设备直接在机柜内或机柜附件区域得到冷却，安装在 IT 机柜的热管背板与常规机柜门一样，可自由开关，不影响 IT 机柜的正常维护。热管背板原理如图 4-32 所示。

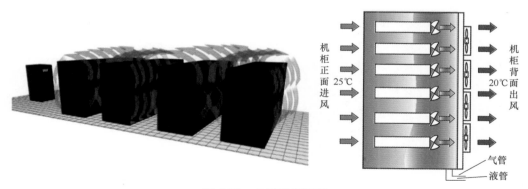

图 4-32　热管背板原理

2. 主要特点和优势

① 单个热管背板能够按需供冷，解决高发热密度机柜散热问题，避免局部热点。

② 制冷剂泵提供循环动力，传热介质流速大、热交换效果好、制冷半径大。

③ 在过渡季节、寒冷季节，可间接高效利用室外自然冷源，使用三态模式，降低机房 PUE 值。

④ 就近制冷，降低冷量、风量输送能耗及损耗。

⑤ 机柜内主设备产生的热量在排出机柜前被冷却至与机房相同的温度，避免了机房内热空气与冷空气掺混而导致的空调系统能效损失。

⑥ 背板空调安装于机柜的柜门处，不占用机房面积及机柜位置，机房空间利用率提高。

⑦ 背板空调循环工质为不燃、无毒、无腐蚀，常压下为气态的制冷剂，保证无水进入机房。

3. 注意事项及存在问题

动力型热管背板空调节能系统必须合理配置冗余设备、冗余容量、冗余管路，保证机房供冷保障度不降低。动力型热管背板空调节能系统如图 4-33 所示。

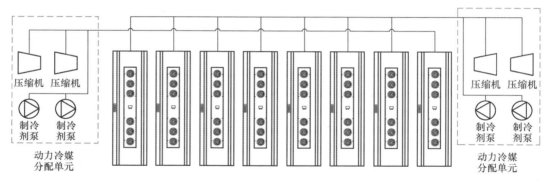

图 4-33　动力型热管背板空调节能系统

① 同一列机柜两路独立热管间隔背板配置。

② 同一路热管采用双氟泵（相当于一列对应 4 个氟泵）。

③ 同一路热管采用双压缩机（相当于一列对应 4 个压缩机）。

④ 每个背板的最大制冷能力要比本机柜实际负荷增加 30% ～ 50% 的冗余量。

4. 适用场合和条件

动力型热管背板空调节能系统适用于超大型、大型、中小型数据中心，具体应用范围如下：

① 机房单机柜发热量较大的场景；

② 同一机房不同机柜发热量差异性大的场景；

③ 机柜内增加设备，负荷增加的场景；

④ 机柜内个别设备功率过大形成局部热岛的场景；

⑤ 人造温差，南北地区通用。

动力式热管空调应用分析见表4-4。

表4-4 动力式热管空调应用分析

	超大型数据中心	大型数据中心	中小型数据中心
概述	通常面积大于2000m²，服务器机柜数量大于1000个	通常介于800m²～2000m²，服务器机柜数量为200个～1000个	面积为30m²～800m²，机柜数量为10个～200个
机房特点	整体规划，多采用水冷+冷却塔+板换方式供冷，机柜热负荷普遍较高	采用风冷+自然冷却或水冷+冷却塔+板换方式供冷，DC化改造	多采用风冷形式冷源，DC化改造
建议机房空调形式	水冷动力型背板空调系统；水冷动力型列间空调系统	风冷（水冷）动力型背板空调系统；风冷（水冷）动力型列间空调系统	风冷动力型背板空调系统；风冷动力型列间空调系统；动力型双冷源空调系统

5. 工程案例

（1）石家庄某通信公司水冷动力型热管背板空调应用

石家庄某通信公司共计安装324台背板空调末端，其中，9层IDC背板空调机房共安装动力型水冷冷媒分配单元18套（含备用），下带背板228柜；10层IDC机房安装动力型水冷冷媒分配单元2套，下带背板24柜；11层IT机房安装动力型水冷冷媒分配单元7套（含备用），下带背板72柜。

该工程充分利用自然冷源，采用冷冻水系统的空调系统形式，分别配套自然冷却器和板式换热器，为水冷动力型热管背板空调系统提供冷量。在冬季及过渡季，螺杆式冷水机组压缩机不启动，利用室外自然冷源高效节能。

石家庄某通信公司水冷动力型热管背板空调应用如图4-34所示。

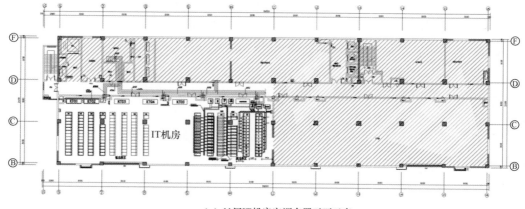

（a）11层IT机房空调布置平面示意

图4-34 石家庄某通信公司水冷动力型热管背板空调应用

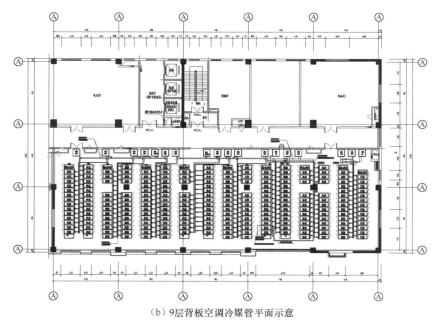

（b）9层背板空调冷媒管平面示意

图4-34　石家庄某通信公司水冷动力型热管背板空调应用（续）

（2）廊坊某通信公司风冷型热管背板空调应用

廊坊某通信公司DC机房的总面积为964m²，其中二层机房面积为482m²，有机柜215个，原使用8台艾默生机房专用精密空调制冷，采用地板下送风；一层机房面积为482m²，有机柜185个，原使用8台艾默生机房专用精密空调制冷，采用风帽上送风。此DC机房改造目的是消除机房局部热岛问题，并降低PUE值。

廊坊某通信公司启动氟泵热管背板空调改造项目，对二层机房进行背板空调改造（一期），采用了11层动力型风冷冷媒分配单元，下带215台背板空调。该工程充分利用自然冷源，采用风冷+自然冷却形式，当室外温度低于9℃时，全部采用制冷剂泵制冷（自然制冷）；当室外温度高于16℃时，全部采用压缩机制冷（机械制冷）；当室外温度介于两者之间时，使用压缩机、制冷机泵混合制冷（混合制冷）。

热管背板空调系统改造后可满足高功率密度IDC的制冷需求，对消除热岛，改善机房环境有很大帮助，同时，在低温季节空调可间接利用自然冷源，具有明显的节能效果。

（3）四川某通信公司某数据中心机房热管背板空调应用

该数据中心总建筑面积为30859m²，共4层，建筑高度为20.7m。机房位于二层，每个机架的负荷都超过4.5kW，个别机柜负荷达到6kW，制冷主机采用水冷空调+冷却塔+板换形式。

改造后的机房采用动力型热管背板空调，每个机柜最高负荷为6kW，共计安装142台背板空调末端、4套动力型水冷冷媒分配单元、5套动力型风冷冷媒分配单元。

在寒冷季节和过渡季节，制冷主机压缩机不运行。在过渡季节，冷媒分配单元采用风冷备份方式，当板换（换热器）出水温度过高时，冷量满足不了设备散热要求，风冷冷媒单元会自动接入背板分配系统，当板换的换热量满足机房要求时，风冷冷媒单元自动停机。水冷板换和风冷制冷剂泵同时工作，充分利用了自然冷源，可高效节能，同时也能保障机柜服务器处于正常的温度范围内。

（4）贵阳广电某数据中心

本数据中心制冷量需求为1800kW。空调设备选用南京春荣节能科技有限公司的35kW二级热管行间空调，配置室内末端空调57台。贵阳广电某项目现场如图4-35所示。改造后的网络机房空调末端采用二级制冷热管列间空调，每台列间空调配有双独立热管回路，独立运行，互为备份，可靠性大大提高。同时热管回路通过各自的独立换热单元，分别接入自然冷源（冷却塔）和机械冷源（冷水机组）水系统管路，实现自然冷源和机械冷源并行协同工作。

图 4-35　贵阳广电某项目现场

当自然冷源能满足机房负荷时，机械冷源处于待机状态，由自然冷源单独供冷。当自然冷源供冷不足时，不足部分由机械冷源提供，此时，自然冷源为机械冷源做预冷，随着室外环境湿球温度的提高，当自控系统计算并判断出自然冷源的能效比低于机械冷源时，自然冷源处于待机状态，由机械冷源单独供冷。

热管空调系统运行参数见表4-5。

表4-5　热管空调系统运行参数

运行模式	典型气象年全年运行小时数（h）	一级冷却墙负担负荷比例（%）
自然冷源单独供冷	2792	100
自然冷源与冷冻水精密空调联合供冷	5513	68.7
冷冻水精密空调单独供冷	455	—

（5）上海有孚北京安泰数据中心

该项目位于北京市安泰数据中心，采用"热管一级预冷冷却墙系统+风冷冷水机+水冷空调末端"组合的节能方式。数据中心制冷量为22080kW，合计24个模块间，共2300个机柜。安泰数据中心节能项目现场如图4-36所示。节能设备选用南京春荣节能科技有限公司的"热管预冷冷却墙系统"，设备配置为室外机组398台，每台的功率为60kW；冷却墙模块机组共1194台，每台的功率为20kW。原水冷系统设计PUE值为1.49，采用节能系统的设计PUE值为1.30，在机柜80%的负载下年节电量预计为2300万kW·h。

图4-36　安泰数据中心节能项目现场

4.2　空调用冷系统节能

本节以空调末端设备调节温度和湿度为对象，分别分析房间级、机柜级空调系统和芯片级冷却系统的节能原理和效果。

4.2.1　房间级空调系统

房间级空调系统以整个机房为空气调节的对象，空调置于独立的房间内，冷风经过地板被送至机房内冷通道，经过服务器后升温，回到空调，完成循环。房间级空调需要与送风方式相结合实现对机房内部的温湿度调节。房间级空调适用于单机柜功率低于6kW的数据机房，动力和网络维护完全隔离，安全性较高，造价较低，但耗电量较大，无法解决大功率机柜的制冷需求。目前，常见的送风方式有上送风侧回风、侧送风顶部回风及下送风侧回风。常见的房间级空调送风方式及气流组织形式如

图 4-37 所示。

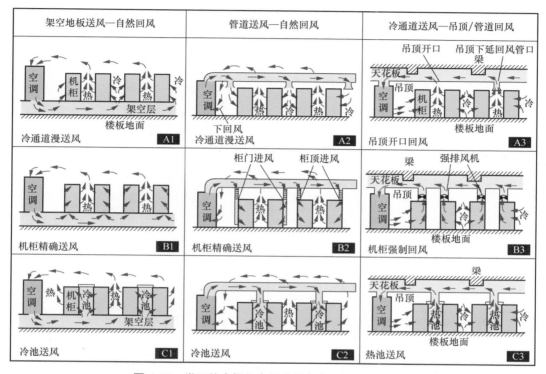

图 4-37 常见的房间级空调送风方式及气流组织形式

行业内较为节能的方式为房间级空调与活动地板下送风相结合。下送风方式是在机房空调机组底部做一个支架，支架高度与机房的活动地板高度相同。通过房间级空调处理后的低温空气，从空调机组底部送入活动地板内部，利用活动地板形成的空间作为静压箱，通过电子信息设备底部、风口地板，进入机房和电子信息设备内，与发热的设备进行热交换，并带走电子信息设备和机房的热量，被加热的空气通过机房上部空间回到房间级空调内部，并再一次被冷却降温，循环使用。

为实现房间级空调的进一步节能，我们需要结合有效的气流组织形式，缩短房间级空调与机柜的送风路径，因此，封闭通道技术应运而生。采用封闭冷通道或封闭热通道的技术可对房间级空调的空气进行有效管理，实现冷热隔离，降低局部热点，提高冷量利用效率，减少送风过程中的冷量损失。而封闭热通道技术相对于封闭冷通道技术而言，可提高送风温度，从而为延长空调系统自然冷却的时间提供了绝佳的选择，封闭热通道技术还可提高末端设备的能效比。资料显示，若空调回风温度提高 4℃～6℃，空调系统可节能约 10%～20%，PUE 值可降低 0.03～0.06。

4.2.2 行级空调系统

行级空调系统也叫列间空调系统，指空调末端与服务器并列布置在服务器机柜列间。行级空调容量配置一般以列为冷却单元。行级空调为水平送风机组，是专门为数据中心机房和通信信息机房研发设计的一款空调末端，主要适用于单机机柜耗电量为 6kW ～ 10kW 的中高热流密度的数据中心散热。对于中高热流密度的数据中心，传统房间级空调冷却方式因送风距离、风量等原因，造成机房内温度分布不均、温差较大、送风温度较低等。与房间级空调系统相比，行级空调系统可贴近热源，提高送风效率，降低送风过程中的冷量损失。行级空调系统送风路径短，系统阻力小，可降低末端风机的功耗。行级空调常常需要结合封闭冷、热通道的气流组织形式，隔离机柜进风、排风，防止冷热空气混合，可有效避免冷风气流和热风气流因短路而导致的冷却效果降低。行级空调系统典型气流组织形式如图 4-38 所示。

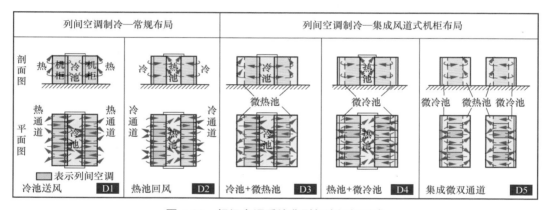

图 4-38　行级空调系统典型气流组织形式

行级空调系统根据盘管内的冷却工质的不同，可分为冷水式行级空调、热管式行级空调和直膨式行级空调（直接蒸发式）。行级空调形式的应用应根据项目的规模和实际情况进行合理选择，且应结合空调的冷源形式灵活搭配。冷水式行级空调需与冷冻水空调系统搭配使用，常用于大、中型数据中心项目；热管式行级空调、直膨式行级空调常用于小型数据中心。

4.2.3 机柜级空调系统

热管背板空调是一种机柜级空调系统，利用工质相变（气/液态转变）实现热量快速转移。热管背板空调通过小温差及重力驱动热管系统内部循环工质的气、液态变化，形成自适应的动态相变循环，将电子信息机房内IT设备的热量带至室外，实现管道内制冷工质无动力，自适应平衡的冷量传输。热管背板空调系统的散热系统架构如图 4-39 所示。

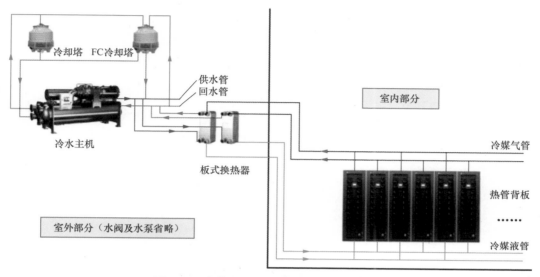

图 4-39　热管背板空调系统的散热系统架构

热管背板系统热量传递方向示意如图 4-40 所示。

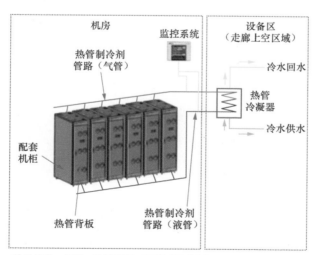

热量传递：机柜→热管背板→冷源（风或水）

图 4-40　热管背板系统热量传递方向示意

热管背板空调系统的技术特点如下：

① 可利用室外自然冷源，末端供冷量小，约为房间级空调的 10%；

② 机房按需供冷，最大可满足功率为 15kW 的单机柜的散热需求，机柜内冷却，

机房内部存在局部热点；

③ 无架空地板，节省机房空间资源及建设投资成本；

④ 相邻机柜的热管背板的冷量可冗余备份，可靠性高；

⑤ 适用于新建中高热流密度的数据机房，以及改造机房。

热管背板空调系统典型气流组织形式如图 4-41 所示。

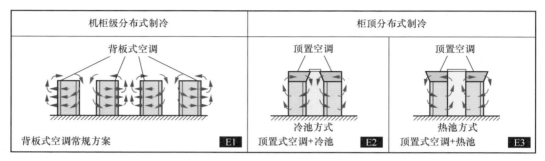

图 4-41　热管背板空调系统典型气流组织形式

4.2.4　芯片级冷却系统

芯片级冷却系统针对服务器芯片进行局部冷却，目前，主要分为冷板式冷却系统、浸没式冷却系统和喷淋式冷却系统。液冷的原理是利用液体的高比热特性，液冷冷却液的比热容约为空气比热容的 1000 ～ 3000 倍，可将服务器的热量在较小的空间内迅速带走。相对于低比热的换热介质（一般为冷风），液冷可大大降低传热温差，一般服务器的内核温度为 40℃ ～ 60℃，风的单位体积比热较小，为保证CPU安全运行，需向服务器送出温差很大的冷风，一般送风温度不高于 27℃，这导致供水温度不得低于 20℃，相对于室外环境温度 30℃，空调系统需进行逆向散热，因此需要压缩机做功来完成。由于液冷具有较高的比热性能，可以向服务器送出温差较低的冷液，一般供液温度不低于 35℃即可，相对于 30℃的环境温度，空调系统可正向散热，也被称为自然冷却，可节省压缩机的能耗。

芯片级冷却系统是针对高热流密度元器件散热而开发的，在应用过程中可带走高热流密度元器件产生的 70% ～ 90% 的热量，其余低热流密度元器件运行所产生的 10% ～ 30% 的热量及建筑维护结构、人员所产生的冷负荷需要被其他制冷系统带走。因此，芯片级冷却系统在应用时，需与其他制冷系统搭配使用。芯片级冷却系统典型架构如图 4-42 所示。

芯片级冷却系统根据服务器和液体介质的接触程度，可分为冷板式液冷、浸没式液冷和喷淋式液冷 3 种形式。芯片级冷却系统分类见表 4-6。

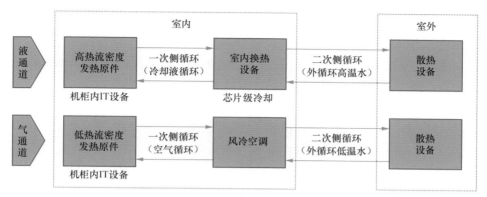

图4-42　芯片级冷却系统典型架构

表4-6　芯片级冷却系统分类

芯片级冷却系统分类	实现方式	冷却工质
冷板式	流体在冷板内流动，带走CPU等发热元件的热量	去离子水、氟化液
浸没式	将服务器浸没在冷却液中，通过液体流动冷却服务器	硅油、矿物油、氟化液
喷淋式	在服务器上方开孔，液体定向喷淋到主板及发热元件上，带走热量	硅油、矿物油、氟化液

冷板式液冷原理：冷却的板片与服务器的CPU/GPU（Graphics Processing Unit，图形处理器）通过直接接触将服务器的主要热量带走（目前，冷板内有热管和液体散热两种形式），其余部件（低热流密度元件）热量可通过较高温度的风带走。

浸没式液冷原理：将服务器全部浸没在冷却液中，冷却液通过动力循环将服务器热量带走。

喷淋式液冷原理：冷却服务器的冷却液通过设置的喷淋孔喷淋在服务器发热体上，将全部热量带走，服务器内无发热体的元件不用进行喷淋。

4.3　主要设备节能

4.3.1　主要设备节能

4.3.1.1　间接蒸发冷却空调机组

间接蒸发冷却空调机组原理为室外空气与机房内的回风进行热交换，降温后的空气又回到机房作为冷却空气，实现机房的散热。间接蒸发冷却技术根据室外空气的干球温度与湿球温度的变化，分为干模式、湿模式和混合模式3种运行模式。干模式下，机房的回风与室外空气实现显热交换；湿模式下，间接蒸发冷却空调机组可进行间接段淋水，室外空气进入间接段后与水进行热湿交换并用于冷却回风，被冷却的回风作为冷却空气为机房散热；混合模式下，间接蒸发冷却制取的冷风无法满足机房的散热需求，此时需要补冷盘管对其补冷。补冷盘管一般有两种技术路径，一种是直膨式补冷，另一种是水冷盘管补冷。干模式运行示意如图 4-43 所示，湿模式运行示意如图 4-44 所示，混合模式运行示意如图 4-45 所示。

图 4-43　干模式运行示意

图 4-44　湿模式运行示意

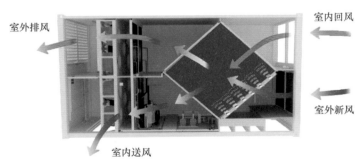

图 4-45　混合模式运行示意

　　补冷形式的不同将导致制冷系统的配置不同。若采用直膨式补冷，则需考虑不间断供冷问题；若采用水冷盘管补冷，则需配置冷冻水系统，在北方地区还需注意防冻的问题。间接蒸发冷却空调机组适用于具有快速部署需求且地价便宜的地区，比如，我国西北地区的仓储式数据中心工程，同时在西北地区全年可有效利用的自然冷却时间较长。间接蒸发冷却空调机组送风气流组织示意如图4-46所示。

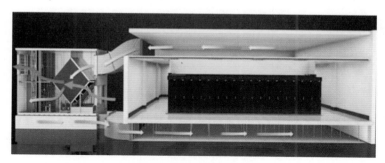

图4-46　间接蒸发冷却空调机组送风气流组织示意

4.3.1.2　磁悬浮冷水机组

磁悬浮技术是近年来兴起的变频新技术，主要采用永磁电机和磁悬浮轴承技术，防止轴承由于机械接触产生摩擦损失，导致能量损失。由于磁悬浮冷水机组一般采用永磁同步电机直驱，因此在整体的电机能效及传动损失方面具有优势。采用磁悬浮轴承，压缩机可实现零摩擦，比传统的滑动轴承能耗损失减少约3%。由于整机无油，能效在使用期内不会发生因缺油引起的衰减，并且后续的整机维护工作量大大小于传统设备的整机维护工作量。

1. 节能原理

磁悬浮制冷系统以磁悬浮轴承的压缩机为核心部件，属于离心式机组的一个细分类别，具有无接触摩擦、使用寿命长、无油润滑及适合高温出水等优点。

离心式压缩机所消耗的功包括叶轮对气体所做的功和轴旋转时与轴承间摩擦消耗的功。磁悬浮离心式压缩机的叶轮、电机转子被安装在一条轴上，两端被支撑在轴承上，在启动后，变频电机将转速慢慢升高，依靠磁力的作用，轴向上浮起，旋转的轴与轴承脱离，摩擦功很小，因而减小了压缩机消耗在轴与轴承间的摩擦功率。轴承消耗的功率从常规离心式压缩机的10kW降低到磁悬浮离心式压缩机的0.2kW，提高了压缩机的效率。

磁悬浮离心式压缩机结构示意如图4-47所示，磁悬浮轴承由前径向轴承、后径向轴承和轴向轴承组成。磁悬浮离心式压缩机通过Y轴位移传感器和Z轴位移传感器检测控制，使轴保持在要求的悬浮位置上；通过X轴位移传感器检测控制，使轴保持在要求的轴向位置上，精度达到0.00127mm。

磁悬浮离心式压缩机采用磁悬浮数控轴承和高性能传感器，利用稀土永磁体和电磁体间产生的强力磁场来实现对压缩机轴的悬浮。在运转时受磁力的作用，轴被悬浮起来，不与轴承接触，保证在运转时轴与转子精确定位。

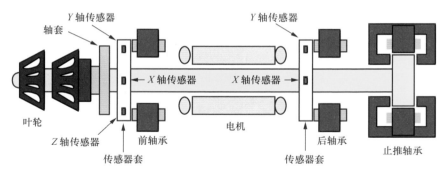

图 4-47　磁悬浮离心式压缩机结构示意

　　轴承不需要润滑油，从而使磁悬浮离心式压缩机避免了复杂的润滑油系统，大大提高了机组可靠性。由于整个制冷系统中没有润滑油循环，换热器表面没有润滑油热阻，提高了换热器传热效率，也提高了机组能效。

　　磁悬浮离心式压缩机部分负荷时通过变频调速并配合进口导叶调节，转速范围为 18000r/min ～ 48000r/min，启动电流只有 2A。采用数控电力电子设备，集成压缩机、电子膨胀阀、冷水机组控制的最佳化运行，监控多达 150 个系统参数。当突然停电时，由于惯性，高速旋转的转子将会继续旋转一段时间，这时电机成为发电机，发出的电力可对蓄电池充电，使蓄电池保持至少 60s 的电力，以便磁悬浮的轴缓慢地降落到轴承上。当出现严重故障时，由专门设计的降落轴承承受转子，避免引起设备损坏。磁悬浮离心式压缩机外观结构如图 4-48 所示。

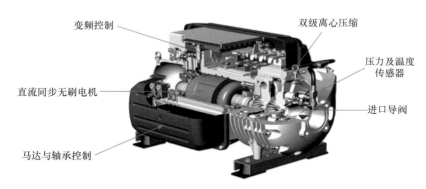

图 4-48　磁悬浮离心式压缩机外观结构

　　磁悬浮离心式压缩机采用内置变频器，变频控制有较高的部分负载；使用场所的冷需求是不断变化的，大部分时间达不到设计规划的 100% 的容量，使机组处于部分负荷状态，能效高，节能效果明显。磁悬浮离心式压缩机与传统离心式压缩机能效对比曲线如图 4-49 所示。

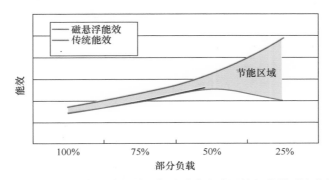

图 4-49　磁悬浮离心式压缩机与传统离心式压缩机能效对比曲线

2. 特点和优势

① 部分负荷下能效比较高。

同等制冷量的磁悬浮冷水机组与变频离心式冷水机组负荷率在 100% 时，能效比相同；然而负荷率在 70% 以下时，磁悬浮冷水机组的能效比远高于离心式冷水机组的能效比。不同冷水机组在不同负荷率情况下的 COP（Coefficient of Performance，制冷系数）值如图 4-50 所示。

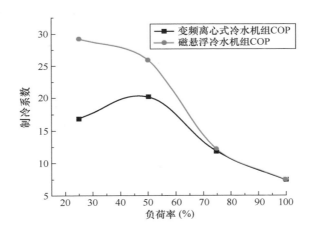

图 4-50　不同冷水机组在不同负荷率情况下的 COP 值

② 变频调速，高效节能，多机头互为备份。

③ 启动电流较低，且断电恢复后，快速启动时间较短。

④ 系统简单，可靠性高。

⑤ 运行噪声低，且振动频率较低，易于现场安装。

3. 注意事项

磁悬浮冷水机组对供电质量有一定要求。磁悬浮冷水机组对环境温度和湿度要求较高，因此工作温度建议不超过 40℃；对地基的稳定性要求较高；对机组安装水平度要求较高。与传统离心式冷水机组相比，压缩机单体容量偏小。磁悬浮冷水机组初期投资高于传统冷水机组初期投资。

4.3.1.3　高温冷水机组

冷水系统供水温度对整个空调系统自然冷却时间、设备能耗及系统能耗影响较大。采用高温冷水机组是最经济、最方便及最有效的一种节能技术路径。目前数据中心的高温冷水机组的供水温度提高到 10℃、12℃、15℃，甚至 17℃ 或 18℃。提高冷冻水温度有以下优点：

① 可提高制冷主机的能效比，高供水温度可提高蒸发器内部的蒸发温度，从而降低压缩机能耗；

② 数据中心负荷特点为高显热，低湿负荷，因此除湿负荷较少，提高冷冻水温度，可使供水温度高于机房内空气的露点温度，从而避免在空调末端的表冷器上出现凝结水，实现干工况运行和温湿度独立控制；

③ 可提高冷冻水供水温度，延长系统全年利用自然冷却的时间。

4.3.2　大温差输配技术

大温差输配技术通过提高冷量输送过程中载冷剂的温差来增加冷量输送的效率。从理论上分析，大温差输配技术减少了输送的循环水量，使循环水泵的功耗和初投资减少，但是冷冻水供回水平均温度的升高，也对冷水机组和末端换热设备造成一定的影响。

典型的空调水系统架构分为冷冻水系统和冷却水系统，冷冻水系统分为冷源系统、输配系统和末端系统。大温差输配技术对冷源系统和末端系统的影响较大。

冷水机组实现大温差运行有两种途径：一种途径是在现有冷水机组的基础上，在允许的范围内，改变冷水机组的运行工况，使其在大温差工况下运行；另一种途径是利用常规冷水机组逐级串联降温的方式实现大温差运行，在此方式下，每台冷水机组分别按照正常温差运行，但通过串联后的冷水机组总进出口温差大。

在单机运行时，提高冷冻水供水温度和回水温度可实现大温差，使冷水机组的COP有一定程度的提升，但是这会使得空调末端系统的制冷量和除湿能力衰减，因此末端的制冷量需根据设计时的供回水温度进行校核。若仅降低冷冻水供水温度以实现大温差，则会使冷水机组的COP有一定程度的降低，但末端制冷量会有不同程度的增加。通过串联常规冷水机组实现大温差运行时，第一级冷水机组供水温度与常规机组相同，但第二级冷水机组（高温冷水机组）由于蒸发温度的提高，COP将大于常规机组，从而实现了冷水机组串联运行的节能效果。

常规空调系统的冷水供回水温差一般为 5℃，数据中心空调系统冷水供回水温差一般为 6℃。综上所述，采用大温差输配技术时，应综合考虑冷源系统、输配系统和末端系统整体的节能性和经济性，合理采用大温差输配技术。

4.4 智能化节能技术

4.4.1 空调群控

4.4.1.1 背景

随着云计算和大数据产业的迅猛发展，作为重要基础设施平台的数据中心在数量上不断增多，在规模上迅速扩大，同时，数据中心带来的巨大能耗和环保压力也日益引起全世界的关注。数据中心耗能主要分布在三大部分，即IT设备、空调系统、供配电系统。在耗能占比方面，空调系统是数据中心除IT设备外最大的耗能单位。

除了本身能耗占比大，数据中心空调系统通常是按最大设计负载来设计安装的，且留有一定余量，而投产后，数据中心机柜往往并非全周期满载运行，实际运行负荷经常远低于设计负载。如果空调系统全程按照定额、定工况、定流量的方式运行，无疑会使系统运行效率低，能量浪费现象严重。由此看来，空调系统是数据中心节能降耗的潜在重点。

另外，空调系统具有复杂的耦合性。系统中每个控制变量都会对系统的运行工况产生影响，如果在不清楚参数影响的前提下，仅依靠各自分散独立的控制，不能达到整体节能目的。因此，对空调系统的节能要有一个全面统筹的考量，空调群控系统应运而生。

4.4.1.2 定义

建筑设备自动化系统（Building Automation System，BAS）是对建筑物（或建筑群）所属各类设备实行综合自动监控和管理的系统，包括空调系统、给排水系统、供配电系统、照明系统及电梯和扶梯等，以提高智能建筑系统运行效率，实现节能目标。

空调群控系统是建筑设备自动化系统中针对空调系统的子系统，可根据数据中心空调末端负荷的变化及室内外环境参数，自动控制并优化调节冷水机组、水泵、风机及其他辅助设备的运行。我们通过在空调系统的管道上、设备内部安装传感器和其他设备，将收集的各种信号传送到系统控制器，利用先进的技术对系统运行情况进行分析，输出全局控制策略，对系统各设备进行自动加载或卸载，优化协调各设备的运行，使空调系统拥有安全稳定的工况，从而达到系统高效节能和环境优化的目的。

4.4.1.3 架构

目前，空调群控系统以集散型控制系统（Distributed Control System，DCS）结构为主，主要特征是集中管理和分散控制。一个完整的空调群控系统有3层逻辑分层，即集中管理层、核心控制层、现场采集层，各层的功能简述如下。

（1）集中管理层

集中管理层的计算机接收来自核心控制层的设备运行信息，将其以图形化方式进行展示，并按设定策略进行历史信息存储，便于维护管理人员及时了解和掌握空调系统各个部分运行状况；同时通过终端命令对核心控制层和现场采集层进行数据和逻辑配置，实现优化的运行管理；此外，还可通过系统互联接口向动环监控系统、数据中心基础设施管理系统等传送监控数据和告警信息，便于集中管理和生产调度。

（2）核心控制层

核心控制层由核心控制器、系统网关等专用群控设备组成，负责接收来自现场控制设备采集的实时数据，根据既定的逻辑分析和判断结果，控制设备及相关执行设备的动作，调整和优化空调设备运行，实现空调系统的闭环运行管理；同时可将运行数据和告警信息发送到集中管理层，并接受来自集中管理层的参数配置和逻辑编辑等指令。

（3）现场采集层

现场采集层由现场控制设备及各类传感器、变送器、执行器等组成，负责设备及环境数据的采集、预处理和上报，并将核心控制器下发的指令转换为执行器的动作，精确控制空调设备的运行状态。

直接数字控制器（Direct Digital Control，DDC）、可编程逻辑控制器（Programmable Logic Controller，PLC）是空调群控系统主流的现场控制设备，主要有PID控制、开关控制、焓值计算、逻辑、联锁等。传感器、执行器不仅可以方便地进行数据采集，开环、闭环控制，还可通过自身通信接口与系统相连。

在实际工程场景中，核心控制层设备往往与现场采集层的现场控制设备一同安装在靠近设备侧的控制箱体内，甚至将核心控制器与现场控制设备（DDC/PLC）进行硬件整合，从而提高运行可靠性，简化工程配置。

4.4.1.4　系统功能

空调群控系统的作用是根据空调系统实时负荷准确计算出冷水机组的需求数量，对相应机组自动执行加减载控制，并联锁启停相应水泵、风机等设备，达到高效节能并减少运行成本的效果，通过参数超限保护、故障报警保护和设备轮循等控制算法，保证设备安全高效率运行，延长机组使用寿命。与此同时，在管理工作站提供易操作的可视化界面，满足重要参数监测、各种流程设定值设定和修改需求。空调群控系统主要的监控内容见表4-7。

表4-7　空调群控系统主要的监控内容

监控对象	监控内容
水冷式冷水机组	设备控制模块可查看冷水机组所有参数
	运行/停止、故障/正常、手动/自动状态、冷却水供回水温度、冷冻水供回水温度、负载率、功率、冷凝器小温差、冷凝压力、蒸发压力、变频器内部环境温度、电流、电压、频率等参数的趋势图
	对冷冻水出水温度进行设定修改

（续表）

监控对象	监控内容
水冷式冷水机组	冷水机组出现故障时，对产生的报警事件进行记录存储并有相应的处理提示，第一时间发出声光对外报警
风冷式冷水机组	设备控制模块可查看冷水机组所有参数
	运行/停止、故障/正常、手动/自动状态、冷冻水供回水温度、负载率、功率、冷凝压力、蒸发压力、变频器内部环境温度、电流、电压、频率等参数的趋势图
	对冷冻水出水温度进行设定修改
	冷水机组出现故障时，对产生的报警事件进行记录存储并有相应的处理提示，第一时间发出声光对外报警
蒸发冷却式冷水机组	设备控制模块可查看冷水机组所有参数
	运行/停止、故障/正常、手动/自动状态、冷冻水供回水温度、机组的控制模式：待机、机械制冷、混合制冷、自然冷却模式；各个器件的运行状态：风机、压缩机、喷淋水泵、电流、电压、频率等
	对冷冻水出水温度进行设定修改
	冷水机组出现故障时，对产生的报警事件进行记录存储并有相应的处理提示，第一时间发出声光等对外报警
间接式蒸发冷却空调机组	设备控制模块可查看空调机组所有参数
	运行/停止、故障/正常、手动/自动状态、冷冻水供回水温度、机组的控制模式：待机、干模式、喷淋模式、混合模式（冷冻水制冷混合模式或压缩机制冷混合模式）；各个器件的运行状态：风机、压缩机（如有）、喷淋水泵、水阀（如有）、电流、电压、频率等
	对送风温度进行设定修改
	机组出现故障时，对产生的报警事件进行记录存储并有相应的处理提示，第一时间发出声光、手机短信等对外报警
循环水泵（冷冻、冷却水泵、补水泵）	运行/停止、故障/正常、手动/自动状态、进/出口压差、变频器频率、运行、故障、手自动反馈信号、启动信号、停止信号、频率反馈、频率设定、变频调节、变频器状态、变频器故障报警及电流、电压、频率等参数
	变频器出现故障时，产生报警事件进行记录存储并有相应的处理提示，第一时间发出声光对外报警
	对变频柜、水泵电机运行温度进行监测，并设置高温报警功能
	启停使用双触点控制
冷却塔	冷却水供回水温度、流量；冷却塔风机运行、故障、手/自动反馈信号、启动信号、停止信号、频率反馈、频率设定、变频调节、变频器状态、变频器故障报警等
	变频器出现故障时，对产生的报警事件进行记录存储并有相应的处理提示，第一时间发出声光、手机短信等对外报警
	对变频柜、风机电机运行温度进行监测，并设置高温报警功能
	可显示冷却塔实时液位，在液位低于报警值时自动应急补水
板式换热器	运行/停止、故障/正常
	一次侧供回水温度、二次侧供回水温度

监控对象	监控内容
空调箱	设备控制模块可查看空调机组所有参数
	运行/停止、故障/正常、手动/自动状态，并能显示工作状态、运行参数和故障状态等相关监控信息
	回风温度设定、电动二通阀调节
膨胀水箱、事故补水池	水位控制及高低水位报警
	电动阀门开关状态
定压补水装置	设备控制模块可查看定压补水装置所有参数
	设定补水压力值
	开关配套补水泵及其工作状态、运行参数和故障状态等相关监控信息
软水装置	设备控制模块可查看软水装置所有参数
	监测盐桶实时液位
	监测软化水箱实时液位
加药装置	设备控制模块可查看加药装置所有参数
	查看电导率、排水量参数趋势图，可查询相应参数的历史曲线及具体时间的参数值（包括最大值、最小值），并可将历史曲线导出为Excel格式
	与配套冷源设备联动，实现自动开关机功能并能显示工作状态、运行参数和故障状态等相关监控信息
	调整电导率、药剂浓度设定参数
蓄冷罐	设备控制模块可查看蓄冷罐所有参数
	可监测蓄冷罐底部压力
	监测蓄冷罐内各部位压力值、温度值
	根据蓄冷罐内温度与冷冻水供水温度实现自动充放冷
管网系统	监测每套系统冷却水、冷冻水流量，各区域供回水流量
	监测每套系统中循环水泵、水冷机组、板式换热器、冷却塔进出口压力与温度
电动水阀	开/关状态、故障/正常、手动/自动状态、电动调节阀的开度反馈信号
	本地/远程切换控制功能

1. 监控对象及内容

空调系统包括空调水系统和空调风系统。

空调水系统监控对象及监控内容见表4-8。

表4-8　空调水系统监控对象及监控内容

监控对象	监控内容
风冷新风机	设备控制模块可查看机组所有参数
	运行/停止、故障/正常、手动/自动状态及其相关的运行参数
	新风进风/出风口温度、湿度、过滤网内外压差
	风机、压缩机、加热器、加湿器等运行异常/正常状态

（续表）

监控对象	监控内容
水冷新风机	设备控制模块可查看机组所有参数
	运行/停止、故障/正常、手动/自动状态及其相关的运行参数
	新风进风/出风口温度、湿度，盘管供回水温度，过滤网内外压差
	风机、电磁阀、加热器、加湿器等运行异常/正常状态
机房送/回风	机房冷热通道送/回风温（湿）度正常/异常状态
电动风阀	电动开关阀的开/关状态、故障/正常、手动/自动状态、电动调节阀的开度反馈信号
水冷空调风柜	运行/停止、故障/正常、手动/自动状态、漏水告警及其相关的运行参数
	设备控制模块可查看机组所有参数
	送/回风口温度、湿度，供回水温度
	风机转速、调节阀开度、加热器、加湿器等运行异常/正常状态
背板、热管等新型末端	设备控制模块可查看机组所有参数
	运行/停止、故障/正常、手动/自动状态、漏水告警及其相关的运行参数
	送/回风口温度，供回水温度（如有），风机转速
加湿、除湿设备	设备控制模块可查看机组所有参数
	运行/停止、故障/正常、手动/自动状态、漏水告警及其相关的运行参数
	回风口温度、湿度，加湿器进水阀工作状态
	风机、压缩机、加湿器、冷凝器等运行异常/正常状态
风冷空调风柜	设备控制模块可查看机组所有参数
	运行/停止、故障/正常、手动/自动状态、漏水告警及其相关的运行参数
	进风/出风口温度、湿度
	风机、压缩机、加热器、加湿器、冷凝器等运行异常/正常状态

空调风系统（含末端空调）监控对象及监控内容见表4-9。

表4-9 空调风系统（含末端空调）监控对象及监控内容

监控对象	数量	模拟量输入（AI）	数字量输入（DI）	数字量输出（DO）	模拟量输出（AO）	通信网关
空调水系统						
冷水机组	1	0	3	1	0	1
冷冻/冷却水泵	1	1	4	1	1	
冷却塔风机	1	1	4	2	1	
感应式水处理器	1	0	0	0	0	1
全自动综合水处理器	1	0	0	0	0	1
蓄冷罐液位	1	0	1	0	0	
蓄冷罐流量	1	1	0	0	0	
补水泵	1	0	3	1	0	
电动调节蝶阀	1	1	0	0	1	

监控对象	数量	模拟量输入（AI）	数字量输入（DI）	数字量输出（DO）	模拟量输出（AO）	通信网关
电动开关蝶阀	1	0	3	2	0	
水管温度传感器	1	1	0	0	0	
水管压力传感器	1	1	0	0	0	
水流开关	1	0	1	0	0	
室外温湿度	1	2	0	0	0	
流量传感器	1	1	0	0	0	
冷冻水主管、冷却水、冷冻水供回水温度	1	1	0	0	0	
加药装置	1	0	0	0	0	1
集水盘温度	1	1	0	0	0	
空调风系统						
新风机	1	2	4	1	1	
空调风柜	1	4	4	1	2	

2. 监控功能

（1）监测功能

跟踪、监测空调水系统、空调风系统的工作状态、运行参数和故障状态。

（2）控制功能

① 根据冷水机组冷冻供水／回水总管的供／回水温度、冷冻水供水流量的监测数据计算冷负荷，根据冷负荷的变化决定开启冷水机组及其对应的冷冻水泵台数，用冷冻水供回水压差控制旁通阀；每次应启动累计运行时间最少的冷水机组，以达到运行时间的平衡，并根据冷负荷的变化，自动控制机组的投入台数，选择主机的投入时间和顺序，保证冷水机组的定流量运行。

② 将冷水主机能耗、冷却水泵能耗、冷却塔风机 3 者统一考虑，根据气候条件、系统特性，在各种负荷条件下找到一个能保持系统效率最高所对应的冷却水温度，并以此控制冷却塔风机运行频率及台数，使冷却水温度趋近于控制器给出的最优值，从而保证整个空调系统始终在最佳效率状态下运行。

③ 按程序编制的时间和顺序控制冷水机组、冷冻/冷却水泵、电动蝶阀、冷却塔风机的启／停，并实现各设备间的联锁、联动和程序控制。

（3）维护管理功能

① 可由使用者设定数据采样的频率。

② 具有事件记录功能，记录所有的故障信息、冷水机组启/停信息、使用者的登录和注册信息，并以动态图形或数据表格的形式显示所列参数。

③ 提供冷水系统的运行报告，生成日报表和月报表，并随时或定时打印包括冷冻水、冷却水供 / 回水温度、流量、机组运行时间、运行状态、最大负荷等在内的动态曲线图。

④ 系统软件拷贝及数据恢复功能。

（4）系统保障功能

① 系统恢复供电后，可恢复至断电前的运行状态。

② 发生故障后不影响空调系统按前一状态运行。

③ 具有故障报警、报告及故障诊断信息的功能。

④ 具备严密的安全等级及操作权限，能够设置不同权限级别的操作密码。

⑤ 具备远程通信能力，可将群控系统连接到机组供应商的技术服务部，以便进行故障发生后的远程维护及故障诊断。

⑥ 具有自动存储档案数据及设置记录的功能，并且能够根据需要自动生成冷水机组管理报告。

（5）系统互联功能

具备与数据中心动力环境监控系统、数据中心基础设施管理系统相同的数据通信功能，满足数据中心数据互联、资源整合、潜能挖掘的需求。

4.4.1.5 控制策略

1. 启动模式

启动模式包括系统手动启动、系统半自动启动、系统全自动启动（一键启动）。

（1）系统手动启动模式

在该启动模式下，需要将逐台设备开启直至主机开启，关闭同理。手动启动模式启动时间较长且人为参与较多，不常使用，一般在调试及应急时使用。

（2）系统半自动启动模式

该启动模式可为用户提供快速启动某台主机的操作，设置好半自动启动模式后，直接单击"启动主机"，系统则会自动启动相关设备，在满足主机启动条件后启动主机运行系统。该模式只能单独启动主机，无自动加机及减机效果，适合有工作人员长期值班的用户使用，较为灵活，用户只需观察界面的冷冻回水温度及主机的运行电流百分比参数，就可以决定是否开启或关闭下一台主机。

（3）系统全自动启动模式

该启动模式可一键启动冷源系统。系统单击运行时至少可以保证 1 台主机运行，该系统下通过自动监测系统的冷冻总管回水温度及主机的运行电流百分比参数能够自动加载及减机、自动检测设备故障及定时切换，保障系统正常运行。该模式可最大限度地依照设备性能来控制运行，不会出现由于维护人员疏忽、疲劳、判断失误而导致设备失控或设备损坏等问题出现，可以累积并优化设备间的运行时间，不会出现某台设备因长时间超负荷运转而出现损坏的现象，设备可在最优状态下长期稳定运行。该模式使用功能齐全，运行效果好，系统节能更优化。

2. 控制逻辑

（1）冷水主机运行台数运算功能块

系统要保证至少1台主机在运行。起始运行时，根据螺杆机运行的实际时间，先启用1台运行时间最短的螺杆机。

根据冷冻水回水温度，结合每台主机的运行电流百分比参数，调节冷水机组运行台数，使冷水主机在最佳工况段运行，提高冷水主机的运行效率。

当检测到冷冻水总管的回水温度超过加机温度时，如果主机运行电流百分比持续大于设定值，并且这两个条件同时持续一段时间，说明现有投入的冷水主机不能满足大楼负荷需求，则需要自动加入1台螺杆机。

当检测到冷冻水总管回水温度低于减机温度时，如果主机运行电流百分比持续小于设定值，并且这两个条件同时持续一段时间，则需要自动卸掉1台冷水主机。

（2）冷水主机控制功能块

冷水主机控制功能块包括运行时间统计、台数均衡时间、主机维修锁定、主机失调报警、蝶阀失调报警、故障放冷模式、出水温度设定、主机负荷限定、主机故障切换、主机定时轮换、关机时延等。

（3）冷冻/冷却泵控制功能块

冷冻/冷却泵控制功能块包括运行时间统计、配电箱故障、失调报警手/自动状态切换、水泵变频最低频率设定、冷冻/冷却泵变频PID调节、水泵启停、故障放冷模式、冷冻/冷却水压力保护。

（4）冷却塔控制功能块

冷却塔控制功能块包括冷却塔运行时间统计、台数均衡时间、冷却塔组配合、冷却塔台数控制、冷却塔热继电器故障、手动/自动状态、冷却塔失调报警、进水/出水蝶阀失调报警、冷却塔变频PID调节、冷却塔低温保护、冷却塔故障切换、补水阀控制。

（5）蓄冷罐控制功能块

1）放冷/隔离/充冷工作模式切换、空调风柜控制功能块

① 空调系统开启的同时，蓄冷罐控制功能块全部打开。

② 定时开关机。

③ 回风温度控制：回风口有温度监测点，与设定温度比较，当回风温度高于设定值时，开大水阀；当回风温度与设定值一致时，保持水阀开度；当回风温度低于设定值时，关小水阀。

④ 滤网堵塞报警。

2）新风机组控制功能块

① 空调系统开启的同时，新风机组控制功能块全部打开。

② 新风机组控制功能块包括定时开关机、滤网堵塞报警、送风温度监测。

3）故障切换逻辑

① 冷水主机故障切换：当冷水主机及主机串联设备发生故障时进行故障切换。

② 冷却/冷冻泵故障切换：当冷却/冷冻泵发生故障时，等同串联的冷水主机发生故障，要配合冷水主机进行故障切换

4.4.2 AI节能

4.4.2.1 背景

空调系统的组成十分庞大且复杂，同时冷却/冷冻水管道距离长，滞后现象较为严重，存在较大的非线性，这是一种典型的强时滞、非线性、高耦合系统。传统控制方法（如比例积分微分调节）难以准确描述这种复杂的系统，在判断一些参数的设定时欠佳，例如冷水机组冷冻水出水温度的设定是否最佳及系统能耗是否处于最低状态等，传统控制方法主要依赖于经验，对工况及环境变化的适应性差。应用实践表明，这种类型的空调群控系统存在长时间未投入运行的情况，这一情况造成的损失是巨大的，例如，大量控制和监测设备处于闲置状态，以及调节不及时造成的能源、人力浪费。

4.4.2.2 基于AI的空调节能方案

AI技术是研究使用计算机模拟人的思维过程和智能行为（例如学习、推理、思考、规划等）的学科，主要包括计算机实现智能的原理等，这能够使计算机实现更高层次的应用。

与传统控制方法相比，采用AI技术有独特的优势：突破传统控制理论必须基于精准数学模型的限制，可按实际效果控制，尤其适合非线性、强时滞、高耦合的空调系统；具有总体自寻优的特点，在控制过程中，控制器能够在线获取数据并实时处理，给出控制决策，经过不断的参数优化和最佳启停策略寻优，以达到整体最优控制性能。

由于空调系统的复杂性，在利用AI技术进行空调节能控制时，应结合对空调专业的理解，分割出不同类型的问题，研究数据中心的特点，确定分析建模思路。通过数据挖掘、特征工程，尝试构建合理的模型算法，并加入多维输入特征进行调参优化，经过反复训练、验证，得到精准度和运行性能达到最佳平衡的模型算法代码，最后通过集成多种模型算法，形成有效的控制策略。

目前系统使用的一些主流开源AI模型库和框架如下。

① Scikit-Learn是为机器学习开发的开源库，基于Python编写，含有多种用于机器学习任务的工具，是在Matplotlib、NumPy和SciPy这3个开源项目的基础上设计的，专注于数据挖掘和数据分析。

② TensorFlow是谷歌为支持其研究和生产目标而创建的一款开源机器学习框架，该框架允许使用流程图开发神经网络，甚至开发其他计算模型。

③ Keras是一个开源软件库，旨在简化深度学习模型。它用Python编写，可以部署在其他人工智能技术之上，例如TensorFlow、Theano等。

④ PyTorch基于Torch，是一个Python包，能够提供广泛的深度学习算法。

目前，基于AI算法的空调节能体系架构主要有以下两种。

1. 中心架构

中心架构是指以电信运营商为代表的基于AI和大数据技术，叠加边缘计算能力、大数据处理能力、节能分析决策能力、节能控制能力，构建"端—边—云"协同的节能体系。"端"主要服务于数据信息采集、控制策略实施等；"边"主要进行近端策略执行、数据初步处理、IDC机房侧节能操作；"云"主要承担统计分析展现、信息化综合管理、节能策略管理等服务。中心架构一般适用于大规模跨地域数据中心，优势在于空调系统运行数据来源丰富，能更准确地建立输入变量与输出变量之间的非线型映射关系，进而更好地对目标值进行预测，获得效果更优的控制策略算法。

中心架构示意如图4-51所示。

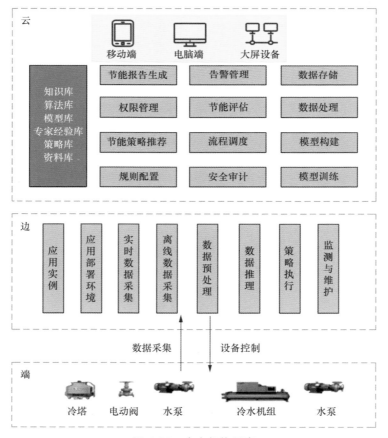

图4-51　中心架构示意

2. 无中心架构

无中心架构是一种有别于有中心控制的方案，以主机对应的水泵及相应的阀门、传感器等作为制冷单元来配置基于 AI 的单元控制器，多台控制器以对等环形网络进行通信。该架构一般适用于单个数据中心，优势在于以模块化方式将风险分担到多个控制器，模组中任意控制器的故障或者失效均不影响其他控制器或者系统的正常运行，同时核心 AI 控制器靠近被控设备，控制时效性强。

无中心架构示意如图 4-52 所示。

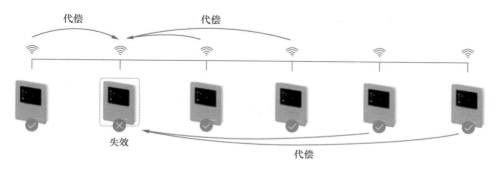

图 4-52　无中心架构示意

4.5　其他空调用节能技术

4.5.1　蓄冷技术

蓄冷技术是在不需要冷量或所需冷量少时（例如夜间），利用制冷设备将蓄冷介质中的热量移出，进行蓄冷，然后将此冷量用在空调用冷或工艺用冷高峰期。蓄冷技术中最常见的蓄冷介质是水、冰和其他相变介质，在此我们仅介绍水蓄冷技术和冰蓄冷技术。数据中心蓄冷技术的首要前提是保证数据中心供冷的高安全性和高可靠性，即保证不间断供冷。这就要求蓄冷技术首先能满足应急供冷的需求，其次才能考虑经济性。蓄冷技术是合理利用电网峰谷电价差实现空调系统经济运行的一种技术，并不是一种节能措施。

4.5.2　水蓄冷技术

水蓄冷技术利用的是水温变化蓄存的显热量，蓄冷槽的体积和效率取决于供冷回水与蓄冷槽供水之间的温差。水蓄冷采用斜温层原理，利用分层式蓄冷技术和蓄水温差，输出稳定温度的空调用冷水。蓄冷过程中蓄冷罐内温度的分层示意如图 4-53 所示，释冷过程中蓄冷罐内温度的分层示意如图 4-54 所示。蓄冷罐通过其内部的布水器从罐中取水并向罐中送水，布水器可使水缓慢流入、流出蓄冷罐，尽量减少紊流，不扰乱温度剧变层。当释冷时，随着冷水不断从进水管流入蓄冷罐和热水不断从出水管流出，斜温层温度稳渐下降。反之，当蓄冷时，随着冷水不断从蓄冷罐的进水管流出和热水不断从蓄冷罐的出水管流入，斜温层温度逐渐上升。

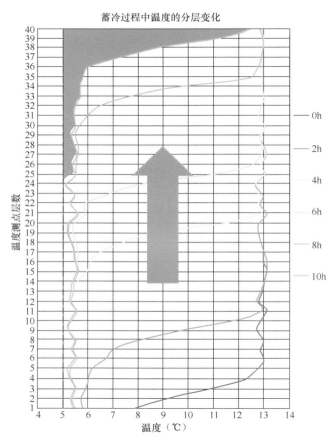

图 4-53　蓄冷过程中蓄冷罐内温度分层示意

对于数据中心蓄冷系统而言，需要满足不间断供冷需求及市电、柴电转换时间（一般设置为 15min），因此蓄冷供水温度按照系统供水温度进行蓄冷即可，按系统供水温度进行蓄冷，需要有较大容积的蓄冷装置，同时也需要有较大的空间放置蓄冷装置，典型的水蓄冷空调系统架构如图 4-55 所示。目前，数据中心常用的蓄冷装置有开式蓄冷罐和闭式蓄冷罐。开式蓄冷罐容量较大，一般采用立式，且一般置于室外，可节省数据中心的空间资源；闭式蓄冷罐一般采用卧式，且一般置于室内。

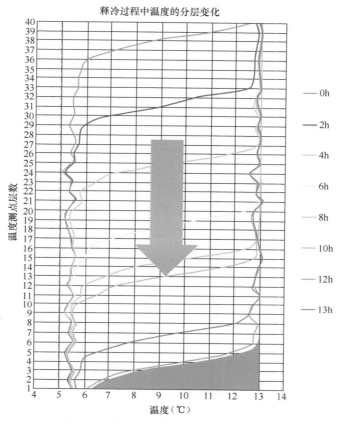

图 4-54　释冷过程蓄冷罐内温度分层示意

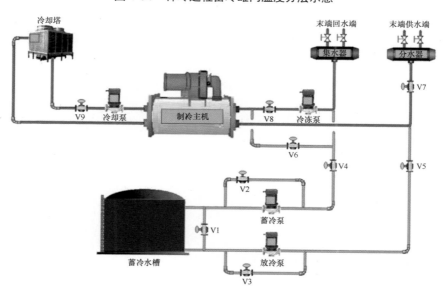

注：不同用户水蓄冷系统的原理图不同。

图 4-55　典型水蓄冷空调系统架构

4.5.3 冰蓄冷技术

蓄冰利用的是冰的融解潜热。蓄冷槽的体积取决于槽中冰水的百分比，一般蓄冰槽的体积为 0.068m³/RT·h ～ 0.085m³/RT·h（0.02m²/kW·h ～ 0.025m³/kW·h）。冰蓄冷的蓄存温度为水的凝固点 0℃。为了使水冻结，制冷机应提供 −3℃ ～ −7℃ 的温度，低于常规空调用制冷设备所提供的温度。当然，蓄冰装置可以提供较低的空调供水温度，这样有利于提高空调供回水温差，以降低配管尺寸和水泵电耗。冰蓄冷温度较低，因此所需蓄冷装置体积较小，但是在蓄冰工况下，冷水机组的能效比较低，一般需要配置双工况冷水机组，常规工况为系统正常供冷使用，在电价为谷价时，启动蓄冰工况，此时冷水机组的能效比较低。

数据中心蓄冷首先应满足不间断供冷要求，即应满足市电、柴电转换过程中的供冷需求。冰蓄冷融冰时间较长，从而导致放冷速度减缓，一般需要 30min 的时延才能正常供冷。因此，数据中心使用冰蓄冷技术时，通常需要融冰装置与蓄水装置搭配使用以满足应急供冷。

冰蓄冷空调系统架构如图 4-56 所示。

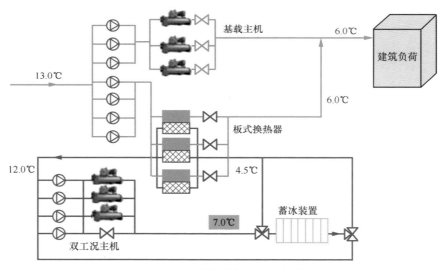

图 4-56　冰蓄冷空调系统架构

4.5.4 智能新风系统

数据中心空调负荷具备高显热、低湿负荷的特点，同时空调系统的送风参数具有大风量、小焓差的特点，因此风系统可达到小温差、大风量的送风目的，这给新风的直接或间接使用提供了绝佳场所。在空气品质较高的地区，如果温度满足数据中心的散热要求，可直接或间接利用室外新风为数据中心供冷，同时还可结合蒸发冷却技术，延长自然冷却的利用时间。当采用室外新风直接或间接为数据中心供冷时，由于室外新风温度变化较大，即不同时刻的冷量差异较大，而数据中心负荷较为稳定，为使冷量供应与需求匹配，空调系统需要与控制系统相结合。控制系统采集室外空气的温湿度参数，通过对比室内与室外空气的焓差情况，切换不同的运行模式，以满足数据中心的散热需求。智能新风系统还经常与建筑物相结合，通过将数据中心的建筑结构作为空调系统冷量输送通道，同时优化进排风气流组织以满足数据中心的散热需求。

4.6 专家视点

4.6.1 信息通信基础设施温控高压系统

4.6.1.1 基本介绍

大型数据中心采用离心式冷水机组，额定电压有 380V、3kV、6kV、10kV。数据中心全年制冷，对设备的高能效及高可靠性有严格要求。大型数据中心采用 10kV 高电压冷水机组，不仅可以降低项目初投资成本（不需要配置变压器、大截面电缆等），简化上游设备的复杂性，还可以减少线路损失，更加高效节能。

1. 系统结构

针对数据中心空调系统的特点，水系统采用数据中心专用高温出水、小压比的高压变频离心式冷水机组，并配合房间级、列间级及阵列式等不同形式的高效末端。冷却系统采用一次泵变流量，并联可利用自然冷却的板式换热器，搭载 M-BMS 水系统智能控制系统，对主机、末端、输配系统、散热系统等进行一体化管理，实现整个冷却系统的能效提升。

2. 系统特点

（1）安全可靠

离心机组高压启动柜通过控制柜控制，不需要人工操作，具有高可靠性及高安全性，在该机组的操作上，冷水机组的所有保护及运行程序由冷水机组及启动柜配套设定。高压启动柜的操作完全由冷水机组控制中心来控制，不需要人工操作；同时也可避免断路器设备发热，降低开关触点温度，减少设备故障率。高压离心机组采用高压电机和变频启动，在输出功率相同时，其电流远远低于低压电机的电流，因此可大幅降低启动和运行电流，降低用电设备和电缆的规格，减少线路的压降和损失。

（2）节省初投资

空调系统的投资范围延伸至变配电系统的采购、安装和调试，采用 10kV 冷水机组的配电系统相较低压配电而言，可免去动力变压器及相应电缆的投入，具体投入如下：

① 10kV/380V 动力变压器；

② 变压器侧进出线柜、低压配电柜等相关设备投资；

③ 电缆费用；

④ 变压器所需变电室费用；

⑤ 变电设备安装调试费用；

⑥ 变电室相应运维人员费用；

⑦ 电力补贴费用。

（3）运行费用低

380V 低压机组需要配置变压器、高压柜、控制柜、配电设施和昂贵的大截面电缆等，高压机组可以大幅减少其他上游电器设备的投资及相关设施的投资费用，减少占地面积，高压供电电流小，电路损失小。另外，没有变压器，避免了变压器的铜损和铁损，节省运行费用。

3. 产品特点

数据中心专用高压离心式冷水机组采用先进的高效气动技术、预旋导叶技术、双级补气增焓压缩技术、全降膜蒸发技术、前瞻性控制逻辑技术等核心技术，对冷水机组的压缩机结构、传动系统、管路系统、换热系统、控制系统等进行全方位优化设计，使冷水机组能效更高、结构更简单、性能更稳定、质量更可靠。

（1）高效气动技术

变频技术使冷水机具有良好的负荷调节能力，冷水机可根据 IT 设备的总发热量和季节变化调节负荷，大大降低了在低负荷运行时的设备能耗，实现按需制冷。在气动设计上，运用航天发动机领域的尖端技术，同时对叶轮、蜗壳等关键部件的制造技术进行革新，大幅提升压缩机的等熵效率，有效降低整机功率消耗。根据制冷工况，采用不同的三元流高效叶轮与其相匹配的最佳流道，保证蜗壳内部流速均匀，可有效提升冷水机组效率。

（2）双级补气增焓压缩技术

机组采用双级压缩，双级叶轮可有效降低压缩机转速，可靠性更高。独特的双级补气增焓压缩技术可增加制冷剂的吸热能力，降低压缩机功耗，比单级压缩机组的能效高 6%。

经济器可采用独特的三级分离，高效简单。三级分离如图 4-57 所示。

（3）前瞻性控制逻辑技术

机组的微电脑控制系统具有先进的趋势预估、自我诊断、调整、安全保护等功能。微电脑控制系统根据目标值与历史同期负荷水平，预测实时负荷变化，对机组负荷进行前瞻性修正，避免机组回水温度频繁波动影响系统能耗或者停机。强大的控制逻辑不仅能够保护机组可靠运行，还能扩展机组的运行范围，使机组能适应各种运行状态。

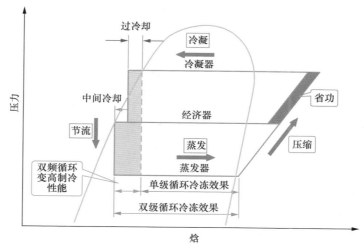

图 4-57 三级分离

（4）多重防踹技术

（5）全年制冷

（6）快速重启

4.6.1.2 项目应用案例

1. 鹏城云脑Ⅱ数据中心项目

（1）项目简介

鹏城云脑Ⅱ数据中心项目机房楼共 3 层，一层主要为配变电所、蓄电池室、运营商机房等，二层至三层主要为数据机房、监控室、测试机房、办公室等。设备钢平台一层设置冷源模块、冷冻冷却水力模块。

（2）装机方案

该项目安装 3 台高效集成冷站，每台制冷量为 2461kW（700RT），配置为 2+1，包括 3 个冷源水力模块、1 个冷冻水力模块和 1 个冷却水力模块；二层为液冷冷却系统，包括 1 个液冷模块；室外设置 2 个蓄冷罐。

（3）系统方案

冷冻水供回水温度为 17℃～23℃，冷却水夏季供回水温度为 33℃～39℃；液冷—冷板系统中的冷却水系统为闭式系统，冷源分配单元（Coolant Distribution Unit，CDU）一次侧供回水温度为 35℃～43℃，CDU 二次侧供回水温度为 45℃～55℃；液冷—风液换热器系统冷冻水供回水温度为 25℃～29.6℃。

2. 风系统解决方案项目应用案例——贵安七星湖数据中心

系统方案：贵安七星湖数据中心首期建设了 A1.1. C1.2 两座楼，采用 54000m³/h 的风量直通风带蒸发冷却、水冷带热回收空调（Air Handle Unit，AhU）机组（回收热量为非数据中心区域供热）各 60 台；采用 85000m³/h 的风量直通风带蒸发冷却、水冷带热回收空调 AhU 机组（回收热量为非数据中心区域供热）分别为 27 台、174 台，已全部交付。

4.7 技术应用案例

◆ 4.7.1 机房空调分布式水冷节能改造解决方案

4.7.1.1 基本介绍

1.系统原理

风冷机房空调因其购置成本低、使用便利性高、安装要求相对宽松等因素，已广泛应用于中小型机房、数据中心等场所。但受室内外机管长、落差等安装条件的影响，也受室外温度、湿度、空气质量等环境因素的影响，空调的能效比、能耗及制冷量等运行指标受到极大影响。风冷机房空调常年高负荷运行，导致空调制冷效率降低，制冷效果衰减极快。运行一段时间后，不少风冷机房空调常常会出现噪声过大、能耗超标的现象。

普通机房空调组成结构如图 4-58 所示。

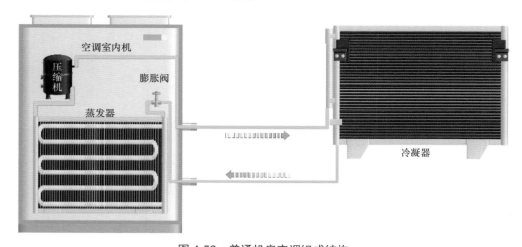

图 4-58　普通机房空调组成结构

相关人员在空调室内外机连接管上串装一台水氟换热器，将本应由室外风冷冷凝器向外部环境散发的热量交换到循环水中，并且通过内置水泵形成冷却水循环。原有的风冷冷凝器可以保留为水冷的备份散热系统，或直接取消风冷冷凝器。

分布式水冷节能改造后的机房空调组成结构如图 4-59 所示。

在同一场景下，机房往往有多台机房空调，将所有机房空调的冷凝管道逐一安装换热器后，水管道并联，并接入冷却塔，通过水蒸发完成所有空调的散热。

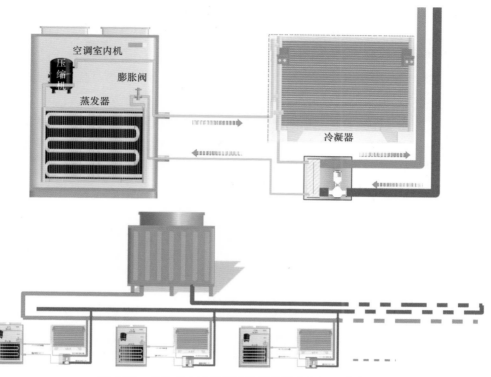

图 4-59 分布式水冷节能改造后的机房空调组成结构

2. 硬件结构及控制逻辑

解决方案的核心部件在于模块化水冷换热器，它主要由水氟换热器、水泵、变频器、控制板等部件组成，具体如图 4-60 所示。

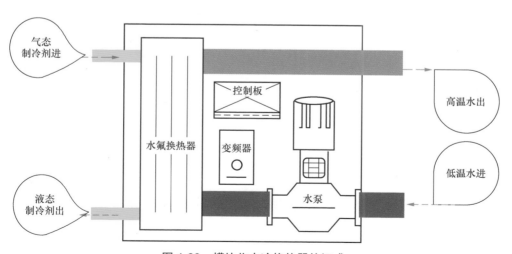

图 4-60 模块化水冷换热器的组成

① 换热器氟侧安装压力传感器和温度传感器，若压缩机启动，其压力和温度都会上升，传感器接收到压力和温度的上升信号后传达给控制板，控制板检测信号达到阈值后，指令变频器按程序要求控制水泵按既定频率运行。

② 若系统压力和温度持续上升，控制板显示的频率信号也会持续上升，但此时系统的压力和温度还低于原风冷冷凝器启动阈值，则风冷冷凝器不启动。

③ 控制板持续检测安装于氟侧进出口、水侧进出口处的压力、温度、水流、水压等传感器数据，持续按系统设定的逻辑精确调整水泵频率，水冷系统无论从换热量还是稳定性，都优于风冷散热，系统运行状态将持续保持最优。

3. 功能特点

① 有效提升空调散热效果，减少由于散热不良引发的压缩机进出口压差过大而导致的压缩机能耗过高的问题。

② 减少由于散热不良引发的空调维护量过高的问题。

③ 稳定系统运行效率，有效降低空调制冷效率衰减斜率。

空调制冷效率衰减斜率对比如图 4-61 所示。

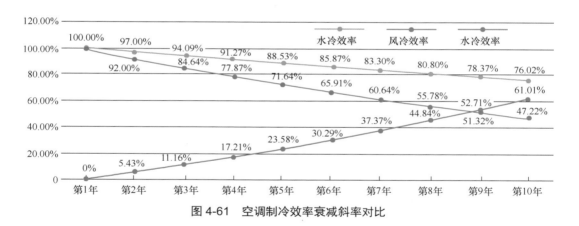

图 4-61　空调制冷效率衰减斜率对比

4. 技术优势

（1）少维护

整个运行周期内，本方案可减少空调因高压保护带来的维护、维修工作量。

（2）快部署

工厂预制化生产，常规中型机房可以做到 7 天快速部署。

（3）低噪声

水冷需要的风循环量仅有风冷的 1%，风量需求的下降可降低室外噪声。

5. 节能效益

本方案可以满足大中小型机房和数据中心的节能需求，有效获得 20% 以上的节能量，建设改造投资可以在两年以内通过电费的减少获得回收。

4.7.1.2 设计施工要点

1. 散热末端选址安装

散热末端是指冷却塔或干冷器，需要确定其安装位置满足面积和承重的要求，控制柜应满足安全防护要求等。

2. 模块换热器安装

模块换热器可挂墙、可坐地，安装在室内外连接管路路由附近，在靠近室内机的位置，可以有效降低空调室内外管路路由的长度和高度差。

3. 管道选型和布局

确定好换热器和散热末端的位置后，将换热器水管道并联，并以合适的管径以现场实际情况为依托，进行路由的设计布局。

4.7.1.3 项目应用案例

中国联通湖南省某分公司制冷扩容项目采购 2 台海悟 80kW 风冷机房专用空调，计划安装在圭塘机楼。圭塘机楼原有的部分空调室外机存在噪声过大的问题，因此引起了环保投诉，且部分风冷冷凝器长时间使用，老化严重，导致高温时故障频发。为了实现原场景下制冷扩容的需求，同时也为解决前期的空调设备的遗留问题，用户采用了分布式水冷节能改造方案。

分布式水冷节能改造方案为风冷空调提供主动换热，在采用 2 台 80kW 风冷机房专用空调的同时，又增加了 4 台可提供 40kW 制冷量的模块化换热器，以及 1 台可提供 240kW 换热量的分布式风改水专用冷却塔。该项目于 2018 年 9 月完成安装，试运行半个月后，于 2018 年 10 月进行了安装现场的产品运行检测，空调的所有运行指标以及安装都达到了用户要求，所有参数优于原常规风冷空调的运行指标。与此同时，现场也采集了数据进行相应的节能检测。

检测数据分为两组，具体如下。

1. 第一组实验

第一组实验测量风冷空调和水冷空调的运行差异，人为定期开停水系统运行，在水系统停机时，风系统自动运行。系统运行的冷媒压力和压缩机在两种工况下的对比如下。

实验 1-1：运行电流和运行压力相对比，开停水系统分别挂表测量 30min，在室外温度同为 22℃、室内温度同为 25℃时，运行电流和运行压力的对比见表 4-10。

表4-10　运行电流和运行压力对比

检测模式	运行状态	运行时间 （min）	进出风温差 （℃）	运行压力 （bar）	运行电流 （A）
水系统开启	水系统正常开启，风冷外机未开启	30	11.2	13.8	13.54
水系统关闭	水系统人为关闭，风冷外机自动启动	30	10.8	15.2	14.98

实验1-2：运行能耗对比，将水冷系统设置每日切换开关机状态，通过电表记录当天的耗电量，持续时间一个月（水冷开和水冷关各设置 15 天），获得两者电费差别。运行能耗的对比见表 4-11。

表4-11　运行能耗的对比

模式	监测节点	当前模式下累计电量（kW·h）	日均电量（kW·h）
水冷模式	2018.9.15—2018.10.14	9596	640
风冷模式		10816	721

通过第一组实验，我们可以获得当前用同一台空调采用水冷模式和风冷模式之间的能耗差异（直接获取的节能量）为：

$$（721–640）/721×100\%=11.23\%$$

2. 第二组实验

根据风冷空调和水冷空调的效率衰减情况进行实验，对同一机房相同配置的空调压缩机耗能进行测试。在本机房选择两台已经运行两年时间的维谛 P2040 空调（与本次新装的空调均采用谷轮牌 VR160 压缩机），我们抽取一台关闭"分布式水冷"换热系统的 80kW 机房空调进行为期两个月的压缩机耗电比对，风冷空调和水冷空调的效率衰减对比见表 4-12。

表4-12　风冷空调和水冷空调的效率衰减对比

品牌型号	散热模式	监测节点	累计电量 （kW·h）	日均电量 （kW·h）
1台海悟80kW空调	使用分布式水冷方式散热	2019.02—2019.03.30	15318	511
两台维谛P2040空调	常规风冷散热，已使用两年		18537	618

通过以上新旧风冷空调的运行对比，可获得以下数据。

全新风冷空调压缩机相比运行两年的空调压缩机，每天的能耗数值为：

$$（618–511）/618×100\%=17.31\%$$

考虑两台空调系统设计的差异性，我们仅选取相同压缩机的前后能耗进行比对，即使由于空调整体设计存在差异，但在当前空调设计水平的差异下，压缩机的实际能耗表现不会超过 ±2%。

通过对两组实验数据的分析，我们得出以下实验结论。

如果针对两年左右的机房空调进行水冷改造，可获取的空调节能效率为：

$$（11.23\%+17.31\%）-2\%≈27\%$$

3. 其他状况反馈

因改造现场位于高架桥旁边，且周边室外机较多，无法提取准确的噪声值，但感官上会有强烈的对比，即进行了"分布式水冷"改造的外机除冷却塔水流声外，无任何噪声产生。

4. 结论

进行"分布式水冷"改造后，水冷系统散热的优势可使散热风机噪声显著降低，压缩机运行功耗也明显降低，系统压力和压缩机运行电流均比常规风冷散热模式的测试数值要低，总耗电量也减少，达到了环保节能的目的。

◆ 4.7.2 基于双循环多联氟泵空调的数据中心节能应用方案

4.7.2.1 基本介绍

1. 系统理念

多联氟泵空调系统是一种具备高效节能、占地面积小、安装便捷、无安装限制、末端多样化等优势集成的新型数据中心制冷解决方案，适用于我国大部分地区的数据中心机房制冷场景，尤其适用于气温较低和缺水地区，多联氟泵空调系统如图4-62所示。

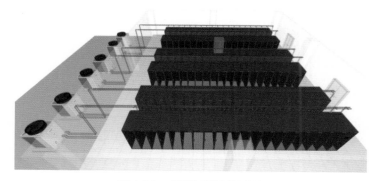

图 4-62　多联氟泵空调系统

多联氟泵空调系统的外机采用模块化设计，内机部分制冷末端（房级、行级、背板、吊顶等）可以多样化；室外主机模块集中制冷，再通过第一环管、第二环管，将冷量按需分配到多个室内制冷末端。

2. 系统原理

多联氟泵空调系统原理如图4-63所示。

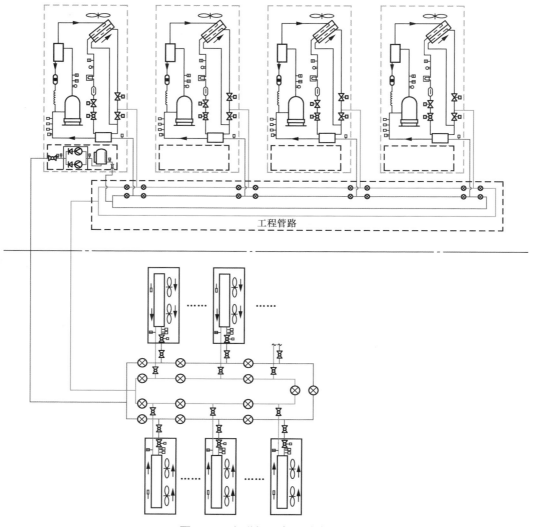

图 4-63　多联氟泵空调系统原理

该多联氟泵空调系统主要由室外主机模块（压缩机、自然冷却盘管及氟泵）、第一环管、第二环管及室内制冷末端（房级、行级、背板、吊顶等）构成。

根据冷负荷总体需求，室外主机模块集中制冷，再通过第一环管和第二环管，将冷量按需分配至多个室内制冷末端。

压缩机制冷循环和氟泵组件各设置一套独立控制器，控制总制冷量。

通过电子膨胀阀及控制器，精确控制制冷剂流量，满足室内制冷末端按需分配的需求。

3. 系统优势

（1）集中小型化

室外主机采用集中制冷及模块化组合布置，实现了空调室外机集中小型化，解决了室外机平台空间不足的问题。根据测算，在同等性能配置下，智能双循环多联模块化机房空调系统的室外机占地面积节约了 28% 以上，占用空间节约了 36% 以上。

（2）节能高效

该空调系统充分利用自然冷源，设置了独立的全变频压缩机制冷和氟泵制冷系统，3 种模式运行、智能切换，从而降低设备能耗，全年能效比高达 16 以上。

（3）集中配管

该空调系统减少了室内外机冷媒管管路，节省了安装空间和投资成本。智能双循环多联模块化机房空调系统的工程管路安装空间节约了 30% 以上，管路成本节约了 35% 以上。

（4）无安装限制

氟泵组件和第一环路及第二环路的设置，消除了室内外机管长距离的限制，使空调安装更加灵活自由。

（5）末端多样化

室内末端形式可以是房间级、列间、背板等任意组合，满足机房通信各种功耗设备的需求。

4.7.2.2 设计施工要点

① 室外机模块化设计。

② 室内制冷末端管路并联安装。

③ 压缩机变频调节设计。

④ 电子膨胀阀开度控制设计。

⑤ 3 种运行模式（机械制冷模式、混合模式、自然冷却模式）切换设计。

⑥ 安装符合工艺技术要求规范。

4.7.2.3 项目应用案例

郴州高斯贝尔产业基地数据中心机房节能改造项目，如图 4-64 所示，采用多联氟泵空调系统。该数据机房的建筑面积为 255m²，共计 16 个机柜，采用 1 套 100kW 多联氟泵空调（1 台 100kW 多联氟泵外机 +4 套 25kW 热管列间内机）进行节能改造，替换原来的 100kW 风冷机房空调系统，改造后投入运行时间累计达 14 个月，相比改造前，机房 PUE 值由 1.65 降至 1.32，机房整体节能率达 20% 以上。

图 4-64 郴州高斯贝尔产业基地数据中心机房节能改造项目

◆ 4.7.3 通信机房双回路热管空调节能应用

4.7.3.1 基本介绍

1. 产品介绍

机房制冷双回路热管空调机融合了热管换热与压缩机制冷两套独立系统，运行机制灵活。热管系统是利用室内外空气温度差，通过封闭管路中工质的蒸发、冷凝循环而形成动态热力平衡，将室内的热量高效传递到室外的节能设备。

自主研发的云计算能耗管理平台可对本系统进行用电采集、记录、分析及用户信息的录入与管理。该产品体型小，集成度高，安装方便，适应性强，特别适合于各类通信机房的安装使用。

该空调机通过自动控制实现节能模式的优先运行，能够最大化地利用低温季节和过渡季节的自然冷源，减少压缩机的运行。相对于普通机房空调，本项目全年节能工作时间长，节能效率高。在冷季时间越长的地区，节能效果越明显，通过实际使用和能耗监测，在东北地区节能率达 65%，在华北地区节能率达 54%，在华中地区节能率达 28%，具有非常广泛的适用性和节能经济效率。

2. 系统结构及功能特点

双回路热管空调一体机包含热管换热与压缩机制冷两套独立系统，压缩机系统与热管系统分别使用不同的蒸发器和冷凝器。

4.7.3.2 设计施工要点

随着 5G 建设的推进，未来机房将以各级传输汇聚机房、C-RAN 机房为主。此类机房的设备密度越来越大，继续采用原有普通空调必然导致空调耗电量居高不下，无法满足建设节能型通信机房的要求。针对各类设备密度较高的传输汇聚机房、电力机房等，均可采用双回路热管空调一体机代替原有的普通空调。

1. 工程设计要点

随着 5G 建设的推进，许多传统的传输汇聚节点机房将会成为 5G 网络的 C-RAN 机房，未来机房将以各级汇聚机房、C-RAN 机房为主。此类机房的设备密度越来越大，原有机房普通 3 匹空调和 5 匹空调必然不能满足要求。

对于面积偏大的核心传输机房，可选用 40kW 和 8 匹的热管空调；对于中小型传输汇聚机房，可选用 5 匹热管空调。

2. 工程施工要点

机组安装示意如图 4-65 所示。

（1）工艺管道布置要求

机组安装必须保证热管外机高于内机，热管系统外机底部距离内机顶部至少 ≥ 0.6m，如图 4-65 所示。

当热管系统管路有横向敷设的情况时，液管工艺管路要有 5% 的坡度向内机接管方向倾斜，有利于制冷剂自然依靠重力回流到内机。

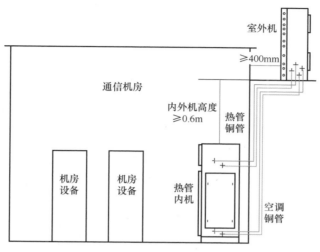

图 4-65　机组安装示意

空调室外机高于内机安装，每隔 5m 在气管侧安装一个回油弯；空调室外机低于内机安装时不推荐高度低于内机 5m。

（2）内机、室外机安装技术要求

机组底座建议采用 50mm×50mm×5mm 国标角钢，按照机组实际尺寸制造，用膨胀螺栓固定于地面，并刷上防锈漆，底座高度根据机房走线架确定，一般控制在 0.2m 以内。底座必须水平安放于平整地面，以免机组因底座不平整发生倾斜。机组与底座间需放置 10mm 橡胶防震垫，以减少机组于运行时产生震动及声响。

内机安装位置处于两列机架之间，且在冷通道的进风口，底部固定，热管开洞位置位于接管位置平齐；空调开洞位置位于接管位置平齐，铜管铺设应横平竖直，且贴近机器外壳。

室外机应选择空旷散热良好的位置，风机排风口前方 2m 内无遮挡物，以免影响机组的散热效果。室外机背部距离墙体至少保证有 0.4m 的距离，便于清洗维护室外机，严禁小于此距离安装。

3. 项目运维要点

与机房空调普通运维方式相同，应注意清洁室外机过滤网和翅片，避免因柳絮、树叶、灰尘堵塞造成散热不畅；注意定期清洗室内机过滤网。

热管系统内没有压缩机冷冻油，不会对蒸发器和冷凝器的换热效率带来影响，热管系统换热能力充分发挥，全年节能使用时间长，节能效率高。双回路结构，没有三通阀泄漏等故障点，空调系统和热管系统的制冷剂独立充注，冷媒充量更合理。热管系统优先运行，最大化发挥热管系统的作用。机组采用独特的蒸发温度控制技术，让蒸发温度保持在机房露点温度之上，从而减少或消除冷凝水的产生，显冷比高，更适用于通信机房。另外，热管空调的设备尺寸、风量、送风距离等参数应针对机房环境进行优化，从而更好地完成机房内空气对流和换热，换热更加充分，使机房内温度更加均匀。

双回路热管空调相对于普通机房空调最显著的优势在于低温季节不需要启动压缩机制冷，因此节能效率高。普通机房空调必须启动压缩机才能产生制冷效果，因此在低温季节，虽然空调能效比有一定的提升，但是提升幅度有限。

目前，制冷量为 7kW ～ 24.1kW、40.1kW ～ 102kW 多种规格型号的产品已在中国电信、中国移动、中国联通、公安系统、财政系统等应用数千台套，遍布在湖北、江苏、安徽、辽宁、山东、天津等地，形成了规模示范应用，而且被中国移动评选为"节能减排最佳实践案例"，正面向移动子公司全国推广。

4.节能效益

双回路热管空调与传统机房空调相比，增加了热管换热功能，且设计上采用热管优先的设计思路，可以大幅降低通信机房和数据中心的制冷功耗。

双回路热管空调在冬季运行时，节电率在 60% 以上；在春秋季，节电率在 30% 以上；在夏季，由于热管空调设计为高风量、显热比高，相比传统机房空调节能率在 10% 以上。综合加权，双回路热管空调全年节电率为 30% ～ 57%。

4.7.3.3 项目应用案例

中国电信常州分公司邮电路通信机楼 4 楼机房安装使用兴致汉德双回路热管空调一体机，其有关能耗数据如下。

机房长 25m，宽 13m，平面面积 325m^2，原有 7 台 5 匹空调柜机，机房设置空调启动温度为 25℃。在该机房增加 1 台 5P 热管空调，安装在温度较高的区域，热管空调自带电表，另把旁边 1 台大金 5P 空调加装电表用于对比。

热管空调自 2019 年 10 月 29 日安装完成，到 2020 年 11 月 12 日，电表记录热管空调总耗电量为 11597.28kW·h，平均每天耗电量为 30.5kW·h。

大金 5P 空调自 2019 年 10 月 29 日安装电表，到 2020 年 11 月 12 日，空调总耗电量为 20879kW·h，平均每天耗电量为 55kW·h。热管空调相比大金 5P 空调全年综合节能率为 44.5%。

热管空调相比大金 5P 空调节约耗电量为：

$$20879kW·h–11597.28kW·h=9281.72kW·h$$

按照火力发电二氧化碳排放系数 1.0523 kg-CO_2/kW·h 计算，全年减少二氧化碳排放 9.767 吨。

企业仅依靠节省下来的电费，5 年就可以收回全部成本，且该方案没有采用水冷降温方式，不消耗水资源。

4.7.4 热管空调（背板 / 列间）通信机房的应用

4.7.4.1 热管空调基本介绍

1. 基本介绍

热管空调是能源、资源利用效率提升类的技术产品，适用于新建及在用数据中心的节能改造等项目，在中小型、大型以及超大型的数据中心均可应用，适用于严寒地区、寒冷地区、温和地区、夏热冬冷地区和夏热冬暖地区，适用于不同信息设备负荷率的机柜。

2. 技术原理

热管空调循环工质通过相变传热，受热由液态变成气态，由气体管路将热量带到 DCU（Drive Control Unit，驱动控制单元）中，在 DCU 内与室外冷源设备（自然冷源或者强制制冷）进行热交换，循环工质受冷由气态变成液态，然后沿液体管路流回热管空调完成热力循环，热量传递依此顺序源源不断地传递到室外。热管空调具有热管背板、热管列间等空调应用形式，具有换热效率高、能效比高、系统安全性高等特点。

3. 节能效果

热管空调机组可以提供更高的供水温度、显热比高、高效节能，采用微通道或铜管铝翅片换热技术，采用更贴近热源的末端型式，缩短气流回路，降低能耗；同时采用冷热通道封闭建设技术，提升热源品质，可将水温提高至 15℃甚至更高，节能效果显著。X005B 机组第三方机构测试循环风量为 1515.8m³/h，制冷量为 6041.2W，功率为 53.5W，能效比高达 113。DZ25L 机组第三方机构测试循环风量为 6934m³/h，制冷量为 28.394kW，功率为 0.366kW，能效比高达 77.5。

4.7.4.2 设计施工要点

重力式热管空调对 DCU 的安装高度有一定要求，即要求 DCU 底部距机组顶部的距离大于 1m，禁止液管有上上下下的回环管路。

机组设计施工过程中需要注意以下事项。

① 室内外机的安装要有一定的高度差，一般室外机底部需要高于室内机顶部800mm。

② 机组制冷剂进液管和回气管的管路上均要安装手动球阀，便于设备维护检修。

③ 水冷冷凝器到各个列间的气管及液体管路需要水平布置，不允许有上升的管路，尽量少弯管，保证水冷冷凝器到热管列间为最短管路连接。

④ 室内侧设置冷凝水排水系统。

热管列间空调机组结构简单，一般情况下不需要操作管理人员看管，仅需顶级巡检。

4.7.4.3　项目应用案例

中国移动通信集团山西有限公司热管背板空调建设项目共 3 个机房，其中机房 2-204 面积约为 550m²，新建 254 个机柜，配置 254 台热管背板空调 X005B，投资额为 455.12 万元，2018 年 7 月开始运行至今。

经测试，该项目 PUE 值为 1.46，机房全年能效比为 1/（1.46-1）≈ 2.18。机房全年能耗（除 IT 设备外）为 41872.60kW · h，负载能耗为 900810.00kW · h。

故机房能耗：41872.60+900810.00=942682.6kW · h，可计算机房冷量为：942682.6×2.18/8760 ≈ 235kW。

假设机房用电为 0.8 元/kW · h，则机房全年能耗为 754146.08 元。

对比传统机房空调，根据机房制冷量为 235kW，假设采用 MEAD0302 机组，机组全年能效比为 3.78。故可计算得出机组全年耗电量为：235×8760/3.78=544603.17kW · h。负载能耗为 900810.00kW · h，机房总能耗为：544603.17+900810.00=1445413.17kW · h。

假设机房用电为 0.8 元/kW · h，则机房全年能耗约为 1156330.54 元。

由此测算，采用热管空调方案节能效益明显，每年可节约电费为 402184.50 元。

4.7.5　氟泵双循环节能空调在通信机房的应用

4.7.5.1　基本介绍

目前，针对自然冷源的节能方式主要有新风节能技术、乙二醇节能技术和氟泵节能技术。综合各方面考虑，氟泵节能技术是目前为止最安全有效的节能措施。

氟泵双循环节能空调机组采用氟泵技术，在常规的风冷空调机组中增加一套氟泵制冷循环模块，充分利用自然冷源，减少碳排放，当室外温度较低时，开启氟泵工作，减小压缩机功耗及运行时间，由于氟泵的功率远小于压缩机的功率，从而减小机组的全年功耗，提供机组能效，使机组全年能效比高达 10 以上，为碳中和、碳达标起到积极作用。

氟泵双循环节能空调在保证大风量、高显热、高精度控制的基础上整合氟泵循环功能，进一步充分利用室外自然冷源，采用混合制冷和氟泵节能制冷技术，使机组在 20℃以下就具有一定的节能效果。

4.7.5.2　应用范围

① 既适用于新建数据中心，也适用于在用数据中心节能改造。

② 适用于严寒地区、寒冷地区、温和地区，也适用于夏热冬冷或者夏热冬暖地区。

③ 适用于通信机房、交换机房、数据中心、计算机机房、实验室、检测室、银行、证券公司、工厂等各种规模的数据中心场所。

4.7.5.3 技术原理

氟泵双循环节能空调机组充分利用自然冷源，采用制冷剂泵与压缩机双动力元器件，使机组具有 3 种运行模式，减小压缩机功耗，从而减少整机功耗。3 种运行模式原理如图 4-66 所示。

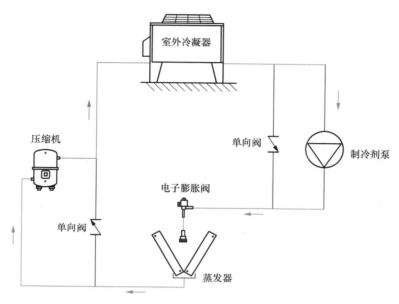

图 4-66　3 种运行模式原理

（1）压缩机运行模式

当室外温度较高时，空调机组完全采用机械制冷模式，采用压缩机对制冷剂压缩做功，将室内设备散发的热量通过制冷剂带到室外冷凝器，通过与周围环境的空气进行热交换，将热量散发。此工况下，氟泵完全不运行，空调机组仅依靠压缩机制冷，与传统机房空调工作相同。

（2）压缩机——氟泵混合运行模式

当室外温度较低时，空调机组进入混合运行模式。空调机组启动变频氟泵，通过泵增压的方式提高制冷剂蒸发压力，降低压缩机做功能耗，使系统在较低能耗的工况下就能完成机械制冷过程，将机房内热量排出到室外中温环境中，此时压缩机和氟泵都进行工作，因此将此工作模式确定为混合工作模式。在这种工作状态下，由于压缩机能耗降低，超过变频氟泵的运行功耗，空调机组进入部分节能运行状态。

（3）氟泵节能运行模式

当室外温度更低时，空调机组开始进入氟泵节能运行模式。空调机组完全采用氟泵运行，停止压缩机机械制冷，吸热后的制冷剂不再经过压缩机做功，而是直接将热量送入室外冷凝器进行冷却，然后将机房内热量排出到室外低温环境中，此时空调机组仅氟泵进行工作，压缩机完全停止运行，机组能耗大幅降低，且随着室外温度逐渐降低，机组制冷能效比进一步提高。

（4）核心技术参数（根据第三方检测报告）

在室内回风 24℃，室外温度 35℃时，MEFD0802EV 机组风量为 23494.17m³/h，机组制冷量为 82.927kW，机组功率为 22.573kW，机组能效比可达 3.46。

在室内回风 24℃，室外温度 15℃时，MEFD0802EV 机组风量为 22767.85m³/h，机组制冷量为 85.219kW，机组功率为 15.647kW，机组能效比可达 5.45。

在室内回风 24℃，室外温度 0℃时，MEFD0802EV 机组风量为 23319.99m³/h，机组制冷量为 92.408kW，机组功率为 4.963kW，机组能效比可达 18.62。

在室内回风 24℃，室外温度 −5℃时，MEFD0802EV 机组风量为 22873.5m³/h，机组制冷量为 111.407kW，机组功率为 4.567kW，机组能效比可达 24.39。

（5）经济效益分析

采用 5 台氟泵双循环节能空调机组 MEFD0802EV 的数据中心，与传统风冷机组相比，传统风冷机组全年能效比为 4，而本技术产品全年能效比可达 10.6。按照整体负荷率的 80%，全年 365×24 小时运行，年节约电量为 43.7 万 kW·h，按照电费 1 元/kW·h 计算，年节约电费 43.7 万元。本技术产品单台投资比传统风冷机组投资高 1 万元，投资回收期为 0.915 年。

4 台氟泵双循环节能空调机组年节约 174.5 吨标准煤，减少二氧化碳排放量为 435 吨，机组可不采用水资源，采用蒸发冷凝技术时只需要少许的雾化喷淋水即可，资源利用率高。

4.7.5.4　设计施工要点

氟泵双循环节能空调的制冷量为 25kW ～ 100kW，暖通设计人员根据具体负荷需求，选择相应的机组和数量。现场施工需要注意如下几点。

① 节能氟泵模块与室外机应尽量在同一水平面，且距离保持在 1m ～ 10m；

② 节能氟泵模块不得安装在室外机冷凝器的回风侧或者送风侧，且安装需要留出至少 500mm 维护空间。

③ 多台室外机集中布置时，需要满足室外机安装间距要求，如果安装间距较小，会影响室外机的散热效果，形成热岛效应，导致机组冷凝温度较高，甚至发生高压报警。

4.7.5.5　项目应用案例

1. 黑龙江联通公司通信机房项目

此次黑龙江联通公司采购氟泵双循环节能空调，该项目所在地包括牡丹江、鸡西、七台河；其中，牡丹江采用了 19 台，鸡西采用了 12 台，七台河采用了 6 台，目前设备整体运行状况良好，节能测试效果明显。

2. 中国电信吉林 2020 净月园区 B 楼 1-2 机房空调通风工程

该机房面积为 470m², 采用 6kW/机柜, 共 191 个机柜。投资额为 260 万元, 投资回收期为 1～2 年, 机房全年IT设备总发热量为 6×191×365×24=10038960kW·h。

根据中国泰尔实验室检测报告, 机组在不同室外温度的能效比见表 4-13, 按照长春市气象条件, 机组全年能效比为 11.12。

表4-13 机组在不同室外温度的能效比

	室外环境温度	35℃	20℃	15℃	10℃	5℃	0℃
R035A-FJ	制冷量（kW）	40.389	43.58	40.389	40.389	43.753	45.036
	能效比	3.69	4.86	5.31	9.33	11.7	18.02

该机房空调全年能耗为 903011kW·h。按照 1 元/kW·h电费计算, 机房空调全年耗电费为 903011 元。如果采用传统机房空调, 假设采用 R040A 机组, 机组全年能效比按较高能效 4.2 计算, 全年能耗为 2390229kW·h, 耗电费为 2390229 元。

由此测算, 采用氟泵双循环节能空调机组, 可节约电费 1487218 元。

样品照片如图 4-67 所示。

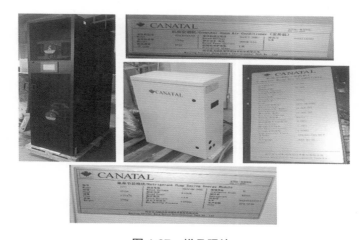

图 4-67 样品照片

◆ 4.7.6 全新风直接蒸发模块化数据中心的应用

4.7.6.1 基本介绍

1. 技术理念

安瑞可的全新风直接蒸发模块化数据中心通过自主研发的一套全自动的风机和风阀系统来驱动空气穿过服务器带走热量, 同时精确控制服务器进风端温湿度, 根据外部和内部的温湿度情况, 使用外部空气作为主要制冷手段, 通过多级的蒸发装置来调节温湿度，通过混合机柜的热排风来加热或者降低相对湿度，用直膨式制冷或者冷冻水作为补充。

2. 技术优势

① 可扩展的灵活性设计，为用户提供一种随需付费方式，后续只需要按照需求增加计算能力即可。标准产品有单个的15kW～300kW模块，也有各个模块拼装的大模块方案，模块像积木式的可灵活组合，自由扩展。

② 有标准的全线模块化数据中心，也可以根据用户对不同水平的输入功率和冗余需求而定制。

③ 全新风直接模块化方案，全部预制化，快速部署，局部电源使用效率（Partial Power Usage Effectiveness，pPUE）低至1.1，环保节能，减少碳排量，还能优化电力资源，最大化用户IT负载。

④ 部署方式灵活，可部署在室内、室外，不需要单独的水系统。

⑤ 减少水资源浪费，可以根据外界气候条件调节内部温度和湿度。

⑥ 配备先进的电子机械的监控界面，可实现远程管理和控制。

⑦ 减少建造成本，可快速搭建。

3. 核心参数

核心参数见表4-14。

表4-14　核心参数

物理尺寸	3700mm(W)×6100mm(D)×2740mm(H)
机柜尺寸	16个600mm(W)×600mm(D)×42U(H)
估算重量	10000kg
IT最大负载	50kW
最大制冷量	50kW

管理系统与安防系统见表4-15。

表4-15　管理系统与安防系统

DSCA数据中心管理系统	监控、管理和控制设备，提供配电、制冷、安防及环境参数
出口	5个主出口、2个维修出口
环境监控设备	温湿度烟雾传感器16个；电子锁7个；漏水绳8个
管理界面	15寸触摸屏
串口服务器	RS-485接口，TCP/IP通信
出测数据	输入电压，电流，频率，有功功率，谐波测量，开关状态；空调温度，空调运行状态，温度、湿度、烟感、水浸状态，门状态等
告警内容	掉电告警、电压超限告警、电流过载告警、开关状态变化告警、温度高告警、漏水告警、烟感告警等
远程通信	支持MODUBUS/TCP（默认）、SNMP、HTTP等

注：SNMP（Simple Network Management Protocol，简单网络管理协议）。

　　HTTP（Hypertext Transfer Protocol，超文本传输协议）。

4. 应用范围

该技术广泛应用在政府、医疗、物流、机房、厂房、金融、电信、仓库、企业、商超、无人值守站点、数据中心等地。

5. 节能效益

传统数据中心的pPUE值在1.6以上，安瑞可自主研发的全新风直接蒸发模块化数据中心的pPUE值低至1.1，可节省总体能耗的40%左右，大幅节省了电力成本，减少碳排放量。

4.7.6.2 设计施工要点

① 全新风直接蒸发模块化数据中心采用预制化模块，工厂组装测试好绝大部分组件，现场只需要简单拼接，规避现场质量风险。

② 可根据场地进行定制，匹配现场的尺寸布局；全部模块化设计，可根据容量变化增减模块，所布即所需。

③ pPUE值低至1.1以下。

4.7.6.3 项目应用案例

中国移动通信集团江苏有限公司苏州分公司某全新风直接蒸发模块化数据中心（如图4-68所示），项目总投资为5000万元，开（竣）工时间为2020年3月12日—2020年3月26日。该模块化数据中心的型号为E5G-R16G-50，总容量为50kW。

图 4-68 中国移动通信集团江苏有限公司苏州分公司某全新风直接蒸发模块化数据中心

根据统计，每节约1kW·h的电，就相应节约了0.4kg标准煤，同时减少污染排放0.272kg碳，0.785kg二氧化碳。苏州移动采用的全新风直接蒸发模块化数据中心，型号为E5G-R16G-50，总容量为50kW，可以节省约40%的能耗。一年可减少135648kg（50kW×0.785kg×24H×30D×12M×40%=135648kg）碳排放量，该项目节能减排，助力国家实现"碳中和"。

该全新风直接蒸发模块化数据中心在其他国内外项目上的部署现场如图4-69所示。

湖北某运营商机房现场

美国某超大型
租赁数据中心现场一

美国某超大型
租赁数据中心现场二

图 4-69　部署现场

◆ 4.7.7 蒸发冷却一体化集成冷站在通信机楼的应用

4.7.7.1 基本介绍

1. 集成冷站介绍

蒸发冷却一体化集成冷站是蒸发冷却空气——水系统和机械制冷系统的耦合。该冷站全年部分时间以间接蒸发冷却冷水机组进行自然冷却，部分时间以变频离心冷水机组制冷。

2. 运行模式

蒸发冷却一体化集成冷站可以根据实际需求，自动或者手动调换运行模式。如果压缩机所需要的冷却水温度较低，则可以使用蒸发冷却机组冷却后的冷却水；如果压缩机所需要的冷却水温度较高，则可以采用未经过降温的冷却水，再让冷却水流回蒸发冷却机组进行降温。

运行模式如图 4-70 所示。

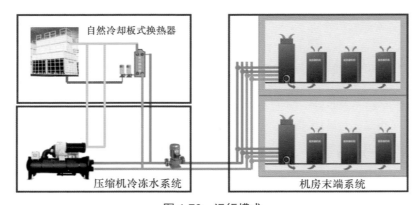

图 4-70　运行模式

3. 应用范围

该系统采用蒸发冷却技术与传统机械制冷相结合，无论在中等湿度还是高湿度地区都适用。

4. 节能效益

（1）冷源最简化

集成冷源模块集成变频离心冷水机组、间接蒸发冷却冷水机组、冷冻水泵、冷却水泵、板换、电控柜等装置。该模块根据室外气象参数及室内负荷变化自动切换运行模式，简单方便。

（2）冷源高效化

该冷站全年部分时间通过自然冷却进行制冷，部分时间通过变频离心冷水机组制冷（此时可间接蒸发冷却冷水机组提供较低温度冷却水，提高离心冷水机组能效），使冷源侧全年能效较高，大幅降低数据中心的PUE。

（3）系统集成化

将空调系统冷源侧、输配侧与控制系统高度集成，打造基于"间接蒸发冷却一体化集成冷站"和"集成化补水模块"的集成冷源模块，空调系统冷源侧、输配侧无须占用室内建筑空间，且能实现机组快速部署和交付。

（4）系统安全化

该冷站通过设置"间接蒸发冷却一体化集成冷站"的备份、环管输配、蓄冷罐储冷等，保证系统全年的安全运行。

（5）系统维护性

该冷站的主要耗材除了填料和滤网，其余均为成熟部件，寿命均在15年以上，后期维护简单、操作方便。

（6）系统经济性

综合考虑空调系统的安装、维护、运行费用，以及电气系统相关的投资，实现最优的TCO。

4.7.7.2 设计施工要点

① 针对现有机械制冷的机房存在耗能高、PUE超标等问题，相关人员可以使用该技术进行改造，在保持原有空调系统不变的情况下，安装蒸发冷却机组，实施一体化集成冷站；也可以对规划建设的机房直接采用蒸发冷却一体化集成冷站，在满足机房制冷的需求下，降低能耗，节约电费。针对高湿度的寒冷地区，如果存在冬季结冰问题，则可以选装乙二醇运行板换，解决冬季冷却水结冰的问题。

② 按照IT负载需求，在不同气候条件下调整机械制冷补冷比例，实现最低能耗下满足人员和IT设备冷负荷的需求。

③ 针对改造机房，要对原有空调系统进行严格的勘察，结合蒸发冷却机组合理安排设备位置以及结合点。

④ 注意蒸发冷却机组和冷水机组的供回水比例、机组水量问题等。

4.7.7.3　项目应用案例

海南电信某机楼位于海口市中山南路，机楼为L形，共9层，为办公和机房混用。IDC机房空调系统全部独立设置，数据机房设置在机楼的第2、5、6、7、8层，每层一个机房，共5个机房。单机房系统全部为独立风冷冷媒精密空调，室内为地板下送风，风冷模块设置在屋面。目前，共设置316个机柜，设计的IT负载为1068.8kW，设备上架率为48.2%。2020年全年空调系统耗电量为2699194kW·h，IT能耗为2699194kW·h，空调系统平均每年制冷因子为0.672，年平均PUE值为1.78。

该项目采用间接蒸发冷却一体化集成冷站作为冷源，对现有机房空调系统进行改造，集成冷站间由间接蒸发冷却水机组、压缩机冷水主机、水泵等设备组成，在机房侧将现有精密空调更换为高温冷冻水精密空调，通过高温冷冻水精密空调末端给机房制冷。该项目节能效益见表4-16。

表4-16　该项目节能效益

项目名称	海南电信某机楼项目
机房IT负载（kW）	308.13
制冷因子	0.67
改造后制冷因子	0.25
节能率	0.63
电费单价（元/kW·h）	0.69
原空调系统年耗电量（kW·h）	181.33
原空调系统年电费（万元）	125.12
改造后空调系统年耗电量（kW·h）	67.48
改造后空调系统年电费（万元）	46.56
节省费用（万元）	78.56

◆ 4.7.8　新型蒸发冷却空调系统在通信机房的应用

4.7.8.1　基本介绍

1. 系统介绍

数据中心机房新型蒸发冷却空调系统是国内外第一个集中式蒸发冷却空调系统在数据中心机房领域的实际应用，同时该系统也是蒸发冷却空气—水系统和全新风系统的耦合。该系统是以复合乙二醇自然冷的立管式间接蒸发冷却冷水机组为全年主导冷源、外冷式蒸发冷却新风机组为备份冷源、机房专用高温冷冻水空调机组为末端的集中式蒸发冷却空调。在具体应用中，根据不同的工况条件切换相应的运行模式，即可实现蒸发冷却空气—水系统和全新风系统的耦合。

2. 技术理念

相比其他数据中心，该系统是国内外第一个完全以"干空气能"为自然冷源，基于蒸发冷却技术实现干燥地区数据中心机房全年采用100%自然冷却的集中式蒸发冷却空调系统。在低温季节，制冷通过在蒸发冷却冷水机组功能段中集成冬季乙二醇自然冷用表冷器代替常规干冷器，实现蒸发冷却冷水机组全年制冷，从而满足该数据中心新型蒸发冷却空调系统全年制冷的需求。

3. 系统结构

复合乙二醇自然冷却的立管式间接蒸发冷却水机组技术原理示意如图 4-71 所示。

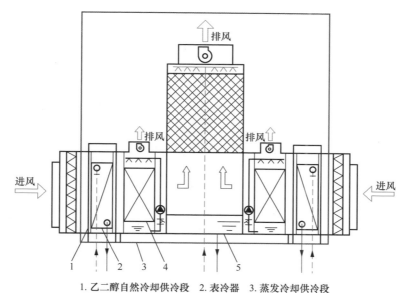

1. 乙二醇自然冷却供冷段　2. 表冷器　3. 蒸发冷却供冷段
4. 内冷式（立管式）间接蒸发冷却冷却器　5. 填料塔

图 4-71　复合乙二醇自然冷却的立管式间接蒸发冷却水机组技术原理示意

蒸发冷却冷水系统内冷式 MAU（Make-up Air Unit，新风机组）极端备份如图 4-72 所示。

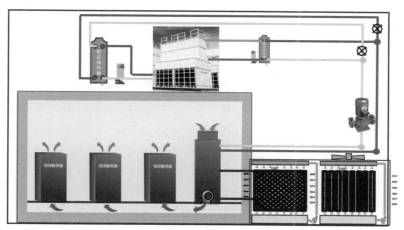

图 4-72　蒸发冷却冷水系统内冷式 MAU 极端备份

蒸发冷却冷水系统外冷式MAU极端备份如图4-73所示。

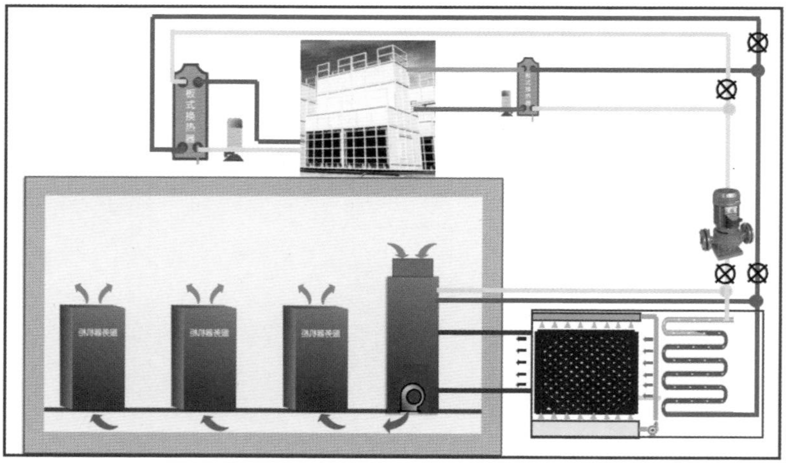

图 4-73　蒸发冷却冷水系统外冷式 MAU 极端备份

4. 功能特点

在夏季运行时，该系统采取了蒸发冷却+乙二醇自然冷却的控制模式，制造更多的冷量保障机房运行安全，经冷水机组制冷后的水通过一次水循环系统在流经板式换热器时与二次系统发生热交换，带走二次系统中新风机组从机房换来的热量。在冬季室外温度很低时，系统工作在乙二醇自然冷却的控制模式下，室外冷水机组没有水循环，仅靠冷水机组表冷器与新风机组表冷器之间的冷媒乙二醇进行循环来完成机房热交换。

5. 应用范围

该系统采用蒸发冷却技术，特别适用于干空气能富足的国家和地区，在"一带一路"沿线地区（例如我国的陕西、甘肃、宁夏、青海、新疆和印度、哈萨克斯坦、巴基斯坦、沙特阿拉伯、土耳其等）尤为适用。

6. 节能效益

该方案不使用压缩机空调，配电量降低，可增加机柜的数量，实现全年自然冷却。蒸发冷却设备耗电量约为传统空调的30%，PUE得到有效降低。蒸发冷却冷水机组耗水量为传统冷却塔的40%～70%，WUE（Water Use Efficiency，水分利用率）得到有效降低。该系统无化学制冷剂的应用，绿色、环保、低碳、健康。将乙二醇干冷器复合到蒸发冷却冷水机组，冬季排水后，可彻底避免结冰。蒸发冷却设备的温度关键点为室外环境湿球温度，可避免高温宕机。

4.7.8.2　设计施工要点

① 该空调系统适用于夏季炎热而干燥（即空气中蕴含丰富的高品质干空气能）与冬季寒冷而漫长（即空气中蕴含丰富的冷量）的地区。

② 通过换热器换热效率测试和机组性能测试及参数对比，在满足性能要求的情况下，对机组的立管换热器、直接湿式过滤器、冷却塔填料机芯规格尺寸进行优化，可节约机组占地面积。依据设计，计算需要调节机组二次风量与一次风量配比，确保机组风量配置达到要求。通过机组配置的风量核算自由冷表冷器规格尺寸，解决了乙二醇自然冷却对机组夏季蒸发冷却模式进风的问题。

③ 采取特殊焊接工艺与密封的方式，保证立管之间的均匀性及立管的密闭性。

④ 由于数据机房的特殊性，空调机组需要 24 小时提供足够的冷量，需要放置备用机组，防止意外发生。定期检查机组设备防止发生漏水，影响机组制冷效果。

4.7.8.3 项目应用案例

中国联通新疆分公司开发区机房项目位于乌鲁木齐市开发区，地上共 5 层建筑，总建筑面积为 10738.2m²，建筑高度为 23.3m，单层建筑面积均为 2147.64m²，层高为 4.8m，最大可布置 1500 多架机柜。本项目（2 楼传输机房、2 楼通信机房和 4 楼 IDC 机房）总负荷为 2767kW。

本项目空调系统共计采用 16 台立管式间接蒸发冷却冷水机组（集成乙二醇自然冷）+22 台机房专用高温冷冻水空调机组+44 台外冷式间接/直接蒸发冷却新风机组+自动控制系统，与高温冷冻水精密空调末端组成蒸发冷却冷水系统，实现全年 100% 自然冷却。

实测机房内冷通道平均干球温度为 22.32 ℃，机房内冷通道平均相对湿度为 46.39%，可满足机房的使用需求。该项目空调系统综合制冷性能系数为 16.64，比传统的蒸气压缩循环冷水机组空调系统具有明显的节能效果。现将其与数据中心机房制冷空调系统中常见的两种制冷方式（自然冷却风冷螺杆机制冷系统和水冷磁悬浮离心机制冷系统）做对比，3 种制冷方式制冷量需求等初始条件相同，其初投资、PUE 值等见表 4-17。

表4-17　3种制冷方式制冷量需求

制冷方式	自然冷却风冷螺杆机制冷系统	水冷磁悬浮离心机制冷系统	蒸发冷却制冷系统
初投资（万元）	1433	1532	1440
全年电费（万元）电费按0.512元/kW·h	338	285	115
全年PUE值	1.43	1.38	1.24
全年能效比	3.97	4.70	11.66

第 5 章

供电节能技术

5.1 供电节能技术概述

随着移动互联网、云计算、数据中心等应用的蓬勃发展，无论是CT设备还是IT设备，它们的数据处理能力都呈指数级增长。单个设备的能效在不断提高，但单个设备或单个机柜的能耗也在增加。

目前，5G网络进入规模化建设阶段。与传统基站相比，5G基站的站址更密集、建设环境更复杂、站点功耗密度大幅提高。这对基站的建设效率、能耗等方面提出了更高要求。因此，我们需要在供电架构级、系统级和设备级采取节能措施，减少能源消耗，降低碳排放，降本增效。

供电架构级节能是指立足于局站总体考虑，从供电设备选择、规划、设计、配置的合理性、供电系统间协同供电及节省空间、减少设备配置和材料投入、节省建设投资的新型供电架构等方面采取的节能措施。

系统级节能是指立足于具体的供电系统，从系统供电的结构、效率、工作方式、安装空间、投资等方面实现节能。

设备级节能是指立足于具体的电源设备，在供电设备内部的模组效率、工作方式、散热方式、智能下电等方面采取的节能措施。

从供电3个层级多举措采取节能措施，可降低通信机房的PUE值，提高供电系统的供电效率，降低供电成本，减少能耗支出，降低碳排放，达到节能降耗、降本增效的目的。

5.2 供电架构级节能

5.2.1 供电系统配置节能

供配电系统在设计时应采取节能措施，避免多余的供电环节，防止供电环节过多造成电能损耗。

变配电系统的组成应根据负荷容量、供电距离及分布、用电设备特点等因素合理选择供电方式，减少导线使用量，合理选择导线截面、线路敷设方案，降低配电线路损耗。

通信局房的电源设备机房主要包括高压配电室、变压器室、低压配电室、发电机房及电力电池机房。电源设备机房的设置应根据通信局房的发展规划、总体布局、建筑面积及通信专业的工艺需求情况，在保证供配电系统供电安全可靠的前提下选择供电方式，使供电电源尽量靠近负荷中心，降低配电线路损耗。

5.2.1.1 设备选择及配置要求

采用节能型设备可减少设备自身能耗，达到系统整体节能的效果。设备的选型应符合以下要求。

① 选择国家认证机构确定的节能型设备。

② 选择符合国家节能标准的配电设备。

变电设备的配置选择应符合以下要求。

① 变压器应选用低损耗、低噪声的节能型产品。

② 合理计算并选择变压器的容量及配置数量。变压器的容量和数量应根据负荷情况，综合考虑投资和年运行费用，对负荷进行合理分配，选用容量与用电负荷相适应的变压器，使其工作在高效低耗区内。其中，变压器的经常性负载宜达到变压器额定容量的60%。

③ 变压器的三相负载尽量保持平衡。

④ 通信局（站）应选用Dyn11接线的变压器，该变压器可以使变压器容量在三相不平衡负荷下得以充分利用，并有利于抑制3次谐波电流。

⑤ 变压器宜安装在通风良好的房间。

补偿设备的配置选择应符合以下要求。

① 通信局（站）的低压配电系统应配置无功功率自动补偿装置。

② 集中补偿基本无功功率的低压电容器组。容量较大、负载稳定且长期运行的用电设备的无功功率宜单独就地补偿，以提高设备的运行功率因数，降低线路的运行电流。

③ 当补偿电容器所在线路的谐波较严重时，补偿电容器柜应配置一定比例的电抗器。

④ 配电系统中谐波电流较严重时，无功功率的补偿容量应考虑谐波的影响。补偿后，配电系统的负荷功率因数应达0.9以上。

滤波设备的选择配置应符合以下要求。

① 通信局（站）供电系统返回公共电网的谐波电流应符合GB/T 14549—1993《电能质量公用电网谐波》有关规定。

② 交流供电系统内THD（Total Harmonic Distortion，总谐波失真）大于10%时，应配置滤波器。

③ 目前，常见的滤波设备有无源滤波设备、有源滤波设备、无源有源复合滤波设备和静止无功发生器等。由于各种谐波治理设备的滤波原理不同，其适用的场合也不尽相同。相关人员在设计时应对通信局（站）配电系统的负载及谐波含量情况进行综合分析，选用适合的滤波设备及治理方案。

④ 由于谐波工程计算较复杂，在系统设计阶段完全解决谐波问题是非常困难的，所以相关人员在设计时宜预留必要的滤波设备安装空间。

通信用交流、直流设备的选择配置应符合以下要求。

① 开关电源和UPS的效率应满足相关国家和行业标准的要求，优先选用供电转

换效率高的电源设备。

② 整流器的容量按近期负荷配置。

③ UPS系统的容量设置不宜太小，避免通信楼内小容量UPS系统过多，应综合考虑整体通信楼内UPS的负荷发展情况，并对UPS系统进行设置，宜采用大容量UPS系统进行供电。

5.2.1.2 导线选择及布放

供电系统应尽可能靠近负荷中心，以减少供电距离，缩短导线长度，降低损耗。

供电线路较长时，宜在满足敷设条件、载流量、热稳定、保护配合及电压降要求的前提下，适当增加导线截面来降低线路损耗。相关人员在设计时宜计算投资与回收年限，选择最佳方案。

供电距离较长的线路应根据线路长度、负荷电流情况，综合考虑电压降要求、线路及相关设备的投资成本、维护安全等因素，采用提高供电电压等级的方式降低线路损耗。

布放导线时，应优化导线路由，尽量减少导线长度。

5.2.2 市电直供节能

5.2.2.1 工作原理

市电直供系统是指ICT设备侧的输入电源系统，该系统由1路市电加1路保障电源组合构成，保障电源既可以是交流不间断电源系统，也可以是直流不间断电源系统。

市电直供系统的架构是一个服务器（含双路）。第一路市电与第一路服务器电源连接，第二路市电与保障电源（AC UPS/DC UPS）的一端连接，保障电源输出侧与第二路服务器电源连接。在市电直供系统中，当一路市电出现故障时，另一路市电所对应的保障电源设备能够及时输出需要的负荷，使服务器设备工作不间断。市电＋保障电源供电系统的结构如图5-1所示。

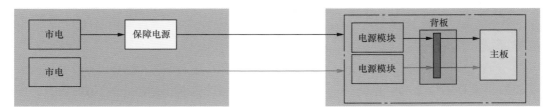

图5-1 市电＋保障电源供电系统的结构

5.2.2.2 工作模式及优缺点

市电直供系统有以下两种工作模式。

① 市电＋保障电源混合供电模式。正常工作时两路服务器电源同时输出，各承担一半负载。当其中一个电源出现故障或异常自动退出时，另一个电源承担全部负载，

从而保证设备的可靠供电。

② 市电主供模式。该模式下，ICT 设备侧的输入电源系统由 1 路市电加 1 路热备的保障电源构成。当市电正常时，服务器由单路的市电供电，另外一路保障电源处于热备状态；当市电停电时，另外一路保障电源供电。

目前，市面上大部分的服务器设置双路电源模块，双路电源模块经过各自开关电源降压后，并联输出至服务器主板等最终用电设备，在一路电源模块故障或单路电源中断时不会直接导致服务器断电。近年来，随着市电供电质量的逐步提升，服务器电源模块适应性增强和用户对 AC UPS 能效过低等方面的不满，以及建设成本、系统效率和可用性的提升，部分用户开始尝试采用"1 路市电+1 路 AC UPS"的方案。随着 HVDC（High Voltage Direct Current，高压直流输电）的逐步成熟，部分用户也开始尝试采用"1 路市电+1 路 HVDC"的方案。目前，大部分交流型服务器电源可在直流 240V 电压条件下工作。

1. 市电 +AC UPS 方案

该方案采用了"1 路市电+1 路 AC UPS"（含整机 UPS、模块化 UPS），在保证较高可用性的基础上，建设投资缩减近半，运行效率提升 5% 以上。市电+AC UPS 供电系统的结构如图 5-2 所示。

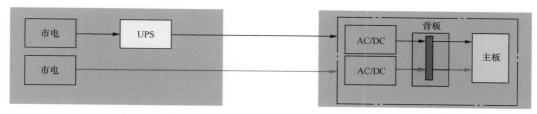

图 5-2　市电 +AC UPS 供电系统的结构

（1）可用性

近年来，我国供电质量稳步提升，电力公司可承诺的供电可用性不断提高，"1 路市电+1 路 AC UPS"供电系统的可用性达 99.999%（或 99.9999%），高于传统"$N+1$"并联冗余配置输出假双路的 UPS 系统的可用性。

（2）建设成本

与传统"$N+1$"配置的 AC UPS 系统相比，其建设成本略低。

（3）运行效率

因为市电侧供电效率接近于 1，所以在负荷率配置适宜的场所，较"$N+1$"配置的 AC UPS 高出约 5%。

2. 市电 +HVDC 方案

随着 240V HVDC 的逐步成熟，"1 路市电+1 路 HVDC（240V）"共用的供电方案已在部分数据中心规模应用。"1 路市电 +HVDC（240V）"供电系统的结构如图 5-3 所示。

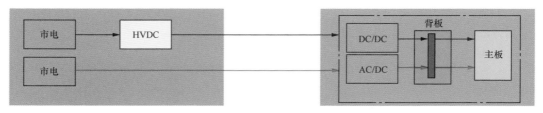

图 5-3 "1 路市电 +HVDC（240V）"供电系统的结构

（1）可用性

因 HVDC 系统自身可用性高于 AC UPS 系统，故"1 路市电 +1 路 HVDC"供电系统的可用性可达 99.999999%（或 99.9999999%），高于"1 路市电 +1 路 AC UPS"供电系统，并能实现系统故障可预见性。

（2）建设成本

与"1 路市电 +1 路 AC UPS"供电系统相比，其建设成本略低。

（3）运行效率

市电侧供电效率接近于 1，且 HVDC 本身具备模块休眠功能，故实际末端配电系统效率可达 96%，比"1 路市电 +1 路 AC UPS"供电系统高出约 2%。

3. 不同方案比较

不同供电系统的可用度比较见表 5-1。

表5-1 不同供电系统的可用度比较

序号	电源系统	可用度（%）
1	"2+1" UPS系统	99.9996
2	"2N" UPS系统	99.99999999
3	240V直流系统	99.99999
4	市电混供	99.99999997
5	市电主供	99.99999997

不同供电系统的效率、投资比较如图 5-4 所示。

服务器供电系统的供电效率如果想被提高至 99%，则服务器电源可以采用市电主供，以保障电源热备工作。

在"1 路市电 +1 路 HVDC（240V）"双路输入的条件下，我们可以采用"1 路市电主供 +1 路 HVDC 热备"的工作模式。双电源服务器的 2 路输入电源，一路引自市电，另一路引自 HVDC 系统。正常时服务器由市电单路供电，HVDC 系统电池处于电池浮充状态，不向服务器输出功率；当市电路停电时，由热备的 HVDC 系统给另外一路服务器电源供电。此系统架构与"1 路市电 +1 路 HVDC 混合供电"的系统架构一致，只要服务器两路电源模块实现两路电源的主备用设置功能即可。"1 路市电主用 + HVDC（240V）供电"系统的结构如图 5-5 所示。

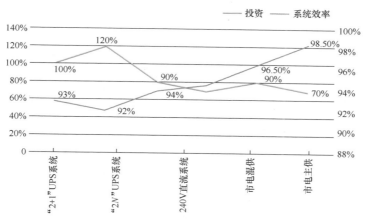

注：比较数据基于400kVA "2+1" 传统UPS模型。

图 5-4　不同供电系统的效率、投资比较

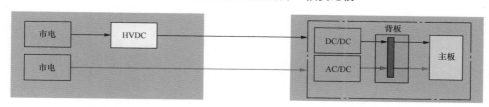

图 5-5　"1 路市电主用 + HVDC（240V）供电"系统的结构

此方案最大的优点是可用性不受影响，服务器无须定制（只须根据运行模式调整两个服务器电源模块的输出方式），且比"1 路市电 +1 路 HVDC"共用方案的建设成本低、运行效率高。

（1）可用性

此方案与"1 路市电 +1 路 HVDC"共用方案的可用性差别在于服务器的市电路断电时，服务器电源需从市电路主供切换至 HVDC 路主供，存在两路输出的切换过程。目前，服务器的双路电源备用方式是热备或半热备，供电切换时间基本等于 0ms，远低于 IEC（International Electrotechnical Commission，国际电工委员会）规定的服务器和交换机类 IT 设备可承受的 10ms 供电瞬断而不中断的能力，因此设备的工作状态不受影响。

（2）建设成本

因为 HVDC 处于备用状态，只在停电时作为短时断电支持向负载供电，所以在最低保障等级时，整流模块设置仅须满足充电功率即可，较"1 路市电 +1 路 HVDC"共用方案节省建设成本约 30% 以上。

（3）运行效率

在正常使用时只有 1 路市电供电，仅蓄电池浮充消耗极少电能，实际供电系统效率在 99% 以上，较"1 路市电 +1 路 HVDC"共用方案效率提升约 3%。

5.2.2.3 应用建议

市电直供属于新型的供电架构，系统供电效率相比传统的双路保障电源供电大大提高，建设成本显著降低，有效节省了机房空间，在主流的互联网数据中心已得到试点应用。

对于"1 路市电 +1 路 HVDC（240V）"保障电源供电方案，从理论上服务器电源使用直流电压输入没有问题，但在实际使用中，可能会发生意外，例如某些服务器电源不支持直流电，长时间使用可能会增加服务器的故障率等。

在新建数据中心或数据中心供电改造项目中，相关人员可根据市电情况及对负载的保障要求，合理选择市电直供供电架构。

5.2.3 交流 10kV 变换直流 240V 节能技术

5.2.3.1 工作原理

巴拿马电源供电架构是把交流 10kV 输入直接变换成直流 240V 的电源，它替代了原有的 10kV 交流配电、变压器、低压配电、240V 直流供电系统和输出配电单元等设备及相关配套设施，具有高效率、安全、可靠、节省空间、低成本、易安装和维护等优势。

巴拿马电源和传统电源对比如图 5-6 所示。

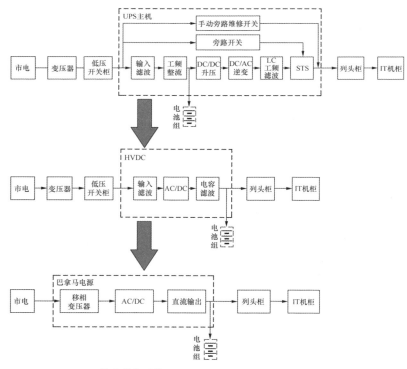

注：STS（Static Transfer Switch，静态转换开关）

图 5-6 巴拿马电源和传统电源对比

5.2.3.2 主要特点及优势

（1）降低综合成本

巴拿马电源系统较传统配电系统减少了低压配电柜，压缩了变换环节，因此设备数量变少，设备成本降低，系统采用了变压器及变换设备紧凑型设计，减少了电缆的使用。设备数量减少，机房的使用面积也大幅度减小，配电面积可节省30%以上，节省的机房面积可以布置服务器设备，因此机房利用空间上的综合成本降低。

（2）提升系统效率

巴拿马电源采用集成式的系统架构，缩减了中间变换环节，减少了变换环节的设备损耗，由于输入、变换、输出采用集中化的设置方式，大大降低了供电传输过程中的线损，与传统供电模式相比，巴拿马电源的供电效率大大提升。

240V 直流的巴拿马系统架构和采用传统配电架构输出 240V 直流的全系统效率对比如图 5-7 所示。

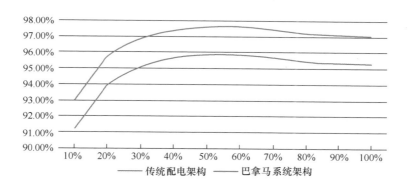

图 5-7　240V 直流的巴拿马系统架构和采用传统配电架构输出 240V 直流的全系统效率对比

与传统配电架构系统相比，巴拿马系统架构的效率可提升 3% ～ 5%。

（3）可维护性

巴拿马电源采用了产品化的设计，从 10kV 交流输入至直流 240V 输出均包含在一个产品中，解决了传统供配电系统中的多级配电设备维护等问题。通过产品化设计实现了内部上下级紧耦合，从而保障了整个系统的安全性和可靠性。同时与传统供电系统相比，巴拿马电源减少了现场的施工工作量，其模块化设计还能灵活配置和扩容，减少了初期的投资成本。

5.2.3.3 典型设计方案

数据中心应用巴拿马电源系统的架构方案主要有两种：2N巴拿马供电方案、2N（巴拿马+市电）方案。

（1）2N巴拿马供电方案

"A路巴拿马+B路巴拿马"，两路在IT侧互为冗余备份关系，负载按照50%设计，考虑一定余量，一般实际运行不超过负载的40%。

（2）2N（巴拿马+市电）方案

"A路巴拿马+市电"或"B路巴拿马+市电"将巴拿马电源移相变压器功率分成两个部分输出，一部分给整流模块，一部分给IT设备，实现"一路巴拿马+一路市电"的模式，提高系统效率，预计整体效率提升0.5%。

以某数据中心机房为例，大功率高压直流系统直接10kV输入，输出240V直流电源，配置200kW交流电源，用于照明等。IT UPS系统改用直流供电，每个电力室内设置两套，组成2N系统，为数据中心的设备供电。每个机房设置250个机柜，单机柜的功率为5kW，合计功率约为1250kW。根据IT容量规划，巴拿马设备容量=IT容量+冗余容量+充电容量。这里IT容量为1200kW，单模块容量为30kW，IT配置模块数量=1200/30=40个。根据选型原则，10个模块冗余1个模块，并需要额外配置4个模块，充电容量为IT容量的10%，并需要配置4个充电模块。因此整套巴拿马电源容量=1200+4×30+4×30=1440（kW），总模块数量为48个，可以满足单个机房单套系统的容量。

本案例通过采用大功率高压直流系统，变压器上楼层，压缩了系统设备层级，省去了母线及低压配电设备，节省800m²的空间，这些空间可改造为数据中心机房，从而增加可布置的机柜数量，提高经济效益。

本案例在实施以后，对比传统供配电系统建设方案有如下不同：①建设速度更快，提前3个月完成；②解决了建设空间不足的问题，配电面积节省了33%；③在不增加成本的情况下，提升了方案的可靠性。

5.2.3.4 应用建议

巴拿马系统是近几年产生的新的供电架构，其供电的可靠性和稳定性还需要进一步验证。它的系统架构比传统的系统结构变化较大，因此短期内不适用于老旧机房的更新改造，可在新建的数据中心试点应用。

5.3 系统级节能

5.3.1 240V直流系统节能

5.3.1.1 工作原理

高压直流系统与传统的直流-48V供电系统类似，只是其整流器的输出电压等级较传统的直流-48V供电系统高。高压直流系统由市电输入、高频开关整流器、配电屏、蓄电池组组成。在正常情况下，整流模块将市电的交流 380V/220V 变换成标称电压为 240V 的直流输出。

和传统的直流-48V 供电系统一样，高压直流供电系统也是采用全浮充供电方式，即开关电源架上的整流模块与两组电池并联浮充电。当市电正常时，高压直流供电系统 240V 供电承担负载供电，同时给蓄电池组充电；当市电停电时，由蓄电池组放电，供电给负载设备。

高压直流供电系统组成示意如图 5-8 所示。

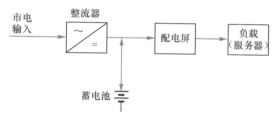

图 5-8　高压直流供电系统组成示意

和通信用传统的直流-48V 电源相比较，通信用 240V 直流供电技术在输出同样功率的情况下，工作电流只有前者的 1/7 ～ 1/5，这不仅保留了传统的直流-48V 供电可用性高的优势，还具有工作电流小、节省输电导体材料、转换效率高等特点。高压直流供电技术可以满足传统通信设备越来越大的功耗要求。

目前，在标称电压 240V 直流电压供电模式下，绝大部分的服务器电源无须改造即可采用直流 240V 电源直接进行供电，其工作可靠性和稳定性不但在理论上没有问题，而且一些运营商也通过实践证明了高压直流直接供电的可行性。

5.3.1.2　主要特点和优势

高压直流供电方案与传统交流、低压直流的对比如图 5-9 所示。

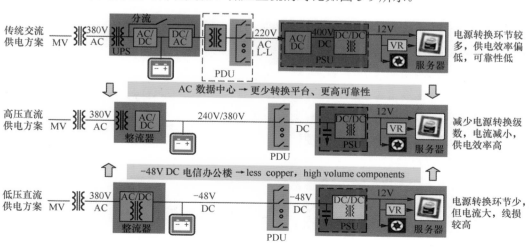

图 5-9　高压直流供电方案与传统交流、低压直流的对比

高压直流系统具有以下优势。

1. 可靠性大幅提升

直流供电最大的优势在于提高了供电的可靠性，具体体现在：一是采用直流供电，系统中并联的整流模块和蓄电池组均构成了冗余关系，蓄电池可以作为电源直接并联在负载端，当停电时，蓄电池的电能可以直接供给负载，确保供电的不间断；二是直流供电只有电压幅值一个参数，各个直流模块之间不存在相位、相序、频率须同步的问题，系统结构简单，可靠性大大提高；三是交流 UPS 系统虽然可以通过提高冗余度来提高安全系数，但是每个模块之间必须相互通信来保持同步，因此仍存在并机板的单点故障问题，而直流模块没有这些问题，即使脱离控制模块，只要保持输出电压稳定，也能并联输出电能。

2. 提升工作效率

首先，和交流 UPS 系统相比，直流供电省掉了逆变环节（一般逆变的损耗在 5% 左右），因此电源的效率提高。其次，由于服务器输入的是直流电，也就不存在功率因数及谐波的问题，降低了线损。最后，高压直流电源采用模块化结构，可根据输出负载的大小，由监控模块、监控系统或现场值守人员灵活控制模块的运行数量，使整流器模块的负载率始终保持在较高的水平，进而使系统的转换效率保持在较高的水平。

3. 系统可维护性增强

交流 UPS 系统涉及复杂的同步并机技术，整机的维护只能依靠厂家。当系统出现紧急情况时，维护人员只能等待厂家的技术人员来解决，因此安全供电会存在较大的隐患。而采用直流供电，如现在一直使用的传统的直流 -48V 供电系统，由模块组成，虽然电压增高，但是只要做好安全防护措施，维护人员就可以自己维护，例如更换模块等。

4. 扩容方便

高压直流电源只要做到输出电压和极性相同，即可连接到一起，从而可以很方便地实现直流系统的扩容。

5. 不存在"零地"电压等不明问题的干扰

由于直流输入没有零线，所以不存在"零地"电压，避免了一些不明故障，维护部门无须解决"零地"电压的问题。

5.3.1.3　建设及维护需要注意的问题

高压直流系统维护需要注意以下问题。

① 需采用高压专用熔断器/断路器等器件。

② 与传统的直流 -48V 供电系统相比，高压直流系统配电时，凡所有带电部分均要求防护，防止操作人员和维护人员无意识触碰。

③ 与传统的直流 -48V 供电系统的维护完全不同，高压直流系统需进行特别的带

电维护设计及操作流程。

④ 须配置绝缘监测仪或类似的漏电检测装置。

高压直流系统配电部分在建设时需要注意以下问题。

① 交流输入建议均分成两路交流输入，减少采用双电源切换装置，避免增加维护难度和单点故障的发生。

② 全程采用双极保护，即正极和负极均须安装空开或熔丝等保护器件。

③ 高压直流配电系统宜采用前后级配置、熔断器和空开组合的方式，上级为熔断器，下级为直流断路器，末端采用直流微断。

④ 机柜内配电部分取消插线板接线的形式。

⑤ 取消 ICT 设备侧不带灭弧功能的隔离开关。

5.3.1.4 应用建议

240V 直流供电系统的可靠性高、效率高，特别适用于负载设备功率较大的场合。随着 IDC 机房的规模不断扩大，运行成本不断增加，可靠性要求不断提高，与交流 UPS 系统相比，240V 直流供电系统能带来较高的可靠性和较大的经济优势。综上所述，240V 直流供电系统必将代替交流 UPS 供电系统在 IDC 机房的应用。IDC 机房采用 240V 直流供电系统也将减轻运营商的投资压力和运营、维护压力。

5.3.2 模块化 UPS 系统节能

5.3.2.1 工作原理

模块化 UPS 和塔式 UPS 一样，其功率器件采用 IGBT（Insulated Gate Bipolar Tnansistor，绝缘栅双极型晶体管）和 MOS 管，输入功率因数大于 0.99，满容量效率大于 95%。模块化 UPS 不但具有塔式 UPS 的所有优点，而且其控制单元、功率单元均为模块化设计，可热插拔，主要功能单元可采用 "$N+X$" 冗余。与塔式 UPS 相比，高模块化 UPS 具有更高的可靠性，当单个模块出现故障时，可以实现不停机修复。

相比传统的塔式 UPS，模块化 UPS 可以采用集中设置方式，也可以分散设置，作为 DPS（Distributed Power System，分布式电源系统）的组成部分，其可在数据中心的微模块机房或 "集装箱" 机房使用，一个 DPS 包含了锂电池的全模块化设计的小型 UPS，能够预制在标准的服务器机架内。

5.3.2.2 主要特点和优势

模块化 UPS 系统的主要特点和优势如下。

（1）可靠性

模块化 UPS 较塔式 UPS 具有更高的可靠性，单台模块化 UPS 可以通过冗余功率模块达到塔式 UPS 并机系统的可靠性。模块化 UPS 功率单元 "$N+X$" 冗余更贴近实际需要，当功率单元发生故障时，塔式 UPS 整机将无法工作，而模块化 UPS 仅退出故障功率模块，设备仍然可以正常工作。模块化 UPS 作为分布式电源系统分散供电时，假如出现故障，相较于集中供电的 UPS，其故障影响范围更小。

（2）效率

当功率模块的负载率在 50% 时，模块效率最高；在低负载率时，模块效率大大降低。模块化 UPS 可进行在线扩容，并具有模块休眠等功能。当 UPS 带载率低时，可以少配置模块或对模块进行休眠，保证功率模块运行在一个较高的负载率，提高系统效率。在实际运行时，模块化 UPS 的效率更高，因此它对制冷设备的需求也会降低，可减少空调的耗能。

（3）易用性

模块化 UPS 与塔式 UPS 相比，在易用性方面有明显提升。模块化 UPS 作为分布式电源（DPS 系统）分散设置使用时，模块化 UPS+锂电池供电的方案的优势在于绿色环保、体积小、重量轻，占用机架的部分空间，可以随需扩容，无须考虑机房的称重等问题，可灵活地进行机架层面的模块化或机房层面的模块化，可在微模块机房或整合了土建的"集装箱"中应用。

模块化 UPS 具有良好的动态可扩展性，可以随着 IT 负载的增加而扩容，避免投资浪费。在系统故障时，模块化维修和替换方便、快捷，能够提供更好的供电保障。

塔式 UPS 与模块化 UPS 的对比见表 5-2。

表5-2 塔式UPS与模块化UPS的对比

条目	内容	塔式UPS	模块化UPS
安装运输	体积与重量	体积大、重量大	体积小、重量小
	搬运	有时需要更改机房基建，部分可分柜运输	分柜、分模块运输均可
使用	扩容	集中设置，多数需要拆除重建	分散设置，轻松扩容，分期投资
维护	维护	需要拆除线缆与内部结构，维护时类模式可拆卸模块维护	功率模块在线热插拔

（4）投资对比

由于模块化 UPS 的同一机架采用多个模块，结构成本较高，同时主控、风扇、通信总线等冗余，所以主机价格比塔式 UPS 高，但在数据中心机房配电系统要求 UPS 冗余的实际方案中，塔式 UPS 可配置为"1+1"并机系统，模块化 UPS 只要功率模块冗余，在此场景下，我们采用模块化 UPS 功率模块方式更加经济合理。

模块化 UPS 作为分布式电源系统的组成部分，在数据中心的微模块机房或"集装箱"机房中使用时，模块化 UPS 将锂电池集成于一个机架内。该建设模式预制化程度高，比传统的塔式 UPS 造价高，但不需要专门的电力机房，无须考虑机房承重的问题，机房的空间利用率大大提高，且扩容方便，可分批建设，以减少初期建设投资。

5.3.2.3 应用建议

模块化 UPS 系统比传统塔式 UPS 具有显著优势，它可广泛应用于新建 IDC 机房或通信核心机房，以及对上述机房达到更新周期的塔式 UPS 系统，采用模块化 UPS 进行更新改造。

5.3.3 机架式一体化电源系统节能

5.3.3.1 工作原理

机架式一体化电源系统是指 19 寸（1 寸≈3.33cm）标准机柜内集成交流输入模块、开关电源模组、智能配电模组和智慧锂电模组及必要的制冷模组，并对其进行统一管理和控制。该系统在一个机柜内可实现直流变换、电池备电、直流配电的分配及智能控制。该系统可应用于基站、综合接入机房、汇聚机房及大型数据中心。相比传统的供电系统，该系统功率密度大大提高，占地面积大幅缩减，锂电池可代替传统铅酸电池，电池体积减少，对机房承重要求降低，同时实现了对电池寿命的管理，可根据电池使用情况对其进行个性化管理。

开关电源模组采用大容量高功率整流模块，模块具有休眠功能。

智慧锂电模组可实现多组锂电池并联工作，能够对电池的实际容量进行判定，然后选择后备模式运行，电池组根据实际应用要求分组。

智能配电模组可实现对分路能耗的精准计量，可根据业务的应用特点进行分时下电，在无业务的情况下，实现零碳排放；在电池备电的情况下，根据业务负载的重要等级，按照不同的备电时长，对不同重要等级的业务提供差异化备电，保证重要负载的可靠运行。

5.3.3.2 主要特点和优势

机架式一体化电源系统的主要特点和优势如下。

（1）综合成本降低

机架式一体化电源系统比传统直流供电系统的设备集成度高，节省了传统铅酸电池的空间，无须对机房进行加固，剩余的空间可以布置电信设备，因此机房的综合成本降低。

（2）能耗的降低

整流模块采用大功率高效模块，其自身的效率可达 95% 以上，且具有休眠功能，在低负载率时，整流模块可休眠，降低能耗。

智慧锂电备电模组采用了后备式的备电方式，减少了电池浮充过程中的额外能耗。

配电模组具有智能下电功能，其在无业务情况下，能够进行智能关断，实现零碳排放。

（3）可靠性

智慧锂电模组可以实现对锂电池全寿命管理，及时掌握电池状况及电池当前的实际容量，在市电停电的情况下，能够根据负载的重要等级，对不同的负载进行差异化备电，提高系统的可靠性。

（4）可维护性

整流模块、锂电池组及配电开关均支持热插拔，在模块故障的情况下，不需要关闭市电电源，可在线对模块进行维护，不影响系统的正常运行。

5.3.3.3　应用建议

该系统在一个机柜内集成电源模块、配电模块、智慧锂电等，并实现对其近端或远端的智能管控，系统集成度高，节省空间，提高了功率密度，扩容便捷，可智能化管控，可根据建设需要应用于基站、综合接入机房、边缘汇聚机房、数据中心等。

5.4　设备级节能

5.4.1　开关电源设备节能

5.4.1.1　开关电源系统的结构组成

开关电源系统由交流配电、整流模块、监控模块和直流配电组成。开关电源系统的结构如图 5-10 所示。

图 5-10　开关电源系统的结构

5.4.1.2　开关电源的应用问题

基于设备安全供电，开关电源系统所配置的整流模块数量保证供电要求的同时，还要满足电池的充电要求，通常要考虑 1 ～ 2 个模块的配置冗余备份。

由于基站的业务特点，设备负载量通常呈周期性变化，且大部分时间处于轻载状态，另外，随着市电质量的不断改善，电池绝大部分时间处于浮充状态，电池充电电流接近零，因此通信基站开关电源系统工作在低负载率状态，这会引起系统效率的降低。不同负载的效率曲线如图 5-11 所示。

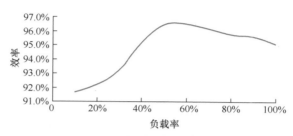

图 5-11　不同负载的效率曲线

5.4.1.3　开关电源的休眠技术方案

在保证整流模块数量的前提下，如何提高系统的效率？因此出现了休眠技术。休眠技术通过监控模块对整流模块的投入运行进行控制，使部分模块处于休眠状态来提高工作模块的带载率。此带载率下的模块效率大大高于模块低载时的效率，从而可提高电源系统的效率，实现电源系统的节能。

为了提高整体模块的寿命，我们可以按模块工作时间的长短周期性进行模块的投入运行和休眠，从而使模块的工作工况平均，从一定程度上提高电源系统的可靠性。模块休眠功能前后系统效率对比如图 5-12 所示，我们可以看出，对电源负载率较低的电源系统经过模块休眠节能改造后，系统效率得到较大程度的提升。

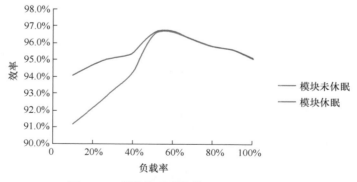

图 5-12　模块休眠功能前后系统效率对比

5.4.1.4　开关电源的普效模块、高效模块混插技术方案

在普效模块电源系统中，正常工况下的负载配置一定数量的高效率模块，使高效

模块优先且一直工作并带载，普效模块处于休眠状态，仅起冗余备份作用，仅在电池补充电及异常下工作。这种系统配置可使普通效率电源系统在常态下通过配置的高效模块获得更高的系统效率。

下面以普通模式、高效模式和混合模式 3 种工作模式来介绍高普效模块混插技术。不同模式的效率比较如图 5-13 所示。

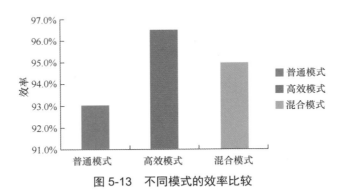

图 5-13　不同模式的效率比较

普通模式即常规普效模块组成的电源系统工作模式，所有普效模块在工作情况下系统效率较低，即使采用休眠技术，由于受限于普效模块效率，所以系统的运行效率也较低。

我们在普通效率系统中根据负载需求配置一定数量的高效模块。在正常系统浮充状态下，高效模块的输出能完全满足负载的应用需求，高效模块一直工作，所有普效模块均处于休眠状态，系统运行于高效模式。

在系统交流停电又来电后，配置的高效模块仅保证负载及输出部分电池充电电流，此时，普效模块退出休眠状态投入工作，以确保电池较大的电流充电需求，系统处于混合模式。

在混合模式中，由于普效模块的工作投入，系统效率有所降低，但国内电网总体情况较好，电源停电次数与停电时间较短，高普效电源系统运行于混合模式时间与高效模式时间相比，几乎可以忽略，所以系统的整体效率还是由高效模式效率决定。混合模式的存在降低了高效模块的投资，实现了原电源系统和模块的利用，给用户创造了较高的价值。

5.4.2　UPS 设备节能

通信用不间断电源分为在线式、互动式和后备式 3 种类型。在信息通信领域应用最多的是在线式 UPS，本节对在线式 UPS 进行介绍。

UPS 设备的节能主要取决于以下几个方面。

（1）UPS 设备的整机效率

对于在线式 UPS，其在正常工作模式下，交流市电输入经过整流器（AC/DC）变换为直流，在给逆变器（DC/AC）供电的同时，也为蓄电池组充电，这种双变换模式能够很好地保障供电安全，在遇到交流市电中断时，UPS 设备可以通过后备电池组持续地为后端负载供电。同时，在线式 UPS 也能够解决电网质量问题，通过 UPS 设备逆变器输出标准正弦波交流电，避免受到电网电压波动、频率波动及谐波等对负载设备的影响。

双变换在线式的工作模式保障了供电安全，但同时不可避免地造成 UPS 设备能效的下降。为了达到低碳节能的效果，我们在选择 UPS 设备的时候，应尽可能选择效率高的产品。在线式 UPS 设备的效率分级见表 5-3。表 5-3 是 YD/T 2435.4—2020《通信电源和机房环境节能技术指南 第 3 部分：电源设备能效分级》中对于在线式 UPS 设备的效率分级，以数据中心常见的 400kVA 容量来看，选用 1 级能效的在线式 UPS 设备时，其不同负载率下的效率比 2 级能效至少要高 2%，比 3 级能效设备至少要高出 4%。

表5-3 在线式UPS设备的效率分级

负载率	输出容量	分级		
		1级（%）	2级（%）	3级（%）
100%阻性负载	输出容量≤10kVA	≥90.0	≥86.0	≥82.0
	10kVA<输出容量<100kVA	≥94.0	≥92.0	≥90.0
	输出容量≥100kVA	≥95.0	≥93.0	≥91.0
70%阻性负载	输出容量≤10kVA	≥89.0	≥85.0	≥81.0
	10kVA<输出容量<100kVA	≥94.0	≥92.0	≥89.0
	输出容量≥100kVA	≥95.0	≥93.0	≥90.0
50%阻性负载	输出容量≤10kVA	≥88.0	≥84.0	≥80.0
	10kVA<输出容量<100kVA	≥94.0	≥92.0	≥87.0
	输出容量≥100kVA	≥95.0	≥93.0	≥88.0
30%阻性负载	输出容量≤10kVA	≥85.0	≥80.0	≥75.0
	10kVA<输出容量<100kVA	≥92.0	≥89.0	≥83.0
	输出容量≥100kVA	≥93.0	≥90.0	≥84.0

（2）UPS 设备的容量选择

对于 UPS 设备，其在不同负载率下的效率也有较大差别，某品牌 400kVA 在线式 UPS 设备的效率曲线如图 5-14 所示，从图 5-14 中我们可以看到，该品牌在线式 UPS 设备在负载率 40%～60% 时，UPS 设备效率明显优于其他负载率。因此，我们在选用 UPS 设备时，在保障供电安全并考虑综合成本和节能的情况下，要尽可能使 UPS 设备工作在最佳效率曲线，以达到低碳节能的效果。

（3）UPS 设备的 ECO 功能

UPS 设备的 ECO 功能是在市电正常的情况下，UPS 设备主路处于断开状态，通过静态旁路直接给负载供电，UPS 设备的整流器处于空载状态，逆变器处于待机状态，相比双变换模式，交流输入要经过整流器和逆变器两次转换，UPS 的效率大大提升。

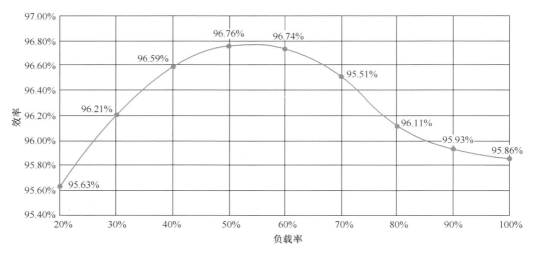

图 5-14　某品牌 400kVA 在线式 UPS 设备效率曲线

在 ECO 工作模式下，当输入交流市电异常时，系统能够切换到逆变器供电模式，以保障后端负载设备的供电安全。某品牌 400kVA 在线式 UPS 设备在不同负载率下 ECO 模式的节能曲线如图 5-15 所示，从图 5-15 中我们可以看出，UPS 设备工作在 ECO 模式下，平均可节能约 2%，节能效果显著。

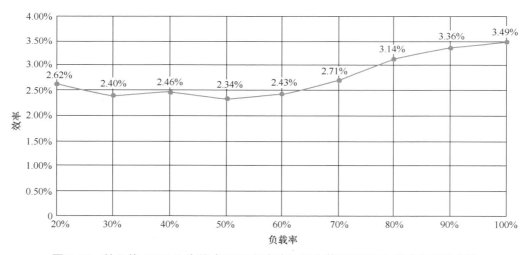

图 5-15　某品牌 400kVA 在线式 UPS 设备在不同负载率下 ECO 模式的节能曲线

在考虑 ECO 模式节能的同时，也需要考虑是否适合使用场景，主要考虑交流市电质量是否满足要求及 ECO 模式的切换时间是否满足要求。

基于以上两点考虑，如果交流市电质量较好，且 UPS 设备 ECO 模式的切换时间可以满足要求，则采用 ECO 模式工作，提升能效，减少电力损耗。

5.4.3 室外一体化电源节能

随着 5G 网络商业化的全面开展，5G 网络的大规模部署将带来更高的基站功耗和更高的建设成本。5G 单站功耗是 4G 单站的 2.5 ～ 4.5 倍，目前，单站满载功率接近 3700W，需对现网电源、配套进行升级扩容。因此如何采用低成本、低能耗、高可靠性能和智能化的网络基础设施已成为通信行业的新命题。在当前的 5G 站点建设中，应用室外一体化电源可以提高站点功率密度，其特点是采用自然散热，安装方式灵活。目前，室外一体化电源规格主要有 1kW、2kW、3kW、6kW，随着站点建设的发展，今后会有更多的规格应用在 5G 基站中。

室外一体化电源节能的应用主要体现在自然散热设计、高转换效率、体积小、重量小与升压功能等方面。

5.4.3.1 自然散热设计

室外一体化电源节能普遍压铸铝一体成型模块化外壳，设备整体散热都是通过铝壳来完成的。这对壳体散热翅片的设计提出了较高的要求，散热翅片厚度与间距需要与散热量精确匹配。室外一体化电源节能采用热仿真模拟技术，通过热仿真模拟技术对电源壳体，尤其是表面散热翅片的形状、数量及分布做充分的优化设计，在有限空间内最大程度发掘电源的散热能力，有效降低模块腔体内部温度，以保证设备在温度范围内稳定运行。

相同容量室外一体化电源与传统室外型开关电源在同样条件下，满负载运行，机体温升稳定后，取两机器 48h 温升数据。6kW 室外开关电源满载稳定运行后 48h 温升曲线如图 5-16 所示，6kW 一体化电源满载稳定运行后 48h 温升曲线如图 5-17 所示。通过图 5-16、图 5-17 我们可以看到，室外一体化电源温升较小且温度场更平稳，无大的波动，散热效果更优。

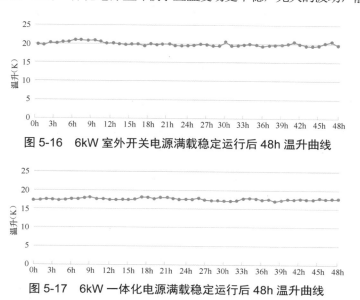

图 5-16 6kW 室外开关电源满载稳定运行后 48h 温升曲线

图 5-17 6kW 一体化电源满载稳定运行后 48h 温升曲线

5.4.3.2 高转换效率

室外一体化电源与传统室外开关电源效率对比如图 5-18 所示，一体化电源基于自然散热的设计，相较于传统的室外型开关电源，少了风扇、空调等制冷设备的供电损耗，各个负载率都比同样容量室外型开关电源的高 1% 左右。目前，一体化电源在40% ~ 90% 的负载率下，系统效率大于 95%。在保证电源正常工作的基础上，大大提高了供电效率。

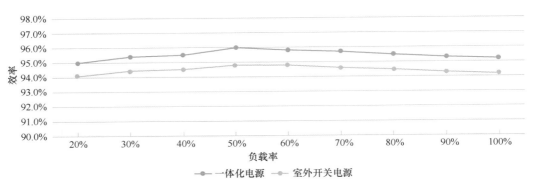

图 5-18 室外一体化电源与传统室外开关电源效率对比

5.4.3.3 安装方式便捷

一体化电源比传统的室外型开关电源体积小、重量小。一体化电源的重量一般在10kg 以内，体积在 12L 以内。在输出功率相同的条件下，室外型开关电源的重量和体积是一体化电源的 4 倍。一体化电源的安装场景灵活多样，环境融合度要求高，全面支持壁挂、抱杆、角钢塔等应用场景，支持旗装、平装等安装方式。室外型开关电源则需要更苛刻的安装条件和方式，且占地面积大。因此在 5G 基站大幅度升级扩容的形势下，同样的建筑面积，一体化电源的安装优势突显，可满足基站快速扩容的需求，减少基站的建设成本。

5.4.3.4 升压功能

随着网络向 5G 演进，基站功耗大幅提升，线缆压降更多，能量损失更大。在基站普遍的供电距离场景下，传统开关电源的 48V 电池电压经过了线缆的压降和电池电量的降低，到达负载的电压不满足其额定的输入电压 36V，这将导致电池的一部分备电容量无法释放。

在远距离供电场景下，一体化电源采用智能升压技术，将远端输出端口的电压稳定在标准的电压值，以降低线缆上的损耗，同时也保证了配套电池的容量。

5.4.3.5 方便扩容

传统室外开关电源机柜系统在机柜模块满配条件下，只能通过增加机柜进行扩容，且各个机柜不能互联互通。相比于传统室外开关电源机柜系统的形式，多个一体化电源可并联使用，被接入模块自动成为主模块，接入模块自动成为从属模块。从属模块与主模块自动实现设备信息交互，无须人工干预；并且当单个设备出现异常时，不影响系统的正常工作。在系统工作的状态下，相关人员可以在线更换异常的功率模块。

在 5G 通信网络的建设中，通信基站站点正在迅速加密，通信网络架构正从宏站转化到宏微站立体分层式覆盖，超密网络推动微基站数量井喷式增长，与此同时，通信网络对电源的要求也越来越高，一体化电源通过自身具备的零占地、零维护、免空调、高转换效率的独特优势，使 5G 通信网络能够快速部署，并取得可观的经济效益和社会效益。

5.4.4 智能下电技术

传统的开关电源系统下电功能较为简单，只能依靠电池放电电压来完成一次设备和二次设备的下电。随着 5G 网络的全面建设，以及存量 4G 网络设备的存在，在部分地区和通信基站，可能存在 5G 网络设备和 4G 网络设备共存的情况，针对不同通信基站的不同用户、不同设备，也要有不同的下电策略，智能下电技术具有以下特点。

（1）定时通断控制功能

智能下电技术可以按照不同用户的需求，独立设置不同的定时供电/断电功能。目前，5G 业务主要集中于城市和高峰时段，在非城市中心区及闲时时段，5G 业务量处于低谷时，可以适当关闭部分基站的 5G 设备，仅保留部分基站满足设备运行，最大限度地提升能效，减少能源消耗。

（2）备电时长控制功能

智能下电技术可以按照不同用户的需求，独立设置不同的备电时长。当输入交流市电停电时，基站转由蓄电池组供电，在达到预先设定的备电时长后，蓄电池组可自动断电并发出告警信号。当市电恢复正常时，恢复设备供电。5G 网络设备的功耗远高于 4G 网络设备，因此在输入交流断电的情况下，可优先满足 4G 网络设备的备电需要，以尽可能保障通信业务的畅通。

同时，在满足按时长备电功能的情况下，电压备电控制功能也可按需设置且无法关闭，避免因电池性能问题导致无法满足备电时长要求和蓄电池组过放造成损坏。

（3）备电电压控制功能

智能下电技术按需独立设置备电电压，当输入交流市电停电时，转由蓄电池组供电，在达到预设的下电电压时下电，市电恢复后，由市电供电。

（4）备电电量控制功能

智能下电技术同备电电压控制功能，可按需独立设置备电电量。

（5）免责时段通断功能

智能下电技术可自动判断当前是否为免责时段，在免责时段内，当市电正常时正常供电，当市电停电时设备断电，市电恢复正常后，设备恢复供电。

  智能下电技术可以在空闲时间段将部分设备精准断电，从而达到基站节能的目的。因此，为了达到低碳节能的效果，在新基站建设过程中，相关人员应尽可能选用具有智能下电技术的电源设备，例如开关电源系统、一体化刀片电源等。针对存量基站，相关人员可以在改造过程中增加具有智能下电技术的配电设备，以达到具有智能下电功能的目的。

5.4.5　智能备电技术

  备电是信息通信行业电能保障的关键环节。通信基站电源系统由组合式开关电源、后备电池、监控系统及相关安装机架、线缆等组成，其工作原理是将输入的市电经AC/DC电源模块转换为-48V直流输出给通信设备使用；在电网正常的情况下，通信设备由电源模块输出的直流供电，在电网异常时，由电池直接输出供电，保证通信设备负载系统正常运行。随着基站规模的不断扩大及5G基站对能耗的更高需求，基站备用电池需求量也在不断增加。早期的后备电池以铅酸电池为主，随着电池技术的不断成熟，特别是近几年磷酸铁锂电池被大规模商用后，其已成为基站后备电池的主选。在供电系统运行过程中，电池处于后备状态，即市电正常情况下，电池长期备电、处于浮充状态。在电力供应良好的情况下，电池的使用频次较低，因此需要研究新技术新方法，提高基站电池的利用效率，使其为节约能源、减少排放发挥更大作用。

  当前，电池作为通信机房供电系统的备电环节，存在利旧困难及拉远情况下能量损耗高的问题，通信机房基站备电扩容无法直接混搭利旧，传统电池方案资源浪费严重。新旧电池、不同种类电池、不同批次铅酸蓄电池不能直接混搭，否则会影响寿命，因此扩容时存量铅酸蓄电池需要整体替换，无法利旧，资源浪费严重。新电池多组并联是因为一致性问题导致放电电流需要降额，并机越多需要配置的冗余越多，导致投资成本高、冗余不够且强制保护关机等联锁问题。5G功耗增大、杆塔供电距离远，传统-48V备电系统的压降较大，存在供电距离不足的问题，电量无法完全放出导致配置资源浪费。

  铅酸电池经历了一百多年的发展，技术成熟，使用广泛，在早期的通信基站后备电池中占据着主导位置，但随着电池技术的发展，特别是近些年磷酸铁锂电池的大规模商用，更高的能量密度、更长的循环寿命、更好的安全性及环保性，使其逐渐替代铅酸电池，成为通信基站后备电池的主流产品。从节能应用方面来看，通信用锂电池正向着合路管理、主动调压、主动均流、储备结合等智能化的方向发展。当前，通信机房中铅酸电池和锂电池两种电池都在应用，随着通信基站不断扩容，也会出现同一基站中新旧电池同时存在的情况。不同种类、不同使用程度的电池组在充放电特性、管理方式上存在差异，直接在一个系统中使用会出现充放电不均及环路电流等问题，无法直接使用；而直接更换全部电池成本较高，并且会造成资源的极大浪费，因此需要通过合路管理的方式来减少电池资源的浪费。电池合路器是一种控制各电池组均衡充放电的共用管理器，它可以对不同类型、不同品牌、不同容量的电池进行综合管理，达到多种电池在一个系统共同使用的目的。另一种方式是在锂电池组内集成DC/DC电源模块。这种方式将电源、电池及电池管理系统结合在一起，通过双向DC/DC实现电池组智能调压、智能调节充放电电流，并根据系统情况精确控制电池使用，可实现不同电池类型、不同新旧程度电池并联使用，同时电池组进行模块化设计，在系统中可随时进行更换或扩容，不影响其他电池组的正常运行，大大方便了安装维护或系统扩容时的工作。当新旧电池混用时，智能化的锂电池通过限流功能，使电池按最大限流值输出，避免因出现过流保护导致整组电池保护关机。对于锂电池与铅酸蓄电池混用时因电压平台和内阻不一致导致的放电偏流与放电过流问题，智能化锂电池可控制电池组按最大限流输出。对于多组电池并联，由于电池组间一致性差异导致充电电流存在偏流，从而产生过充，可以通过智能化锂电池的主动均流功能解决。在远距离供电情况下，普通电池组的电压随着放电而不断下降，在供电距离过远时电池电量无法充分使用，可以通过锂电池组的双向DC功率变换技术可控制电池输出电压恒定以保证备电时间。目前，基站电池基本处于备电模式，在良好的电力环境下，电池的使用频次较低，不利于基站建设的投入产出比。随着我国"碳达峰、碳中和"目标的实施，新能源在整个能源系统中的占比将进一步增加，然而像太阳能、风能这类新型能源受到自然条件的影响，其发电过程不稳定，发电峰谷相差很大，需要投入相应的储能设备来使电网平稳运行，而通信基站电池就可以充当这一角色，通过系统调节，使基站电池从备电模式转换为储能模式，既提高了基站电池利用率，又减少了新能源建设投入，实现更大价值。

5.5 专家视点

5.5.1 从通信电源运维角度看节能

提高电源效率是电源节能的重要手段，从线性电源到开关电源，经历了一场效率革命，中国通信行业早在1994年就开始了这场革命，从此中国通信电源行业走在了世界前列。

电源设备的运行寿命对节能效果的影响较大。招投标过程中对这方面的认识严重不足，亟须提高，这对我国的制造业从"重量"到"重质"的转型也具有非常重大的意义。

设备的可靠性对节能的影响更大，一旦设备出现故障，花费的人力和物力要远远超出购买设备所花费的成本。因此，在节能规划中，应把设备可靠性作为重要指标。

另外，运维队伍的培训、运维水平的提高，也是实现节能的重要举措。

在培训中，停电演习是重要的环节。很多事故都是在突然停电时发生，我们应提前进行电压跌落实验，以确保停电时设备不会出现故障。

对操作人员加强操作培训，操作人员一定要严格遵守"等电位可以连接、零电流可以断开"的操作原则，并在操作完毕后，进行半小时的安全确认。

关于电池运维管理，经常核对性放电对于开口电池来说，是很好的电池运维手段。因为开口电池既可以加酸，也可以加水，核对性放电和加酸加水配合，可以确保电池处于正常的健康状态。对于免维电池来说，既不能加酸，也不能加水，根本无法让电池状态由坏变好，只会加速电池老化，这样既费力又浪费资源。另外，从使用的角度来说，电池没有问题，但是从电池参数的角度（例如有效容量）来说，其参数指标已经下降到80%以下，属于不合格的电池，但是此时不建议更换电池，物尽其用也是节能。

锂电池的安全问题不容忽视，锂元素本身就是一个超活跃的元素，遇水会发生剧烈反应而引起爆炸。目前，锂电池的安全依靠大量的电子手段来保障，例如在每个单元加过压保护等，避免电池充电起火。在传统的通信电源系统中，电池本来可以弥补电子电路（通信电源）的不可靠，从而让整个电源系统可靠、可用，但现在又要用电子电路来确保锂电池的可靠性，同铅酸电池的通信电源可靠性相比，锂电池通信电源的可靠性就大打折扣了。

经过了多年的验证，铅酸电池在安全上是没有问题的。铅元素在自然界中是比较稳定的重金属元素。铅酸电池不需要依赖电子电路手段来确保其安全可靠，其可靠性远远超过电子电路。

如果要保障电池安全，就要采取措施，即使发生了穿刺、碰撞、内部短路、外部短路等故障，也要避免电池所存储的能量被瞬间释放。不能依靠电子电路来保障电池的安全，由于电子电路也会失效，必须采取物理性的、结构性的措施来确保电池安全。

另外，确保系统的可靠性需要遵循以下原则。

1. 小单元、大系统

每个微观单元一定要足够小，保证全部能量瞬间释放时不会引发系统爆炸。确保小单元的能量有限是确保系统不失控的前提。

2. 单元解列

从单元到总线，必须有解列单元，当系统异常（负载过大或者短路），或者单元异常（内部出口短路）时，就要解列。解列单元必须是物理性的，电池满足条件时就要解列。

为了在单元发生短路故障时，有利于单元解列动作，单元应该采取"先并联后串联"的连接结构，保证个别单元的热失控可以被限制在单元内部。

3. 就地解列

在电池遇到穿刺时，短路发生在内部，而不是发生在端部。

电池在发生碰撞变形时，两个极板也会发生短路，这个短路也发生在内部，而不是端部。

由于端部的解列单元对内部短路不起作用，所以必须采取另外的措施——安规电容。在实际使用中，发生局部击穿、短路、放电时，短路点的金属薄膜会被烧蚀，短路点会被清除，安规电容可确保整只电容的安全。

让电池系统安全的总思路是利用小单元和采取解列措施，在正常使用时，各小单元可以组成强大的阵容，形成强大的合力，在异常故障出现时，又能迅速解列，使存储的能量不被瞬间全部释放，可避免发生爆炸。

5.5.2 发电机组最佳运行

电力供应对于所有设备来说都十分重要，发电机组是为了应对市电不稳定而带来的风险。商业建筑、制造工厂、金融、通信设备、数据处理和互联网服务、安全和生命维持系统等基本上都需要供电的高连续性，同时一些标准及规范对相关性能也做了一些规定，例如供配电系统设计规范规定了应急电源的性能标准，要求应急发电机组能够快速启动并承担满负荷运行。发电机组的启动及运行特性、负载接受能力、开关装置、控制装置及辅助装置的性能都至关重要，维持设备的最佳运行状态是提高设备的可靠性、性能、成本效益和环保节能的根本。

发电机组的最佳运行包括两个方面：一是发电机本身（包含附件）的安全可靠运行；二是系统的可靠运行。为了获得一个安全、经济、高效、智能的电源解决方案，必须综合考虑包括设备选择、系统设计、安装调试、维护管理等在内的所有因素。

5.5.2.1 可靠的发电机组选择及系统设计

柴油发动机是最可靠的原动机，也是应急及备用电源的首选。为了获得最佳的运行状态，发动机必须是专为发电应用而设计的，发电机组用发动机对比其他工业或道路发动机有着不同的运行特性、调速系统、燃烧参数，还需要满足不同的排放水平。

为了更好地运行，发动机要有一定的功率储备，并具有较低的制动平均有效压力（Brake Mean Effective Pressure，BMEP）。大排量发动机和较低的BMEP是衡量发电机组带负载能力的关键指标，是影响电压和频率瞬态特性的关键因素。因此，选择发动机时，应根据负载要求的单步加载要求来选择。

发动机质量高有助于提高平均故障间隔时间（Mean Time Between Failure，MTBF）。

发动机制造工艺包括采用更高的加工公差、更好的冶金、更先进的质量控制系统和检验及测试程序。另外，发动机采用计算机控制的电喷技术，这不仅提高了经济性，还保证了发动机具有更好的性能等级和电能质量。

发电机提供额定kVA和降低电压瞬变，这是电力系统性能的关键。发电机类型的选择不仅取决于电气负载的大小，还取决于负载的类型。交流发电机的选择因素包括温升、短路特性和电抗，尤其是非线性负载，如不间断电源、真空荧光显示器件及大功率电动机，在设计阶段应确保发电机组能够提供预期的瞬态负载特性。

维持设备的最佳运行状态及可靠快速地供电离不开辅助支持系统。提高启动的成功率，同时缩短发动时间与升转时间，需要很多条件与辅助措施，其中包括保持房间内或防护罩内的温度不低于4.5℃，机体及冷却液温度保持在32℃以上，有足够容量的起动蓄电池及智能充电器，适合环境温度的润滑油黏度，能够克服轴系惯量的大扭矩起动马达，供油系统及燃油品质等。

系统包含发电机组、切换装置、开关设备和控制系统等，体现为系统的可靠性及可用性，比如必要的冗余设计、避免单一故障点。

可靠性是一门设计工程学科，它运用科学知识来保证产品在给定的环境中对所需的时间执行其预期的功能。这包括在整个生命周期中对产品进行维护、测试和支持的能力的设计，它反映了产品的时间质量。平均无故障间隔时间（Mean Time Between Failure，MTBF）是衡量可靠性的指标，MTBF与产品部件选用、兼容性、制造工艺、质量控制、安装等有着重要的关系。

可用性是指系统或组件在需要使用时能正常使用的可能性。MTTR（Mean Time TO Repair，平均修复时间或平均恢复时间）是预计系统从故障中恢复的时间，包括诊断问题的时间、维修技术人员到位的时间及实际维修系统的时间。MTTR与系统设计、智能化程度及运维、培训、操作维护人员的素质等有关。高可用性和高可靠性通常是相辅相成的。

可用性与MTBF、MTTR的关系如下。

$$可用性 = \frac{MTBF}{(MTBF+MTTR)} \tag{5-1}$$

5.5.2.2 充分利用数字控制技术进行智能化控制

1. 智能化的机组控制

机组控制一直是功能更新、性能提高最快的电力系统组件。根据不同的应用，基于微处理器的数字系统能够提供高可靠性及最佳运行状态。数字式控制系统具有开放式协议和灵活配置的软件，可确保有更好的兼容性和系统集成，从而保障系统的可靠性及运行性能。

基于负荷需求算法的发电机组管理系统，特别是大容量多台并联运行的发电机组，保证发电设备在最佳状态下运行。负荷控制是指负荷管理、连接和断开。对负荷进行分级，按优先级有序增减，可确保保持电力质量和发电机不超载，同时提高了燃料效率，减少了机组磨损。另外，通过监测发动机运行小时数和运行小时差异来均衡发电机组的运行，以提高设备利用率。

2. 监控系统设计

利用动力监控云平台，构建发电设备智能化，能够减少机房动力系统的故障发生，提前预警，主动预防，提高发电设备安全性，同时可减少人工成本和管理难度，能够全面掌握能耗情况，实现节能减排及绿色运行。

3. 全面的系统调试

应急或备用电源系统投入运行前的调试非常重要，这会影响系统的可靠性及最佳运行，特别是电气系统。

调试的目的是验证电气系统中所有组件的功能是否达到预期的设计。在调试过程中，大多数设计或安装缺陷能够被发现。发电机组必须启动和接受负载，所有的报警功能需要被测试和验证。如果系统没有达到设计要求，则需要采取补救措施。调试方法及验收内容将按照双方或多方的调试验收协议和制造商的调试大纲实施，其中包括不同阶段的试验或调试，如图 5-19 所示。

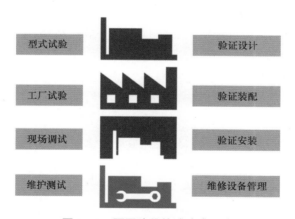

图 5-19　不同阶段的试验或调试

进入运行管理阶段后，将所有操作任务划归到对应于不同职能级别（例如初级、中级和高级）的类别，建立风险识别表，显示问题领域的风险级别，制订相应的应急预案。

操作人员应熟悉所有的电气系统部件、报警事件、操作和维护程序。特别要注意关键子系统，如燃料储存和供应、起动电池、发动机冷却液加热器，以及建筑或箱体的进排风装置。

4. 专业的维护管理

无论基础设施设计得多么出色或人员能力多么强，都不可能消除发电机组各系统意外中断带来的风险。充分的应急准备不仅是最好的预防，还有助于确保应急响应及时、有效、无误。

应急响应方案应根据风险故障情景制订，并用于安全隔离故障，应不断地完善程序并进行演练，以便评估团队和个人的应急响应能力。

电力系统正常投入运行后，定期维护和系统测试是保证其长期可靠运行的最重要因素。主动性、预防性及预测性的维护计划可以显著改善设备可靠性和系统可用性，有助于确保发电机组在整个生命周期内可正常运行，缩减总成本和宕机时间。

发电机组的预防性维修包括以下操作：

① 整机检查；

② 润滑油的更换；

③ 冷却系统维护；

④ 燃油系统维护；

⑤ 启动电池的测试；

⑥ 在负载条件下的发电机组运转；

⑦ 开关设备的触点检查、清洁。

定期带载测试在重要用电系统中同样重要，测试时最好在实际设施负荷下，用实际的负荷运行，这样可对整个电力系统进行测试，包括自动转换装置和开关设备。

在无负载条件下运行时，如果发电机无法达到约350℃的排气温度，测试就无法达到理想的效果。无论是发动机还是发电机，都要达到最低工作温度，以消除任何积累的水分在系统中冷凝，而在重负荷下，柴油机在几分钟内就能够达到工作温度，没有负荷。

建议发电机组定期带至少30%的额定容量进行负载测试。如果带不了实际设备负荷进行试验，应考虑假负载的设计，或在外包维修合同中约定提供类似的假负载进行维护测试。

整个系统在实际设施负荷下至少进行一年一次的系统性能测试，包括启动、运行和接受额定负载，在这些条件下，系统至少运行长达几小时才能有效地验证所有的系统组件。

除了验证发电机组的启动和运行，定期清洁柴油燃料也很有必要，定期消除燃料箱中的累积冷凝水，去除管道附着物，确保柴油不被微生物污染。堵塞的燃料过滤器和燃料污染是电力系统故障的主要原因之一，燃料的循环和更新是确保整个系统可靠性的重要一步。

另外，良好的备件管理可大幅缩短平均恢复时间。备件库存应基于制造商的建议、具体的任务目标、现场设计、零部件可获得性和以往经验，评估制订一份推荐的备件清单。零部件应存放在安全、干净、稳定的环境中，并定期进行检查、核准和测试，以确保备件状态良好。

5. 总结

应急备用发电机组是备用电源系统中的一个组件，想要系统良好地运行需要考虑系统的总体设计与总体运维。另外，在设计、安装和调试过程中开展全方位的合作能够最大限度地提高系统的可靠性。

5.6　技术应用案例

◆ 5.6.1　750V 高压直流远供方案

5.6.1.1　方案背景

为降低 5G 拉远基站和 C-RAN 基站市电引入及蓄电池的投资，我们探索形成了"一点集中，分布式供电"的供电模式，直接采用从大巴车上"退役"的组合电池进行局端备电，AC-DC 的功率模块可以直接采用充电桩模块及升压远供方案。该方案主要针对交流取电困难、峰谷电价有优势的场景，以实现集中供备电。

5.6.1.2　工作原理

系统从稳定的交流电（380V），经局端设备（靠近主变压器侧的基站）转换为直流电（750V），通过两芯供电电缆向远端供电，同时可在 750V 直流输出端安装电表，对 750V 的输出端用电量进行计量。区间远端设备进行供电控制和故障隔离，并将传输来的直流电变换为用电设备所需的 48V 直流电，为用电设备供电。监控设备实时监控局端设备、远端设备、供电电缆等的工作状况，对故障进行判断和定位，并将信息上传，提供声光报警，最终实现安全、稳定、可靠的远程供电。

750V 高压直流远供系统如图 5-20 所示。

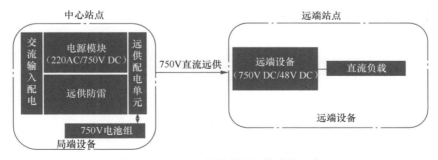

图 5-20　750V 高压直流远供系统示意

5.6.1.3　750V高压直流远供方案的适用场景

（1）市电引入困难的偏远基站或能源公司换电柜供电业务

部分站点地理位置偏僻，无法引入市电或市电引入成本过高，通过750V高压直流集中部署，拉远后给多个偏远基站分布式供电，降低站点的建设成本。也可进行业务扩展，为能源公司换电柜提供供电服务，增加收入。与220V交流集中远供相比，750V高压直流远供可降低线路损耗，支持更远的拉远距离。

（2）隧道、高速公路、铁路沿线站点

隧道、高速公路、铁路沿线站点可集中部署一套750V高压直流设备，给沿线多个站点供电，以便于维护，且集中电池备电可减少电池投资，具体如图5-21所示。

局端机房
（220V AC/750V DC）

图5-21　隧道、高速公路、铁路沿线站点

（3）C-RAN（Cloud-Radio Access Network，基于云计算的无线接入网构架）建站、AAU拉远站点

C-RAN机房集中部署一套750V高压直流局端设备，AAU侧部署远端设备，高压直流传输可降低线路损耗，集中市电引入，集中备电，降低市电引入及电池投资成本。C-RAN机房建站如图5-22所示。

图5-22　C-RAN 机房建站

5.6.1.4　750V高压直流远供方案的亮点

① 750V高压直流供电更加节能，线路压降和损耗更小，拉远距离更大，与220V交流远供方案相比，采用750V高压直流远供更加节能，线路损耗更小。

• 在采用相同输电线缆的情况下，750V高压直流供电可提供更远的拉远距离。

• 在拉远距离相同的情况下，750V高压直流供电所需的线缆线径更小，线材成本更低。

· 在线缆、线材和拉远距离相同的情况下，750V高压直流供电具有更小的损耗。750V高压直流供电与220V交流供电线路损耗的对比见表5-4。

表5-4　750V高压直流供电与220V交流供电线路损耗的对比

线缆类型	方案	线路损耗（%）	远端总负载（kW）
16mm²铜线，200m	220V交流远供	4.70	5
	750V高压直流远供	0.40	
16mm²铝线，200m	220V交流远供	13.50	
	750V高压直流远供	0.60	
16mm²铜线，400m	220V交流远供	10	
	750V高压直流远供	0.80	
16mm²铝线，400m	220V交流远供	17.80	
	750V高压直流远供	1.30	
16mm²铜线，600m	220V交流远供	16	
	750V高压直流远供	1.20	
16mm²铝线，600m	220V交流远供	32.50	
	750V高压直流远供	1.90	
16mm²铜线，2000m	220V交流远供	超出最大拉远距离	
	750V高压直流远供	4.10	
16mm²铝线，2000m	220V交流远供	超出最大拉远距离	
	750V高压直流远供	6.70	
16mm²铜线，4000m	220V交流远供	超出最大拉远距离	
	750V高压直流远供	8.50	
16mm²铝线，4000m	220V交流远供	超出最大拉远距离	
	750V高压直流远供	14.80	

② 解决无法引入市电或市电引入困难的偏远站点供电问题，免市电引入，降低建站成本。

③ 750V高压直流远供、备电，便于维护，降低分布式电池投资成本。

④ 在中心站，可以做削峰填谷业务，降低运营成本。

5.6.1.5　750V高压直流远供重庆实验局项目

针对750V高压直流远供试点，中兴通讯与铁塔集团、重庆铁塔进行了深度交流和精心筹备，确定了实验局方案，实验局在2021年5月12日正式开通，站点运行状态良好，达到预期效果。2021年5月12日—5月24日，为远端站点供电1117.58kW · h。

该实验局站点方案示意如图5-23所示。

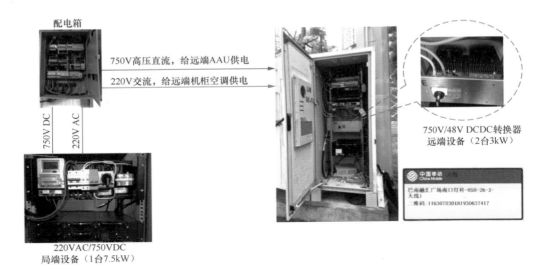

图 5-23　实验局站点方案示意

（1）局端站点

该实验局局端站点为方舱，如图 5-24 所示，引入市电，中兴通讯 750V 局端设备为 2U，输出容量为 7.5kW（含 5 个 1.5kW 整流模块），安装在主设备的机架中，如图 5-25 所示。

图 5-24　局端站点

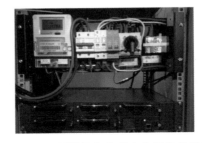

图 5-25　局端设备安装在主设备的机架中

局端设备从机房交流配电箱取电，输出 750V 高压直流，接入直流电表，再经配电箱改造，利旧原交流线缆给远端站点供电，如图 5-26 所示。直流电表可对 750V 高压直流输出的电压、电流、电量等进行计量。

图 5-26　局端设备

（2）远端站点：巴南融汇广场南口灯杆-H5H-26-3-天线 1

远端站点与局端站点间的距离约 500m，为中国移动 5G 站点，负载电流为 70A 左右。远端站点如图 5-27 所示。

图 5-27　远端站点

两台 3kW750V/48V DC/DC 转换器安装在机柜中，如图 5-28 所示，利用旧柜内原华为电源的直流输出配电。经现场实测，远端站点的高压直流电压为 734.7V，与局端输出的电压比较，线路压降 5V 左右。

图 5-28　安转在机柜中的两台转换器

5.6.2　通信基站 240V 直流智能互供电源系统

5.6.2.1　基本介绍

通信基站智能互供电源容量系列有 60A/15kW、80A/20kW、100A/25kW、120A/30kW、160A/40kW。

通信基站智能互供电源输出电压为 240VDC（216VDC ～ 288VDC）。

通信基站智能互供电源可以实现相邻基站系统之间的联网环形或线形直流安全智能供电。相邻基站系统的直流资源可互助共享。当左邻基站系统正常而本地基站系统失电时，本地基站系统自动请求左邻基站即时供电支援。当右邻基站系统失电请求支援而本地基站系统供电正常时，本站基站系统自动向右邻基站系统供电。

60A/15kW/240V 设备示意如图 5-29 所示。

5.6.2.2 系统选件内容

① 系统二次下电单元模块。

② 直流母线绝缘监测模块。

③ 直流分支路漏电选线定位模块。

④ 蓄电池组单体均衡测控模块。

⑤ 各类负载受电端直流可用性测试仪。

⑥ 直流绝缘/漏电故障快捷定位检测仪。

⑦ 直流不间断电源系统工况演示仪。

⑧ 相邻基站直流智能互供支援单元。

图 5-29　60A/15kW/240V 设备示意

5.6.2.3 系统技术原理

供电原理示意如图 5-30 所示。

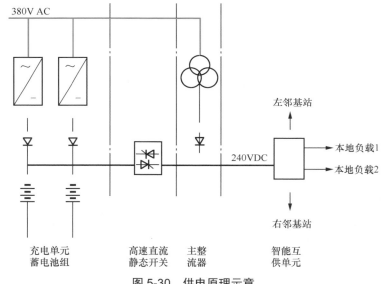

图 5-30　供电原理示意

5.6.2.4 主要技术指数

① 效率≥97.5%。

② 功率因数≥0.99。

③ 谐波（满载时）＜5。

④ 噪声＜43dB。

5.6.2.5　性能特点

①输出电压等级高，效率高，传输损耗低，传输距离远，发热量小。

②工频变压器与电网全隔离，耐冲击抗浪涌，过载能力强。工频变压器的使用寿命为 30 年。

③本机交流输入端有抗电磁干扰设计。直流输出侧有直流防雷器件。

④功率器件采用大面积散热片，机柜本体自冷式风道设计。工频变压器体制运行无须空调环境。

⑤保护功能措施齐全，HMI（Human Machine Interface，人机界面）实时显示工况，日常维护工作量小。

⑥相邻基站之间的直流资源互助共享，能有效降低基站退服率，适当减小蓄电池组容量，节省投资。

⑦系统的扩容、升级、并机、更换、搬移、维修均可在线安全进行（并机注意事项：同品牌同系列同一交流输入供电，允许不同功率并连）。

⑧系统采用容错技术，冗余配置，热备份设计，功率裕度大。主回路四套整流模组并联输出（任意两套整流模组损坏可维持满载输出 2h ～ 4h，故障整流模组可在线更换），系统变流环节少，电路拓扑简单。高速直流静态开关二通道热冗余设计。

⑨充电模块采用轮换工作，自动休眠，故障退出，支持热插拔。

5.6.2.6　项目应用实例

3 套 240V 直流智能互供电源在广州旭杰电子有限公司可靠运行一年。可直观演示本地基站左邻基站和右邻基站在各自失电、来电、智能互供条件下的直流不间断供电。

◆ 5.6.3　240V 高压直流供电系统

5.6.3.1　系统介绍

240V 直流电源也称直流 UPS，是专为 IT 设备设计的新型不间断、高可靠性供电系统。高压直流替代传统的交流 UPS 供电，在 UPS 整个生命周期内平均节能 20% ～ 30%，相对于传统的交流 UPS 具有高效率、高可靠性、极简维护等特点。

新建机房中，采用高压直流系统替代传统的 UPS 系统，可节省投资 40% 以上。240V 高压直流供电（HVDC）系统主要由交流配电单元、整流模块、监控单元、直流配电单元组成。整流模块配置的数量是根据用户机房负载的大小进行配置的，模块扩容方便。单套最大配置 32 个模块，其容量增加到 32×50=1600（A），用户还可以增加整流柜进行扩容。模块不能低于 2 个模块工作，其他模块可休眠节约电能，其效率达 96%，RS-485A/LAN 通信接口，整流模块支持热插拔，安全环保节能，模块扩容方便，割接方便快捷。

5.6.3.2　关键技术

在保证系统安全性、可靠性的前提下，使用240V直流系统与市电组合方式对IT设备供电，即通过改变系统架构，建立主备用电源切换系统供电，实现市电正常运行时市电优先、240V直流系统热备用。近年来，市电供电状况逐步稳定，因此采用市电优先直供的方案，可达到提升数据中心IT设备供电能效达99%的目的。

1. IT设备对切换时间的要求

在传统交流UPS供电系统中，无论是IEC（International Electrotechnical Commission，国际电工委员会）标准还是我国的标准，交流与交流切换的时间要求都不大于4ms，绝大多数IT设备均能支持4ms ～ 10ms。但是，我们通过对大量IT设备进行测试，直流切换到交流4ms ～ 6ms，IT设备也全部支持；交流切换到直流，在4ms ～ 6ms存在少量设备在切换过程中宕机重启的情况，只有保证切换时间≤2ms，才能确保IT设备安全运行。这一测试结果决定了我们的设计要求，交直流切换时间为0ms。市电+高压直流双路供电方案具体如图5-31所示。

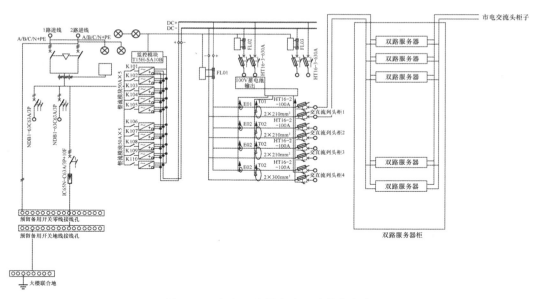

图 5-31　市电 + 高压直流双路供电方案

特点：两路电源同时工作，市电分担80%，高压直流分担20%，避免软启动造成的中断，更节能、投资更少、扩容更方便。

2. 设备主要技术参数

设备主要技术参数见表5-5。

表5-5 设备主要技术参数

项目	参数指标
➤外形尺寸及重量	
外形尺寸（cm）	2U
	240（宽）×85（高）×370（深）
模块净重	9kg
模块类型	DMA240/50
➤直流输出	
额定输出功率	15kW
额定输出电流	50A
输出电压范围	150VDC～300VDC
限流可调范围	10%～110%无级可调
峰–峰值杂音	≤±0.5%
稳压精度	≤±0.5%
稳流精度	≤±1%
均流	≤±5%
效率	≥95%
➤交流输入	
额定输入电压	三相 380VAC/480VAC
输入电压范围	305VAC～530VAC（满载）；305VAC～260VAC（线性降至半载）
输入电流	＜32A
频率	45Hz～65Hz
功率因素（PF）	≥0.99
电流失真度（THD）	≤5%
输入保护	保险；防雷电路
➤工作环境条件	
工作环境温度	–40℃～50℃正常工作；50℃～75℃降额输出
存储温度	–40℃～75℃
相对湿度	0～95%
海拔	2000m 以下满载输出
➤产品安全及可靠性	
绝缘强度	输入对机壳能承受 50Hz，有效值 2500VAC 或等效3535VDC 耐压1min
	输入对输出能承受 50Hz，有效值 3000VAC 或等效4242VDC 耐压1min
MTBF	＞120000h
➤通信和告警	
通信接口	CAN
最大并联数量	60个

3. 系统构成与生产技术

系统由交流配电屏、整流屏、直流配电屏组成，生产过程中拥有DSP（Digital Signal Processing，数字信号处理）控制、谐振软开关、数字化有源PFC（Power Factor Correction，功率因数校正）技术，使稳定性及效率大幅提高。

总系统结构如图5-32所示。

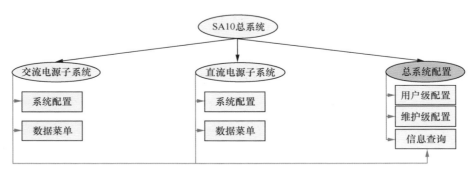

图 5-32　总系统结构

5.6.3.3　技术优势

① 安全性能高，正负极悬浮，全面防护，拥有完善的绝缘监测系统。

② 能准确检测母线及各支路对地绝缘阻值。

③ 系统高功率因数、高效率、低谐波含量、绿色节能。

④ 采用热插拔技术，可快速在线扩展、更换整流模块。

⑤ 网络化智能监控。提供多样的远程监控接口，例如网口、RS-485、干接点等，能方便地接入远程动环监控系统。

1. HVDC 系统与 UPS 技术原理对比

UPS 与 HVDC240 系统原理对比如图5-33所示。

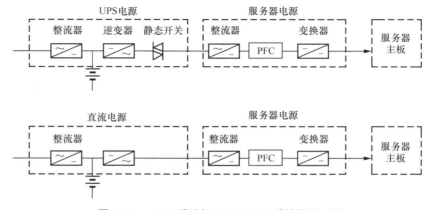

图 5-33　UPS 系统与 HVDC240 系统原理对比

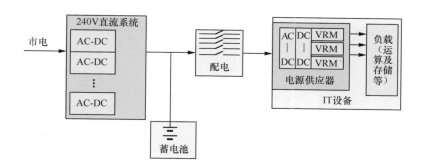

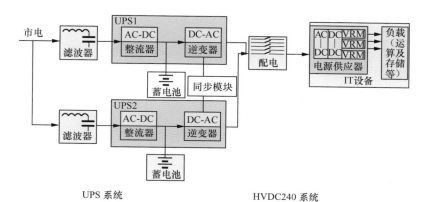

UPS 系统   HVDC240 系统

图 5-33　UPS 系统与 HVDC240 系统原理对比（续）

2. 可靠性优势

UPS 系统与 240V 高压直流系统的可靠性对比如图 5-34 所示。

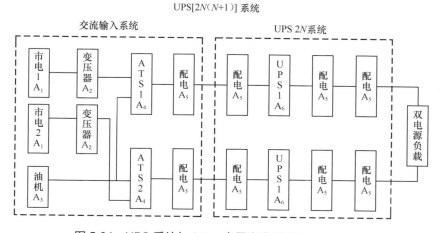

图 5-34　UPS 系统与 240V 高压直流系统的可靠性对比

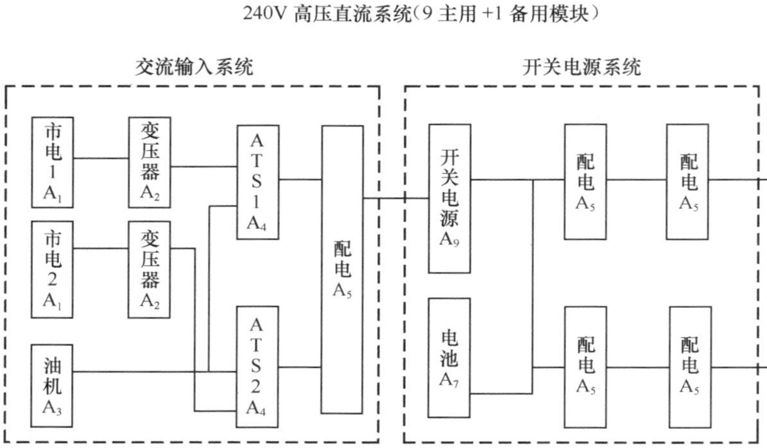

240V 高压直流系统（9 主用 +1 备用模块）

图 5-34　UPS 系统与 240V 高压直流系统的可靠性对比（续）

各种系统的可用度见表 5-6。

表5-6　各种系统的可用度

系统类型	说明	保障级别	系统可用度	系统不可用度
UPS（2N）系统	后备时间60min	A级	0.99999998	2×10^{-8}
UPS（2+1）系统	后备时间60min	B级	0.999997	3×10^{-6}
240V高压直流系统	总共10个模块3个冗余模块；蓄电池60min	A级	大于0.999999999	1×10^{-10}

3. 运维安全性

① 高压直流的最大电压比 UPS 的最大电压低约 40V。

② 电压等级相同情况下，50Hz 的交流电触电比直流电触电后果严重得多。

③ UPS 交流供电时，系统是接地的，人体的任何部位一旦碰到交流电火线，将通过人的身体与地构成导电回路，形成触电。

④ HVDC 系统是悬浮的，即不接地，人体的任何部位一旦碰到直流电，不会与大地构成回路，不构成触电通路。因此在操作和维护过程中，相关人员只要坚持单手操作、有人监护，人身安全是有保障的。

4. 成本分析

① 直接成本：240V 降低 20% ～ 40%（单母线与双母线不同）。

② 间接成本：240V 在油机、变电所、空调等的成本降低约 10%。例如发电机容量配置，发电机与 UPS 容量比为 1.5：1，发电机与高压直流容量比为 1.1：1。

③ 配套减少：总体上，发电机和变压器容量、电缆容量、空调容量等配套设备降低建设成本约 10%。

④ 超前成本约为 70%：一个大型机房建成后，经常需要 3 年左右才能达到或接

近设计能力。

5.6.3.4　性能与效益对比

性能与效益对比见表 5-7。

表5-7　性能与效益对比

序号	明细	产品名称	
		UPS	240V高压直流供电系统
1	稳定性	低：无法克服，单点故障率高	高：由于模块化设计，稳定性非常高
2	操作维护	操作复杂、维护难度大	操作简单
3	扩容	扩容难	非常简单：模块可带电插拔
4	运行能耗	能耗高	能耗降低12%以上
5	建设成本	高	综合建设成本减少25%
6	占地面积	大	小
7	人身安全	风险大	风险小
8	使用寿命长	UPS供电时，IT设备内部的电容器每秒发生100次的充放电过程，充放电过程表明电容器有电流通过，有电流通过就会产生热量，热量加速了电容器的老化	240V直流供电系统中电容器始终处于充足电的状态，电容器中没有电流通过，因此电容器本身不会产生热量，电容器运行老化的过程就得到了缓解，IT设备电源模块寿命相对延长

5.6.3.5　应用范围及场景

只要是计算机系统使用LED显示器的场景均可使用；电厂或变电站中，二次控制和断路器使用的220V直流操作电源；计算机系统、银行、保险、证券公司、政府、企事业单位等数据中心同样可以由HVDC直接供电。

◆ 5.6.4　直流远程供电系统

5.6.4.1　系统研发背景

随着通信网络的建设和升级，各种数据业务、多媒体业务应用日益普及，产品的集成度将会更高。在这种情况下，设备对其运行环境也提出了更加严格的要求，尤其对电源质量提出了更加苛刻的要求。有些基站建在城乡或山区，电网环境恶劣，轻则造成系统失效，重则造成系统崩溃、设备损坏。无论是损坏还是崩溃都直接影响通信信号的稳定及服务质量。

随着通信技术的不断发展，以及其产品越来越丰富，对电源供电的稳定性要求也越来越高，以保证系统可靠运行。在网络建设中经常会遇到安装、维护需供电局、外单位（业主或市民）协助，管理成本高；拉闸停电以及电力维修、电网故障会造成服务中断（占总故障率的 30%）；城乡电网电压波动大、畸变严重，容易引入浪涌和雷击，影响设备功效，甚至损坏设备（占总故障率的 42%）；专线供电、专用电表、商用电价等运营成本高，采用 UPS，其后备时间受限制、体积大、置放及维护成本高、容易被盗；无电力供地无法使用，诸如风景区等无供电保障而又必须提供通信信号的区域，若另行铺设专用电力电缆，工程量大，施工时间长。因此，基站供电问题是各大运营商亟待解决的问题。本公司针对此场景制订了解决方案并提供了直流远供系统。

基本的远供电源通常由局端设备、传输电缆和远端设备 3 部分组成。基本的远供电源如图 5-35 所示。

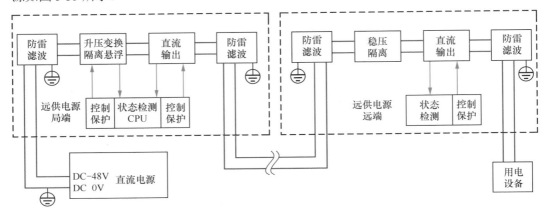

图 5-35　基本的远供电源

直流远供应用示意如图 5-36 所示。

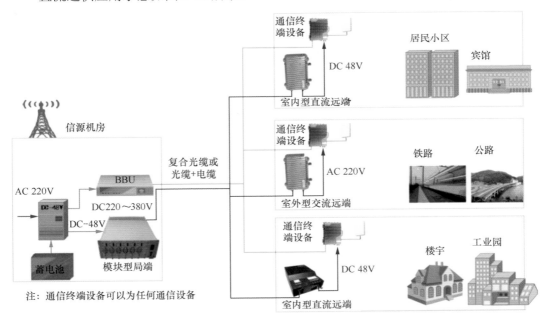

注：通信终端设备可以为任何通信设备

图 5-36　直流远供应用示意

5.6.4.2 主要研发内容

该系统是专为满足当前通信网络建设的新要求而开发、设计的二次 DC—DC 升压电源,符合工业和信息化部发布的国家通信行业标准(YD/T 1817—2008),适用于移动基站建设、EPON(Ethernet Passive Optical Network,以太网无源光网络)建设、室内(外)机房建设等。该产品采用 PWM(Pulse Width Modulation,脉冲宽度调制)技术,局端设备将机房内稳定的电能通过复合光缆、电力线缆输送至远端用电点,解决了传统供电方式存在的问题,为当地接电不便或供电不稳定的通信设备提供稳定、可靠、经济的电源。

ZTJ 系列直流远供电源系统由局端设备(ZTJ)和远端设备(ZTY)组成。适用于引电费用高、难度大、远端负荷小的应用场景。直流远供电源系统如图 5-37 所示。

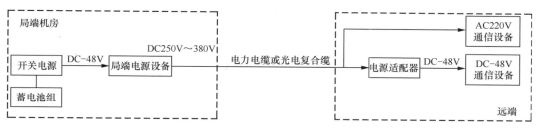

图 5-37 直流远供电源系统

设备安装于局端站内,将直流-48V 电压转换为直流高压输出的电源设备,由监控模块、电源模块(DC/DC)、输入、输出配电单元及防雷单元等组成,简称局端设备。

5.6.4.3 应用场景

① 引电困难、费用高的场景,例如高铁、高速公路、隧道、矿山等场景,可采用链形供电方式,由中心局端站向两侧 RRU 等通信设备供电。直流远供链形供电方式如图 5-38 所示。

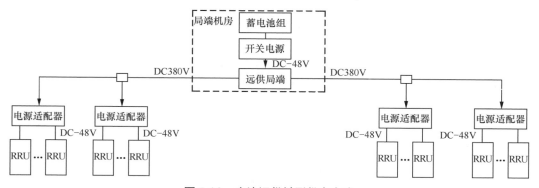

图 5-38 直流远供链形供电方式

② 末端负荷小、位置分散的站点,例如小微站、灯杆站、补点站、有 RRU 备电要求的大型室分站等,可采用直流远供星形供电方式,由中心局端站向周围小微站、

RRU 等通信设备集中供电。直流远供星形供电方式如图 5-39 所示。

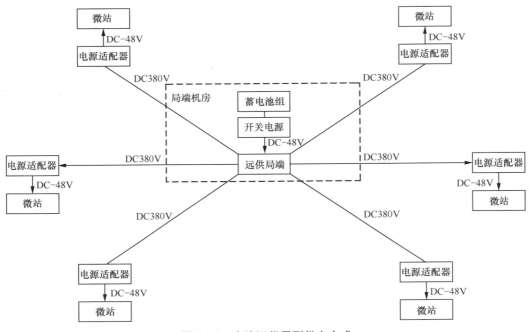

图 5-39　直流远供星形供电方式

③ 市电引入费用过高，经综合测算采用直流远供方式中更经济的拉远站。

5.6.4.4　节能优势

① 降低通信设备断电时间。

② 降低建设成本和运维成本。

③ 便于安装、施工。

④ 提高用电安全。

⑤ 延长通信设备寿命。

5.6.4.5　技术原理

直流远程供电系统分为 ZTJ 系列局端设备和 ZTY 系列远端设备。

局端通过 1 对铜缆，采用远供电源方式给远端提供可靠稳定的电源，解决远端用电设备电源不稳定的问题。

（1）局端设备

具有 $N+1$ 个功率模块，1 个控制模块；可以将 -48V 直流电压隔离升压到 220V $\sim$ 400V（AC/DC 升压），使其具备完整的保护功能和冗余条件，还可实现系统监控的作用。

（2）远端设备

具备宽范围直流高压输入、二次隔离升压变换功能，使其输出稳定的直流电源

（220V ～ 400V）或 -48V、AC220V，为通信设备供电，具备完整的保护功能，还可实现系统监控的作用。

直流远供原理示意如图 5-40 所示。

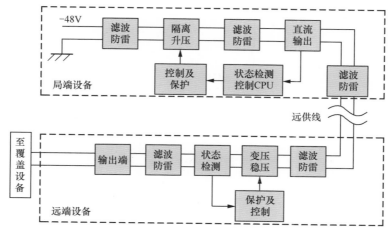

图 5-40　直流远供原理示意

5.6.4.6　设备性能指标

1. 局端设备性能指标

① 具有 AC/DC 隔离升压功能。

② 输出电压对地处于悬浮状态。

③ 具备 LCD 显示功能。

④ 输出电压可根据传输距离和负载的大小进行调整，调整范围满足 220V ～ 400V 连续可调。

⑤ 具有输入过压、欠压自动保护功能，保护时间≤ 20ms；故障消除后系统可自动恢复供电。

⑥ 具有输出过压保护功能，保护时间≤ 20ms；故障消除后系统可自动恢复供电。

⑦ 具有输出过载保护功能，保护时间≤ 20ms；故障消除后系统可自动恢复供电。

⑧ 开路保护：当传输回路（正极或负极电缆）部分或全部被破坏时，系统切断局端高压输出，保护时间≤ 50ms，故障消除后系统可自动恢复供电。

⑨ 短路保护：当传输回路中，某处电缆的正极与负极短接时，系统切断局端高压输出，保护时间≤ 20ms；故障消除后系统可自动恢复供电。

⑩ 漏电保护：当远供回路任何一处对地绝缘阻抗下降，产生对地电流时（≥ 20mA），系统切断局端高压输出，保护时间≤ 20ms；故障消除后系统可自动恢复供电。

⑪ 强电入侵搭接保护：当系统检测到有市电与远供传输线路产生搭接时，系统切

断局端高压输出，保护时间≤20ms；故障消除后系统可自动恢复供电。

⑫ 故障隔离：一点对多点的应用情况时，其中一个设备有故障不会影响到另一个设备的正常运行。

⑬ 防雷保护：输出端具有防雷、防浪涌功能，防雷等级不小于20kA。

⑭ 报警：当系统保护时，具有声、光报警功能，在报警同时，还可以通过LCD（Liquid Crqstal Display，液晶显示器）查看保护状态及报警时间点。

⑮ 冗余：主功率部分由多个功率模块组成，具备N+1的冗余设计，具备热插拔、均流功能。

2. 远端设备性能指标

① 将局端输入的直流高压变换成稳定的DC48V/AC220V，为1个或多个用电设备供电，单个模块为独立输出，模块间互不影响。

② 防雷保护：输入端具有防雷、防浪涌功能，设计等级≥20kA。

③ 输出端具有防雷、防浪涌功能，设计等级≥10kA。

④ 符合室内型与室外型标准安装尺寸。

◆ 5.6.5 户外基站一体化系统解决方案

5.6.5.1 系统介绍

户外基站一体化系统集成了储能电源系统、制冷/散热系统、配电系统、动力与环境监控系统，为用户的AAU、BBU、RRU等设备提供全面的供电保障，用户只须将设备安装在机柜中。

该系统主要用于无线通信基站，包括新一代4G/5G系统、通信/网络综合业务、接入传输交换局站、应急通信/传输等。针对各基站面临的电源种类繁多（例如，直流电源有-48V、240V、336V，交流电源有220V、380V等）的问题，一体化电源解决方案可简化用户建设，增加用户电源系统的可靠性。

系统采用分层分布架构，将站用UPS与电力逆变电源（Inverter，INV）、通信用直流电源等设备按一体化设计、一体化配置，通过通信基站智能动环监控单元（Supervision Unit，FSU），实现统一监控管理，进而实现对基站动力、环境、安全的集中运维与远程管理。

系统功率范围为3.3kW～30kW，可以满足宏站、微站等各个应用场景的电源要求。根据各个站点的情况，产品有单柜机和多柜机，分别适用于单家5G基站或是3家5G基站的电源要求。

产品外观示意如图5-41所示。

图5-41　产品外观示意

5.6.5.2 系统布置

一体化电源系统是将通信设备、电源设备（1.5kW）、监控设备、储能电池等安装于户外型机柜内的基站建设模式。一体化电源系统适合楼面站和地面站的需求面，机柜内部尺寸为 H1600×W600×D800mm。

一体化电源系统通常可以在设备安装需求量大且建站面积受限区域或建设周期紧急的情况下进行建设，主要应用于楼面站与地面站建设场景。

5.6.5.3 系统核心技术单元

1. 配电及电源系统

一体化电源系统主要由交流输入/输出配电单元、交直流一体功率单元、直流输出配电单元、储能电池系统、监控系统（选配）组成。

配电及电源系统如图 5-42 所示。

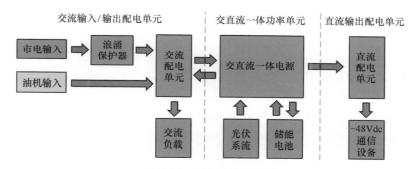

图 5-42 配电及电源系统

2. 锂电系统

① 电池电芯采用 3.2V100Ah 的单体电芯，电芯采用方形铝壳设计，避免电芯表面被机械损坏导致电芯内部受损，这样提高了产品的安全性。

② 电池模组采用模块化设计，便于快速安装与维护。产品本身采用绝缘设计、安全设计、散热设计、热隔离设计等技术。

③ 电池管理系统（Battery Management System，BMS）针对储能电池阵列系统层级多的特点，采用分布式结构，由电池模块管理单元（BMU）、电池柜管理单元（BCU）和电池柜阵列管理单元（BAU）3 级管理体系构成。系统支持对多节电芯的精细化管理，可对每节电芯进行电池采样、分析和管理。

3. 制冷/散热系统

热管散热系统利用相变传热原理并配合风扇进行散热。在散热器上的吸热部分（在系统中称之为蒸发段）用于从设备上或环境中吸收热量。蒸发段吸收的热量通过相变材料导出到系统外面的冷凝段上并配合风扇散发掉。

热管散热系统的原理如图 5-43 所示。

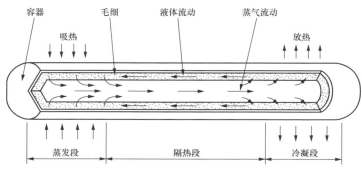

图 5-43　热管散热系统的原理

4. 监控系统（选配）

动力与环境监控单元实现了所有组件的模块化管理。管理系统的总体系统架构采用统一管理平台，实现 24 小时无人值守，当设备出现故障时，系统及时自动告知管理员。管理系统的总体架构如图 5-44 所示。

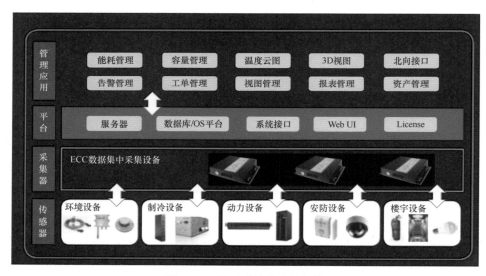

图 5-44　管理系统的总体架构

5.6.5.4　设备主要技术特点

1. 结构特点

① 一体化产品设计，体积小，安装方便。

② 模块化结构设计，按需调整，在线扩容。

③ 标准化电控模块与电池模块，配置灵活。

④ 全新热管散热器，实现 IP65 防护等级。

⑤ FRP（Fiber Reinforced Polymer，新型复合材料），轻巧、安全、环保。

⑥ 隔热性能良好，综合传热系数 $< 2.5\text{W}$（$\text{m}^2 \cdot \text{K}$）。

⑦ 防水、防尘、防潮、防烟雾、防晒、防低温、阻燃。

2. 功能特点

① 交直流电一体，可满足不同需求。

② 柴、市电多能互补，智能化控制。

③ AC/DC优先级别自由设置。

④ 网络智能化设计，通过一体化监控平台对交流电源、直流电源、逆变电源、通信电源进行统一监控，实现网络智能化。

⑤ 在电网失电情况下可保障持续供电。

⑥ 支持手机App实时监控，触摸显示屏方便操作。

⑦ Can/RS-485 等通信接口。

3. 性能优势

① 免维护设计。

② 单模块额定功率为3.3kW，功率因数为1。

③ 纯正弦波交流输出。

④ 最高系统效率在95%以上。

⑤ 技术领先的双向主动均衡电池管理系统。

⑥ 具备绝缘检测功能，确保用电安全。

⑦ 完善的过压、过流、过温、短路、误操作等故障保护与自恢复功能。

⑧ 系统寿命在 10 年以上，电池寿命在 4000 次循环以上。

4. 主要技术参数

主要技术参数见表5-8。

表5-8 主要技术参数

系统型号		单家5G设备	两家5G设备	3家5G设备
容量		3.3kW～30kW		
功率模块		3.3kW		
市电输入	输入方式	3Ph+N+PE/1Ph+N+PE		
	输入电压	380V/220V AC		
	输入频率	40Hz～70Hz		
	输入功率因数	$\geqslant 0.99$		
直流输入	额定输入电压	48V DC		
	接入锂电功能	标配		
交流输出	输出电压	380V/220V AC		
	输出功率因数	1		
	输出频率范围	50/60±0.5Hz		

◆ 5.6.6 5G-PAD 电源在通信机站的应用

5.6.6.1 5G-PAD电源介绍

5G-PAD电源产品采用免空调、免机柜、免机房温控设施、免户外FSU设备的全自然散热的自冷技术深度融合电源、电池、配电监控于一体，产品结构主要包括电源模块和电池模块。该产品是为无线基站设计的一款效率高、体积小、重量轻、易安装、免参数设置、免维护的室外/室内供备电解决方案，可实现5G户外基站极简、极速、智能、高效部署。

5.6.6.2 结构组成

5G-PAD电源系统结构主要由交流部分、整流部分、直流智能配电部分、监控单元、通信单元、铁锂电池单元以及超高防护等级的压铸铝壳组成。

5.6.6.3 功能特点

① 产品外形美观、噪声低，适用于多场景，例如5G-PAD电源的外形美观、体积小、低噪声污染可实现商业街、综合体、城市道路、多层住宅小区、旅游景区、偏远乡村等多应用场景部署。

② "0"占地、"0"租金、极简建站，例如5G-PAD电源具有"0"占地、免水泥地基的特点，可全面支持抱杆、壁挂、角钢塔、落地式的极速安装部署，即插即用。

③ 快速上线，可实现1h/两人极速部署，例如5G-PAD电源可免设参数、直接开站，目前可实现两人用1h完成一个5G基站部署，比部署一个4G基站节省近一半时间，与主设备共同安装部署的时间减少50%，同时部署成本大幅降低。

④ 超宽电压输入范围，多种输入制式，例如5G-PAD电源支持多种输入电压制式和80V AC～300V AC、130V DC～400V DC超宽电压输入范围，适应市电和高压直流HVDC输入。

⑤ 自散热设计，"0"噪声，高环境适应性和可靠性，例如5G-PAD电源采用一体式铸铝外壳+散热片+无风扇设计，散热能力强，工作温度范围为–40℃～60℃，环境适应性好。5G-PAD电源具有40dB超低噪声，适合医院、居民区、礼堂等安静环境部署。

⑥ 极简组网、极简智能管理，例如5G-PAD电源具有无线4G、有线RS-485等多通道联网方案，可灵活选择。

⑦ 负载精细化管理，例如5G-PAD电源通过负载软定义按时间段、电池电压、电池容量、停电时长进行智能精确下电，实现精准备电，达到能源最优化配置。

⑧ 高效率，"0"能源损耗，例如5G-PAD电源的E2E效率高达97%，就近部署"0"线损，相比传统机柜可节省至少4500kW·h/站/年。

⑨ 高可靠，生命周期内免维护，例如5G-PAD电源具有IP65高防护等级，整个电源采用一体式全封闭铸铝外壳和防尘防水快插端子系统，不留任何空隙。产品生命周

期内免维护，如果出现故障整机更换。

5.6.6.4 核心参数

交流输入电压：220V AC（90VAC～300VAC）。

直流输入电压：270V DC（140VDC～400VDC）。

系统效率：峰值效率＞96.5%。

直流输出电压：54.5V DC（43VDC～58VDC可调）。

输出端口：直流输出40A×3；电池端口60A×1。

通信方式：Wi-Fi、4G和RS-485。

监控功能：智能削峰、智能化下电、锂电池综合管理。

5.6.6.5 应用场景

5G-PAD电源可广泛应用于国内、国外室内和室外通信基站建设场景。

5.6.6.6 节能效益

5G-PAD电源具有96.5%的超高效率和负载精细化管理功能，可助力通信基站高效节能部署。相比传统开关电源系统，5G-PAD电源节省至少4500kW·h/站/年。针对新建场景，5G-PAD电源可实现去机柜免配套，单站租金和电费共节省1.2万元/年；针对存量铁塔站叠加5G场景，将DRAN场景下的传统电源改为C-RAN的5G-PAD电源模式，可实现去机柜免配套式部署，综合投资成本节省1.6万元/年。

设计施工要点如下。

① 根据5G站点实际应用的负载情况灵活选择不同类型的5G-PAD电源产品，具体负载情况见表5-9。

表5-9　负载情况

5G建设典型应用场景	满载功率（W）	电源需求（W）	匹配电源	匹配电池
RRU×1	500	800	1kW×1	内置20Ah电池备电
AAU(2.6G)×1	1100	1500	2kW×1	按需求选配50Ah电池备电，电池并机数量为4台
RRU×1+AAU(2.6G)×1	1600	2000	2kW×1	
AAU(2.6G)×1+RRU(700M)×1	1800	2000	2kW×1	
RRU×1+AAU(2.6G)×1+RRU(700M)×1	2300	3000	3kW×1	
RRU×3	1500	2000	2kW×1	
AAU(2.6G)×3	3300	4000	2kW×1	
RRU×3+AAU(2.6G)×3	4800	5000	6kW×1或3kW×2	
AAU(2.6G)×3+RRU(700M)×3	5400	6000	6kW×1	
RRU×3+AAU(2.6G)×3+RRU(700M)×3	6900	8000	6kW×2	

② 设计中，5G-PAD电源应就近选择5G主设备部署，不宜拉远，同时5G-PAD电

源支持单相交流输入，需要设计交流配电箱以及输入空开。

③ 工程施工过程中要严格按照 5G-PAD 电源模块和 50Ah 电池模块支持抱杆、壁挂、落地、角钢塔等多种安装方式。电源模块可支持平装和旗装。安装过程中接线、调试均按照施工规范。

④ 5G-PAD 电源免维护设计，产品出现故障后整机返厂。5G-PAD 电源近端可通过 App 查看数据和设置参数，远端可通过能源管理平台。

5.6.6.7　项目应用案例

中国移动集团湖北分公司（以下简称"湖北移动"）在 5G 通信基站建设中，采用"2+4"能源供电模式（两套 3kW5G-PAD 电源+4 套 50Ah 电池）建设 5G 楼顶宏站，满足全场景 5G 主设备供备电。

湖北移动 56 个 5G 站点中使用 3kW 5G-PAD 电源的数量为 112 套，使用电池的数量为 224 套，总投资金额达 100 万元，节省电量达 25.2 万元/年。

新建 5G 站点采用 5G-PAD 电源，充分发挥"交流、整流、直流和电池"融合技术和自冷型散热技术优势，免机柜，施工简单，投资金额下降 1.3 万元/年，单站年节省电量约为 4000kW·h，投资回报率小于 1.7 年。

◆ 5.6.7　5G 站点直流侧储能系统在通信基站的应用

5.6.7.1　系统介绍

5G 站点直流侧储能系统方案是指根据磷酸铁锂电池循环寿命长、站点电价存在峰谷价差的特性，将以往只用做备电的铅酸电池更换成每天可以进行充放电的磷酸铁锂电池储能系统。该系统在保留原有备电功能的基础上，通过更改开关电源或者锂电池内置控制器的控制逻辑，自动智能实现谷时市电充电、峰时电池放电的功能，最终达到降低电费的目的。

5.6.7.2　系统构成

5G 站点直流侧储能系统主要由储能电池、储能控制器、储能计量系统、储能调度平台组成。5G 站点直流侧储能系统如图 5-45 所示。

图 5-45　5G 站点直流侧储能系统

5.6.7.3　功能特点

① 拥有全场景的 5G 站点直流侧储能方案，可灵活应对各种场景。

② 储能控制技术完善，相关储能技术已在浙江省进行小批量供货。

③ 储能控制器、储能电池、储能调度平台性能稳定，故障切换机制完善。

5.6.7.4　核心参数

交流输入电压：220VAC（90VAC ～ 300VAC）。

系统效率：峰值效率＞ 96.5%。

直流输出电压：54.5VDC（43VDC ～ 58VDC 可调）。

基站储能电池：梯次电池、磷酸铁锂电池、智能锂电。

通信方式：RS-485 通信、4G 通信。

监控功能：错峰储能、锂电池综合管理。

5.6.7.5　应用场景

5G 站点直流侧储能系统根据应用场景可分为新建场景和旧站点升级改造场景。其中，新建场景底层硬件有开关电源、计量系统、储能备电一体化电池。新建场景底层硬件如图 5-46 所示。旧站点升级改造场景底层硬件有整流模块、计量系统、智能锂电或开关电源插框改造、计量系统、储能备电一体化电池。

图 5-46　新建场景底层硬件

5.6.7.6　节能效益

① 5G 站点直流侧储能系统中使用的梯次电池系统或铁锂电池系统支持 8 年质保，工作模式为每天 2 充 2 放。

② 典型配置为嵌入式开关电源系统、计量系统、51.2V/400Ah 系统，采用两个梯次电芯级重组的 PACK，投资约 3.23 万元。

③ 以 5G 站点直流侧储能系统充电电流 25A+5G 基站负荷电流 50A 计算，理论测算日削峰填谷收益为 17.56 元，8 年总收入为 4.78 万元，基站投资回收期约 5.3 年，项目毛利率为 32.9%。

④ 在试点基站上运行，5G 站点直流侧储能源系统的实际运行节能效果比理论值高约 15%，日平均收益为 20.1 元左右，8 年总收入预计为 5.5 万元，毛利率为 41.3%；经技术中心专家分析，主要原因是 5G 基站随话务量变化，工作电流变化比较频繁，且话务高峰工作电流大，基本对应尖峰或高峰用电电价时刻。

⑤ 基站工作电流越大，嵌入式开关电源、计量系统的分摊单价越低，效益越好。

5.6.7.7 设计施工要点

① 5G 站点直流侧储能系统需要根据现场负载情况配置开关电源容量、整流模块个数、储能电池容量。其中，开关电源容量相关站点已能满足要求，整流模块的个数需要根据现场个数进行增加。5G 站点直流侧储能系统相关配置见表 5-10。

表5-10　5G站点直流侧储能系统相关配置

负载范围（A）	开关电源容量（A）	整流模块数量（个）	储能电池容量（Ah）	备电电池容量（Ah）
45～75	300	5（50A/个）	400	100
75～100	400	7（50A/个）	600	150
100～150	500	9（50A/个）	800	200

② 设计要点如下。

a.明确新建站点具体的负载大小，避免后期电池扩容时受空间限制。

b.了解存量站点的开关电源容量、负载大小、交直流配电容量、备电电池类别、备电电池容量、实际负载大小、现场空间等信息。

③ 5G 站点直流侧储能系统在施工过程中需要严格遵循设计规范，例如多组电池并联时，应采用统一的汇流排。

④ 项目运维要点如下。

a.定期根据负载的实际变化制订相应的储能策略，当电池容量不足时应新增电池。

b.电池出现故障时应先退出储能模式，再进行相应的更换维护。

5.6.7.8 项目应用案例

目前，台州移动两套直流侧储能方案正在现网试点中，浙江铁塔 30 套直流侧储能系统正在现网运营中，某站点实际情况如下。

负载容量：100A。

开关电源容量：300A。

储能电池：600Ah。

备电时间：2h。

储能时段：7h放电，5h充电。

日收益：24.33 元。

升级改造回报年限：4.2 年。

新建场景回报年限：6.3 年。

站点储能数据见表 5-11。

表5-11　站点储能数据

时间段	储能系统直流电表数据/0.95				时间段	安装600Ah直流侧储能系统后电网电表数据			时间段	还原储能安装前国网电表数据		
	充电量（A）	放电量（A）	充电费用（元）	放电费用（元）		用电量（A）	用电电价（元/度）	电费（元）		用电量（A）	峰谷电价（元/度）	电费（元）
尖	0.0000	11.6421	0.0000	14.0450	尖	1.29	1.2064	1.5563	尖	12.93	1.2064	15.6013
峰	0.3684	30.2947	0.3321	27.3077	峰	33.18	0.9014	29.9085	峰	63.11	0.9014	56.8840
谷	44.3053	0.2000	16.7651	0.0757	谷	115.82	0.3784	43.8263	谷	71.71	0.3784	27.1369
总	44.6737	42.1368	17.0972	41.4284	总	150.29	—	75.2911	总	147.75	—	99.6222
储能收益（元）	24.3312				平均电价（元）	0.5010元			平均电价（元）	0.6742		

第 6 章

能效管理

6.1 信息通信行业能效管理概述

近年来，全球气候变暖，环境日趋恶化，这给世界经济发展带来了很大的威胁和挑战。在我国，随着工业化进程的加快，资源环境问题日益凸显，节能降碳已经成为事关经济可持续发展、社会和谐稳定的重要工作。2020年9月22日，中国政府在第七十五届联合国大会上提出："中国将提高国家自主贡献力度，采取更加有力的政策和措施，二氧化碳排放力争于2030年前达到峰值，努力争取2060年前实现碳中和。""碳达峰、碳中和"是党中央经过深思熟虑做出的重大战略决策，事关中华民族永续发展和构建人类命运共同体。

作为全社会用电大户的信息通信行业，开展节能降碳工作既是社会责任，也代表行业的自身诉求。信息通信行业节能减碳的重点工作是持续开展数据中心、通信局（站）节能降耗工作，用于表现此项工作成效的是能效值（ICT设备耗电量/总耗电量）或PUE值（总耗电量/ICT设备耗电量），因此开展对数据中心、通信局（站）的能效管理是信息通信行业节能降碳工作的重要一环。

在数据中心、通信局（站）能效管理方面，运营商结合实际应用需求，开展了大量的研究与实践工作，取得了一些成绩，但也存在一些问题。

① 通信局（站）的能效管理主要是以能效值为最重要的考核指标，目前，从用电设备本身的能耗采集到综合管理平台的管理均存在一定程度的缺位。在整个供电系统中，大多数设备只在输入总开关侧配置了电表，无法对全环节能耗数据进行采集；能耗数据主要通过动力环境管理平台进行处理，此平台的数据采集、传输、分析等处理能力不足。因此，通信局（站）还不完全具备开展能效统计和精细化管理的基本条件。

② 数据中心的能效管理主要是以PUE值为最重要的考核指标，从方案规划、工程建设、运营维护等环节对PUE值目标的实现进行把控和优化，在供电、配电、用电等环节基本配置了电能采集装置，通过对应的动力环境管理平台或数据中心基础设施管理系统（Data Center Infrastructure Management，DCIM）等综合管理平台，全面呈现数据中心全系统、各分系统的能耗数据。

③ 信息通信行业采取的能效提升措施主要是提升设备级能效，例如采用高效模块、节能型空调等，大多未能将各类设备进行协同管控，能源应用还处于粗放型阶段。

6.1.1 能效管理的作用

随着信息通信行业的快速发展，行业对电力的消耗在快速增加，用能用电成本支出也在不断增长。以中国移动为例：2018年中国移动的动力水电取暖费共支出320亿元，2019年上升至328亿元。在通信网络不断扩容、演进的趋势下，如何更高效地利用好各类能源，解决运营商普遍面临的增量不增收的困境，是开展能效管理工作的主要目的。

6.1.2　能效管理的手段

开展信息通信行业的能效管理工作主要涉及能耗采集、传输、分析和呈现等方面。

在数据中心层面，DCIM基本可以实现对数据中心全系统各环节设备的用电量、用能量的采集、网络传输，平台分析后可以展示出供电、供冷、供水等各环节的能效值。

在通信局（站）层面，设计人员需要在现有的各类用电设备侧单独增加大量电表，能效数据采集点如图 6-1 所示，借助动环平台有限的数据采集、传输、分析能力，基本呈现通信局（站）的能效水平。动环平台目前还不能一次性对大量数据进行分析和处理，这是因为动环平台要动态发现能效管理中的薄弱点，以便实施有针对性的整改措施。

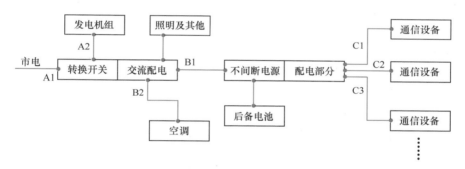

图 6-1　能效数据采集点

6.1.3　能效评估的标准

目前，数据中心主要依据GB/T 32910.3—2016《数据中心资源利用 第 3 部分：电能能效要求和测量方法》，通信局（站）主要依据YD/T 3032—2016《通信局（站）动力和环境能效要求和评测方法》，移动通信网络参照欧洲电信标准化协会（European Telecommunications Standards Institute，ETSI）的ETSI ES 203 228 标准开展能效评估等工作。

ETSI ES 203 228 标准用于确定评估移动网络的能效，包含通信设备能效和基础设备能效两个部分。其中，DV表示测量时段内的网络流量，单位为bit；EC表示总能耗，单位为J；MN表示无线网络；EE的单位是b/J。移动网络能效EE表示DV_{MN}/EC_{MN}。

移动网络的能效表示如图 6-2 所示。

$$EE = \frac{DV_{MN}}{EC_{MN}} = \frac{DV_{MN}}{EC_{CT}} \times \frac{EC_{CT}}{EC_{MN}}$$

图 6-2　移动网络的能效表示

通信设备能效评估需要统计出单位时间内通信设备承载的流量和对应的设备用电量，这就需要通信设备本身支持统计耗用电量，才能比较准确地计算出 TEE 值。基础设备能效可在能源的输入侧和通信设备用电接入侧增加采集仪表，即可计算出基础设备的 IEE 值。

6.2　能效管理现状与问题

6.2.1　当前能耗状况

通信运营商的能耗由信息与通信系统、办公运营、交通及其他等组成，其中，信息通信系统的能耗占通信运营商总能耗的 85%，是通信运营商节能降碳工作的重点。信息通信系统的能耗占比如图 6-3 所示。

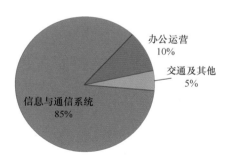

图 6-3　信息通信系统的能耗占比

近年来，以大数据、人工智能为代表的新一代信息技术迅猛发展，数字经济已成为引领全球经济社会变革、推动我国经济高质量发展的重要引擎。而信息通信系统是全社会数字经济发展的重要基座，信息通信系统能耗也在快速增长，根据 2020 年世界科学与工程协会的报告，全球信息与通信行业能耗占全球总用电量的 2%，到 2030年，用电量将达到 18480 亿 kW·h，占全球总用电量的 5%。其中，移动通信用电量将达到 4460 亿 kW·h，增长 4.5 倍；固定通信将达到 4280 亿 kW·h，增长 2 倍；数据中心将达到 9740 亿 kW·h，增长 4.2 倍。2020 年，数据中心每年消耗 3000 亿 kW·h，对应碳排放 1.6 亿吨，其中，大型数据中心平均 PUE 值为 1.67，远高于各地方政府对新建数据中心 PUE 值的要求。

根据调查，全球运营商信息通信系统能耗占运营成本的 20%～40%。随着 5G 的建设，5G 基站耗电量倍增，加上 5G 支持的移动边缘计算开始在多个行业应用，使整网能耗进一步上升。作为观察指标，能耗收入比和能耗利润比反映了能源对运营商赢利能力的影响。中国主要电信运营商能耗收入比与能耗利润比见表 6-1。

表6-1　中国主要电信运营商能耗收入比与能耗利润比

运营商	能源成本（亿元）	运营收入（亿元）	利润（亿元）	能耗收入比（%）	能耗利润比（%）
中国移动（2019）	299	7459.17	1066.41	4.01	28.04
中国电信（2020）	143.7	3936	208.5	3.65	68.92
中国联通（2019）	126	2905.15	113.30	4.34	111.21
合计	568.7	14300.32	1358.21	3.98	40.97

由此可见，运营商的能耗成本几乎占利润的一半，节能降碳对通信运营商的运营成本影响非常大。

信息通信网络供电与环境保障全流程分为发电、配电、变换、负载、温控和维护管理 6 个部分，如图 6-4 所示，所有能耗也发生在这 6 个环节中。

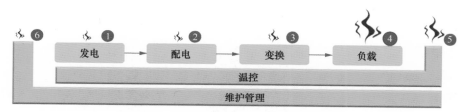

图 6-4　信息通信网络 6 环节能耗模型示意

（1）发电环节

固定柴油发电机组、移动汽油发电机、燃气轮机、蓄电池、燃料电池、风能发电系统、太阳能发电系统等将化学能、机械能、光能、热能等转换为电能的过程，属于发电环节。如果基站一个月应急发电 5 小时，一年应急发电产生的油耗将达到 150 升～200 升，在海量基站中，发电环节是值得我们关注的节能环节。对于频繁停电的基站，由于电池充放电次数多，而普通铅酸蓄电池充放电效率仅在 85% 左右，电池发热产生的能耗也相当可观。从目前情况看，社会民众对发电环节的能耗关注度不高。

（2）配电环节

对于通信机房来说，从高压进线柜开始，至计量柜、保护柜、电力变压器、切换柜、输出柜、低压配电柜、铜母排、电缆、补偿器、滤波器、防雷器、接地系统等都列入配电部分，高压开关柜与电力变压器多存在于核心机房和数据中心，部分站点也可能配置电力变压器。核心机房大型变压器效率一般在98%以上，加上配电柜、电缆及连接接头部位等电能损耗，配电部分能耗可达2%或以上，基站专线小功率变压器效率仅有90%，能耗较高；远供站点由于供电距离远，仅电缆损耗就可高达10%（与压降相当）。5G时代到来，站点功率倍增，电缆能源损耗显著增加，成为5G电源亟须解决的关键问题。

（3）变换环节

通信电源、UPS、高压直流、逆变器、太阳能模块、DC/DC二次电源等属于电能变换环节，变换过程中设备发热产生能耗。当前市场主流厂家提供的电源、UPS等设备峰值效率较高（典型峰值效率为96%以上），但现网也存在大量低效电源。除部分数据中心外，由于备份原因，在网运行设备的负载率一般较低，远远达不到最佳效率的工作区间，通信电源和UPS的实际效率低于90%的情况仍然很普遍。总体来看，通信网络变换环节能耗约占通信网络总能耗的4%～8%。

（4）负载环节

负载环节包括计算、存储、网络、交换、传送、基站设备等，负载能耗一般占信息通信系统总能耗的60%以上，负载环节也是节能工作的源头。相同容量的信息通信设备能耗相差很大，例如一些通信网络还在使用早期全球移动通信系统基站，能耗是相同容量新一代基站的4～5倍；RRU是否上塔，对发射信号的影响可能高达3dB，实际发射能量就有一倍的差距，这意味着如果RRU不上塔，在覆盖信号强度一致的情况下，能源消耗最大可能增加一倍。为了降低能源消耗，负载设备厂家或运维队伍会一起启用节能措施，例如针对单个基站采取符号级休眠、通道级休眠、载频级休眠等技术措施，节能率可达6%～25%。相关企业针对区域采取的小区共覆盖识别、多频多制式协同节能、基于AI的小区休眠等，可进一步降低能耗。

（5）温控环节

温控环节包括空调、热管、热交换器、通风设备、加湿器、加热设备、除霾过滤系统等，温控环节能耗仅次于负载环节，占信息通信系统总能耗的比例达20%～30%，是节能减排、能效改进的重点工作。

（6）维护管理环节

广义的维护管理所产生的能耗包括动环监控系统（含采集器、门禁、摄像头、传感器等）、机房照明、消防设备所消耗的电能及下站和维护的车辆能耗等。狭义的维护管理所产生的能耗不包括下站用车能耗。

随着社会数字化发展，电信运营商业务高速增长，预计2025年将达到1000亿台设备连接，数据流量将翻倍增长，能耗平均年增长幅度预计超过10%。由于互联网对电信运营商传统业务形成冲击，所以电信业务收入增长放缓，而能源成本持续上升，呈增量不增收的状态，降低能耗将会是电信运营商保障利润增长的重要举措之一。

6.2.2 能耗数据采集方案

设计人员通过分析网络能耗模型，评估设备、系统和全网能效，找出节能的薄弱环节，设计并实施节能方案，可以帮助通信运营商实现有效节能。设备、系统和网络的能耗数据，依赖于信号的采集，而能耗相关数据采集测点的选择、方案的设计、数据处理的能力将会影响能耗数据采集的准确性和工作效率。

1.测点的选择

精准的能效管理需要统一的数据采集方案，并且测点统一，测点示意如图 6-5 所示，如果设备无法读出能耗的相关数据，则需要使用传感器，当传感器测点位于 A 点时，受供电距离的影响，应在系统中通过计算获得虚拟的 B 点数据。同时，实际测点往往位于方便连接通信电缆的 B 点。

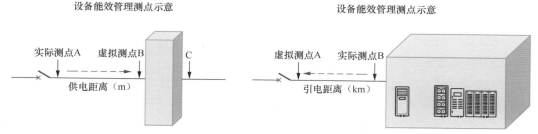

图 6-5　测点示意

在信息通信系统能耗的 6 个环节中，对于能耗显著的设备都应通过一定的手段采集能耗数据，包括从设备中直接读取数据，或安装电表、传感器进行采集，以及通过其他相关信息进行虚拟采集。

（1）发电设备

系统需要采集油机燃油效率、电池充放电效率、太阳能转换效率等。先进的油机本身就显示燃油消耗数据，可直接作为智能设备接入。同时，油箱油位信息采集是不可少的，该信息可提醒运维人员及时加油，或对漏油、盗油等进行告警。

蓄电池的耗电情况一直被人们忽视。实际上，如果一组电池的浮充电流多于 1A，一年就会多损失 500kW·h 的电量，对于动辄百万组电池的通信运营商来说，这就是数亿元的巨资。一些数据中心和基站引入锂电进行"削峰填谷"，电池因充放电效率产生的能耗非常大，需要被监控。我们不需要部署额外的传感器，通过动环监控系统的虚拟信号功能即可实现对能耗数据的监视。

光伏板发电的效率会随着使用时长而下降，灰尘、遮挡等因素对发电量的影响更大，对于纯太阳能站点，损失的是工作时长，对于叠光场景，损失的是多用的市电电量。对光伏发电实际效率的测量并没有准确且成本低的方案，我们可通过监控光伏逆变器获得月度发电量、部署的光伏板数量、气象局提供的当地日照时长数据，或通过比较发现低效站点。未来，在"双碳目标"的指引下，光伏在数据中心和通信局（站）的应用都会普及，到时候太阳能输出电量也需要被监控。

（2）配电设备

长期以来，并没有专业的测点测量配电系统的效率。对于高低压配电系统，测量了中压侧输入的电量、电力变压器输出的电量后，通过监控系统就可以计算出中压到变压器输出侧的能源效率。在变压器输出侧，大功率设备的输入侧都应测量出电压，通过计算压差，就可以获得低压配电环节的能源效率。配电系统的能源效率的测量能移指导优化配电系统。

（3）电能变换设备

通信电源和UPS等电能变换设备的效率特性不会变化，但会随负载率的变化而变化，对总能耗影响极大，因此需要测量负载率。通信电源和UPS都是智能设备，可以直接测量工作电流、负载率等，部分设备由于协议等原因没有负载率数据，所以我们可以通过监控系统虚拟获得这些数据。

（4）负载设备

在通信运营商的运维团队中，信息通信设备运维与配套设备运维有各自的团队，动环监控系统与信息通信设备网络数据之间信息不畅通，从网络业务管理来看，信息通信设备耗能是正常的，因为设计人员没有对信息通信设备能耗进行精确监控，或使用电源输出电能代表信息通信设备耗能，将动环监控、电池充电、线路损耗等能耗都计入信息通信设备的能耗中。事实上，优化信息通信设备能耗，对整个信息通信网络能耗影响更大，需要直接或虚拟部署更多的传感器，读取信息通信设备能耗，我们在评估供电系统能效时，需要掌握业务实质。随着数据业务发展，信息通信设备能耗会大幅增长，在条件未变时，能效会提升，PUE会下降。

（5）温控设备

作为配套设备能耗大户，只通过监控温控系统总电流来测量温控系统能耗是不够的。当前，温控设备一般都能上报工作电流或能耗数据，不需要另设测点。我们通过对监控系统配置预警功能，比较同一机房内的空调能耗偏差，往往能发现气流组织异常、过滤网脏堵等问题，可通过维护温控设备减少能源浪费。对于水冷空调系统，我们可通过测量进出水的温差和流量，精确掌握温控系统的换热量。

（6）维护管理相关设备

我们应维护管理（例如，采集器、摄像头、消防系统等）相关设备，由于这些设备的数量庞大，所以一个运营商的相关能耗成本非常高。单个设备能耗不高，单独采集能耗数据的意义不大，我们可以选择低能耗产品。基站应急发电成本很高，一方面是发电油耗高，另一方面是下站成本高，由于涉及人员参与，不可控因素较多，相关人员需要通过在基站配电箱部署油机发电探测触点，移动油机集成定位设备，在业务管理系统中引入本地供电局数据进行大数据分析，可监督人为虚报问题。技术人员可在基站配置摄像头，通过机器视觉识别应急发电，这是监控相关设备智能化发展的方向。

2. 方案的设计

能效管理一般作为动环监控系统或DCIM系统的一个子功能，共享采集的数据。DCIM系统架构示意如图6-6所示。

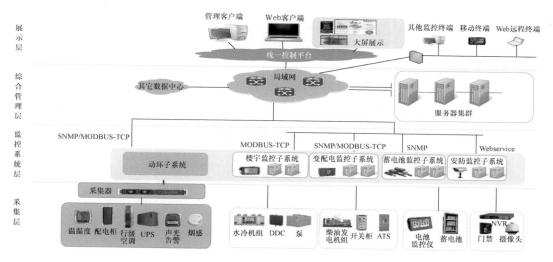

图 6-6　DCIM 系统架构示意

在采集层，智能设备（含带通信接口的传感器）通过IP、RS-485等方式与采集器连接，不带通信接口的传感器接入采集器的I/O接口。目前，越来越多的设备和传感器具有无线通信能力，可以通过Wi-Fi、Z-Wave、ZigBee、NB-IoT等方式上传数据，对于资产管理，也会使用射频识别单向无线通信技术。先进的采集器上电后，可以自动发现终端设备，实现数据的采集。

3. 数据处理的能力

能耗数据涉及加工、处理。除了通过电表直接采集的电量数据之外，为了使各环节、各设备的能耗能被精确统计，我们需要通过软件系统对数据进行计算与统计，例如，根据电压、电流计算直流功率，通过时间积分计算能耗，如果是交流电，则须测量功率因数。只要部署了合适的传感器，或用智能设备上报了相关数据，系统就可以自动对这些数据进行处理。

还有一种数据处理往往被人们忽略，即数据的修正。例如，前面提到的虚拟测点，设计人员可以通过线径、长度、材质等固定参数，利用软件通过测量的电流信号进行推算。

能耗数据的处理需要我们有更多的业务知识和丰富经验。以燃油油位采集为例，对于单台设备来说，采集的原始数据为当前的油位（m），该数据经处理，可以得到更多的价值数据，例如，剩余燃油（L）、可运行时长（h）、单位油耗增量（L/kW·h），对于一个区域来说，还可以获得燃油需求量（t）、碳排放量（t）、燃油综合成本等信息，并可对各油机的燃油效率进行横向、纵向对比，为提高能源效率提供决策依据，甚至可以让系统进行自动决策。

6.2.3 能效管理平台应用情况

能耗是设备的一个固有属性，我们通过动环监控系统可以进行能效管理。例如，中国移动为了聚焦能效提升，基于动环监控系统叠加部署了能效管理平台，可以进行运行监测、关键绩效指标考核（Key Performance Indicator，KPI）管理、能耗统计、电费管理等，并提供全息图、设备管理、报表管理等功能，实现能效的可视化、可管化、可优化。能效管理平台界面如图 6-7 所示。

图 6-7　能效管理平台界面

1.数据中心

数据中心的动环监控系统是 DCIM 系统，能效管理是 DCIM 系统的一个子功能，可以进行 PUE 值的计算与显示，多维度分层分级评估数据中心的 PUE 值。例如，对整个园区、机楼、楼层、机房、数据中心微模块或集装箱数据中心、边缘计算节点等不同管理粒度进行能耗统计，评估 PUE 值并显示趋势，在 PUE 值高于某个阈值时告警。当采集信息足够时，还可以报告总电能利用效率、局部电能利用效率、制冷或供电负载系数等。

对于大型数据中心，能效管理平台还可以显示全电链路 cPUE 值（制冷 PUE 值）

和pPUE值（Partial PUE值，局部PUE值），并提供可视的异常能耗预警。能效管理平台支持按照数据中心实际设计链路进行能耗链路的组态，可计算、显示各关键部件组的cPUE值，包括变压器、UPS/HVDC、冷水机组，还可计算、显示机房和数据中心微模块的pPUE值。定义好cPUE值和pPUE值的参考范围后，当cPUE值和pPUE值超出参考值时，能效管理平台将告警显示，提示运维人员检查设备，减少能源浪费。

需要注意的是，pPUE值是数据中心PUE值概念的延伸，可用于对数据中心的局部区域或设备的能效进行评估和分析。在采用pPUE值指标进行数据中心能效评测时，首先根据需要从数据中心中划分出不同的分区（也被称为Zone）。一个多层数据中心建筑中的一个机房，或者一个集装箱数据中心的集装箱模块，都可以作为一个Zone。

在数据中心中，管理系统能监测与显示IT设备能耗，帮助分析设备功耗，输出服务器功耗报表，包括服务器的平均功耗、峰值功耗、所属用户等，通过统计分析，可以找出TOP耗能设备，助力实现机房节能目标。

2.通信局（站）

通信局（站）主要包括核心机房、传输汇聚层机房和通信基站等。核心机房的能效管理与数据中心是一样的。对于传输汇聚层机房和通信基站，管理系统支持全网能效管理，例如，监控站点的整站能源效率能够深度分析和挖掘站点能源相关的部件能效信息，并输出优化建议。对于模块休眠、多能互补、错峰削峰等，其支持远程手动优化。我们可以通过"部件—系统—全网"能效数字化、智能化管理，及时发现能耗及能效异常，提供优化建议，使能耗和能效可视、可评估、可管理、可优化，并为部署和配置最佳节能机房或站点提供数据支撑。

在能效展现方面（例如，展现站点的整站能效），我们可以通过曲线查看月度和年度的变化情况，或通过饼图展示输入总能耗、信息通信设备能耗、其他损耗等。在温控能效分析方面，我们通过柱状图呈现温控系统能源损耗，并与理想值对比，呈现空调运行时间、风扇平均转速等，分析温控损耗、空调运行时间、环境温度及风扇平均转速，输出优化建议，并可远程手动优化，例如，修改机房或机柜内的温度设置等。在电源模块能效分析方面，我们可以用柱状图呈现整流模块能耗与理想值对比情况，用曲线图呈现模块实时带载率和效率，给出优化建议，并可远程手动优化，例如，设置模块休眠或关停部分模块等。

6.2.4 能效管理存在的问题分析

当前，动环监控、能效管理等数字化手段为节能减排作出了显著贡献。特别需要注意的是，当前系统都是在十几年前的管理系统的基础上不断继承发展而来，在技术构架、管理维度、数据质量和知识沉淀4个方面或多或少存在一些问题，值得业界探讨。

1. 技术架构

无论是动环监控系统、能效管理，还是无线网管、资产管理等，都是企业的业务。动环监控系统经历了从C/S架构到B/S架构，从三级结构到普遍的扁平化结构的演进过程，但该系统的实质并没有改变，那就是各种管理数据并没有拉通，例如，动环监控系统、能效管理等系统中都有资产管理功能，但数据并不同源，例如，动环监控系统中的电源数量与资产管理系统中的数量差异较大，但二者不是子集的关系。这些就是人们常说的烟囱系统，即使已经上云，仍是云上烟囱系统。

在未来，我们需要建立一个数字平台，这个数字平台包含物联网、AI（Artificial Intelligence，人工智能）、GIS（Geographic Information System，地理信息系统）、BIM（Building Information Modeling，建筑信息管理）、视频、安全等，是一个统一的"数据湖"。各种业务应用通过数字平台的数据使能、AI使能和应用使能，共享算力和数据，提高管理效率。同时，该平台也是支持整个企业数字化转型的数字平台，彻底打破"烟囱式应用"模式。

2. 管理维度

管理系统需要为包括上下游在内的业务提供决策依据。目前，能效管理主要是统计区域数据或数据中心等相对宏观的数据，还无法对供电系统能效进行Top N 管理，不能为采购部按设备类别、供应商等提供能效比数据。同时，能效管理的数据与组织还没有匹配，例如，PUE值的升高，可能并不代表能耗的上升，而是代表信息通信设备节能或负载率降低。

因此，在管理层面，我们需要探索针对信息通信系统中的通信设备、能源基础设施进行分别管理的度量体系。对于信息通信设备，管理指标代表单位信息传输或处理的能耗；对于能源基础设施，代表单位信息通信设备能耗对应的总能耗，也就是针对通信局（站）、数据中心能效或PUE值进行管理。

3. 数据质量

PUE值小于1.1甚至小于1的原因有很多，例如，无法将空调能耗与信息通信设备能耗区分，或部分设备正在由电池供电等。数据采集需要统一测点位置，例如，负载能耗就是负载输入侧，总能耗就是市电输入侧。由于工程原因，往往做不到测点统一，所以数据出现不准确的情况，会给能耗精细化管理带来一定难度。

对于系统类似但传感器安装位置不统一的情况，可通过数据处理，统一标准位置。例如，以配电柜开关输出的电压作为设备输入电压，在远距送电场景下，线路损耗差别很大，但实际上，如果配置了供电方式、输电距离、线缆尺寸等信息，系统就可以很容易地根据实时电流计算压降，通过虚拟设备得到准确的负载输入侧电压，进而得到真实的数据。

4. 知识沉淀

虚拟设备、信号并增加能效阈值预警等是常规的数据治理方式。然而，这些需要有既懂业务又懂能效管理系统的专家来设计方案。当管理系统暂不具备相关功能时，还需要提出正确的IT需求，推动管理系统软件的迭代。

例如，A省某专家设计出优化能效管理的功能，但B省并不知晓，B省知晓后也需要重新学习和配置，专家经验难以沉淀并为所有人使用，因此，需要建设一个共享平台，汇总专家经验并使其经验能够共享。

6.3 智慧能效管理系统

在数据中心、5G快速建设和发展的过程中，系统为了实现对用能设备的智能管理及对业务数据的智能分析，实现降本增效，可对能源进行智慧管控，建设专属的软硬件一体化智慧能效管理系统——智慧能源平台。结合大数据分析和AI技术的应用，系统可以有效实现对供电设备和用电设备的远程监控、管理、控制，对能源数据的查询、统计、分类。该系统优异的智慧能源管控能力及智慧运维能力可提供可靠的能源保障、高效的能效管理及全方位的自动化维护。同时，系统依托智慧能源平台开放的能量运营共享能力，可实现能量的智能调度及运营，助力智慧能源及能源互联网化。

6.3.1 智慧能源平台系统架构与组成

智慧能源平台系统基于B/S架构，通过悬浮倒挂式的平台结构，对部件、设备、系统实现全方位、智能化、精细化管理，系统总体架构灵活部署、易集成，可全场景适配，智慧能源平台系统架构如图6-8所示。该平台采用组件化与微服务架构和技术体系，可有效实现功能高内聚、低耦合的要求，真正做到数据、功能和模型全共享。

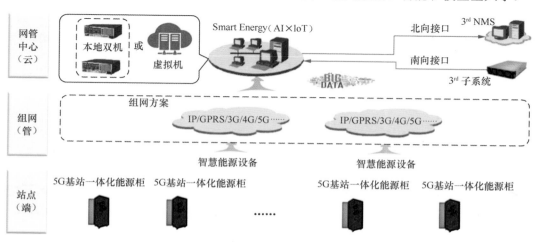

图 6-8　智慧能源平台系统架构

6.3.2　智慧能源平台系统主要功能

智慧能源平台系统主要包括监控、告警、配置、报表、业务、安全和系统 7 个模块。该平台首页默认呈现的是整体实时监控的概览，从不同维度实时展示动力可用度、能耗可视化分析、电池、市电、KPI 等。

1. 监控模块

监控模块是对各供电系统的所有测量结果和对某时间段内供电系统的某个指标的变化情况的监控。我们可以通过实时在线地图，了解全网供电系统的运行情况，并对有问题的供电系统进行分析和处理；还可以检查和监控过去一段时间内设备的运行情况，了解设备的运行趋势，根据运行情况采取相关优化和改进措施。

2. 告警模块

告警模块提供了监控网络告警、查询告警和设置告警远程通知等管理功能，便于系统更快地发现、定位并排除网络故障。智慧能源平台可提供丰富的告警规则和自定义规则，从根源上实现告警收敛。

3. 配置模块

配置模块可以通过多维度报表，对新接入设备或已有设备进行日常维护、对全网设备的物理资产信息和配置信息管理，帮助用户实现对供电设备集中、有效的管理和分析。

4. 报表模块

报表模块基于大数据和人工智能分析提供了丰富的多维度报表，例如，供电可用度分析报表、能效管理报表、运维管理等，同时也提供了自定义报表，实现从系统级到单一部件级的管理报表和分析报表的生成。

5. 业务模块

业务模块可对电池、发电机、光伏发电等能源进行集中管理；提供对异常系统的分析和原因统计；通过统计市电、电池、负载数据，以图表形式展现出电池、电源容量欠配的大小，提供供电系统扩容分析。

6. 安全模块

安全模块通过对供电系统及设备的访问权限控制，对用户权限、能源安全策略和日志管理等功能进行管理，通过合理设置安全参数，可有效避免非法入侵，保证智慧能源平台系统和数据的安全性。

7. 系统模块

系统同时向 Web Service、SNMP 和 FTP（File Transfer Protocol，文件传输协议）3 种北向接口提供能源信息（例如告警数据、配置数据、性能数据及存量数据等）。系统通过设置可实现完整记录智慧能源的运行情况，确保智慧能源功能的正常生产运行。

在满足供电系统基础管理的同时，智慧能源平台须具备远程上下电特性、错峰用电特性、储能 SOH（State of Health，电池健康度）管理特性、储能智能锁特性、智能削峰特性、能效管理特性及远程电池测试特性，有效实现供电系统数字化、功率智能化、运维智能化，成为安全可靠、绿色高效、自动驾驶的能源网络。

（1）远程上下电特性

我们可通过电压模式、时间模式及容量模式的上下电设置，实现对智能配电单元每一个分路的控制，远程上下电特性如图 6-9 所示。例如，我们在对供电系统进行割接时，可以通过智慧能源平台进行远程上下电，不需要人工现场操作；针对体育场、商场、游泳馆等业务"潮汐"明显的基站场景，可通过时间模式进行远程上下电控制，避免无业务通信设备的空载损耗，做到充分节能。

图 6-9　远程上下电特性

（2）错峰用电特性

我们通过利用当地波谷电价差来达到节省电费的目的，在波峰期进行电池放电，市电停止供应，电池进行放电保障负载运行，在波谷期对电池进行充电，错峰用电功能特性如图 6-10 所示。通过市电、电池使用的智能动态调度，可使电费最低，有效节约运营成本。

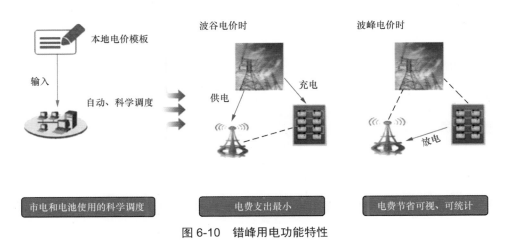

图 6-10　错峰用电功能特性

（3）储能SOH管理特性

储能SOH管理可在线自动检测电池的SOH、电阻、电压和温度，智能评估电池健康度，通过电池智能分组可实现"变废为宝"，有效节约运维成本，储能SOH功能特性如图6-11所示。

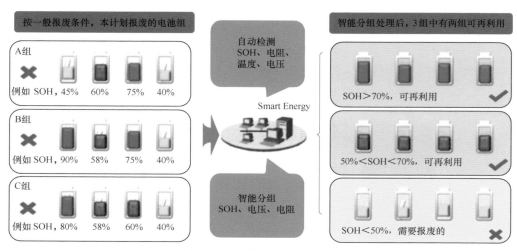

图6-11　储能 SOH 功能特性

（4）储能智能锁特性

储能智能锁可通过设备级、站点级、网络级3层数字化防盗，确保能源资产安全、业务安全，储能智能锁功能特性如图6-12所示。

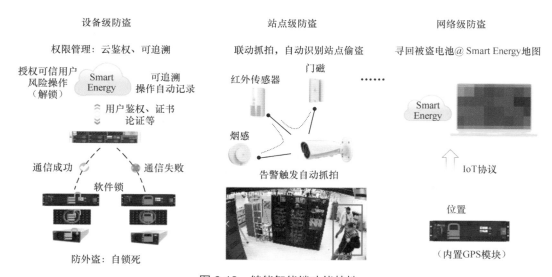

图6-12　储能智能锁功能特性

（5）智能削峰特性

当电源系统的输出功率不足以支撑负载供电时，系统可通过科学调度电池联合供电，避免负载宕机，提高负载可用度，同时，实现交流输入免改造，减少因市电改造而产生的投资成本，智能削峰功能特性如图 6-13 所示。

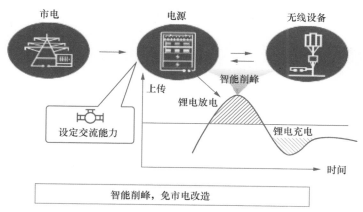

图 6-13　智能削峰功能特性

（6）能效管理特性

系统可通过网络级、系统级、部件级能效看护，以及异常能效告警和能效的专家优化建议，实现能效的精准管理，确保能耗低，能效管理功能特性如图 6-14 所示。

能耗不可视无法识别低效站点

哪些站点效率低？哪些站点需要能效优化？

能效衡量需要可视化的指标

$$站点能源效率 = \frac{通信设备能耗}{总输入能耗}$$

站点级：SEE排序识别低效站点

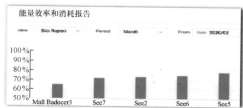

设备级：PSU效率分析识别低效PSU模块

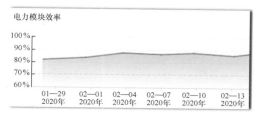

图 6-14　能效管理功能特性

（7）远程电池测试特性

系统基于远程电池测试功能，可实现远程批量在线容量测试和测试结果自动分析，实时掌控电池性能，避免人工现场操作，极大缩短测试时间，降低电池运维费用，远程电池测试功能特性如图 6-15 所示。

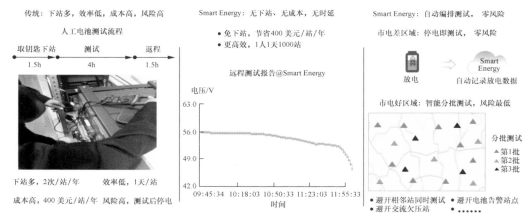

图 6-15   远程电池测试功能特性

6.3.3   系统组网方式

智慧能源平台支持有线和无线两种组网方式。智能供电设备一方面可利用有线传输网络，例如 PTN、SPN（Secret Private Network，加密虚拟网络），通过 IP 承载网接入智慧能源平台，另一方面也可通过无线传输接入智慧能源平台，智慧能源平台有线组网接入拓扑如图 6-16 所示，智慧能源系统无线组网接入拓扑如图 6-17 所示，用户可根据自身需要，采取合适的方式进行组网。

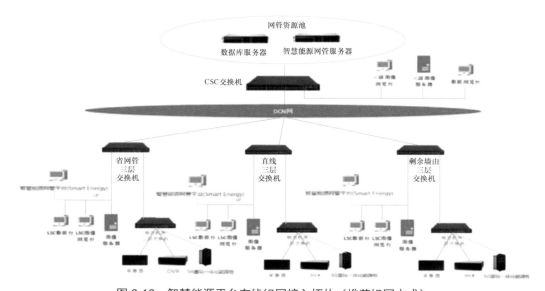

图 6-16   智慧能源平台有线组网接入拓扑（推荐组网方式）

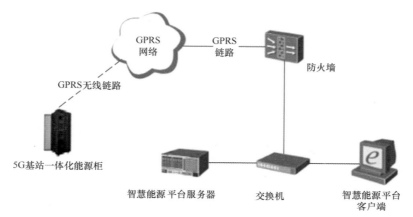

图 6-17　智慧能源系统无线组网接入拓扑

6.3.4　对能源设备的能源采集要求

智慧能源平台支持两种设备接入方式，要求能源设备利用 BIN 协议通过 IP 网络接入智慧能源平台，或通过 FSU 将能源设备的性能、告警等数据传送给智慧能源平台，同时智慧能源平台通过 FSU 对供电设备进行管理。

不同设备接入智慧能源平台示意如图 6-18 所示。

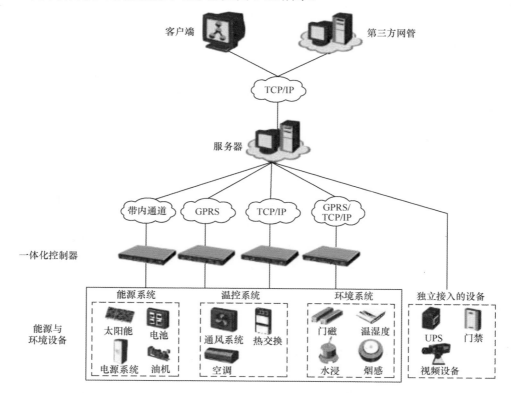

图 6-18　不同设备接入智慧能源平台示意

智慧能源平台对南向设备信号量采集要求的实时信号见表6-2，智慧能源平台对南向设备信号量采集要求的告警信号见表6-3。

表6-2　智慧能源平台对南向设备信号量采集要求的实时信号

部件	信号量
市电	市电累计耗电量
	市电状态
	交流电压
	交流电流
	功率因数
	L1相电压
	L2相电压
	L3相电压
	L1相电流
	L2相电流
	L3相电流
	L1相功率因数
	L2相功率因数
	L3相功率因数
	交流频率
	有功功率
	市电累计供电时长
直流电源	直流输出电压
	总负载电流
	当前供电源
	控制模式
	系统负载率
直流输出配电	直流输出电压
	总负载电流
	负载累计耗电量
	总负载功率
整流模块组	总输出电流
	直流输出总功率
整流模块	直流输出电压
	模块温度

（续表）

部件	信号量
整流模块	直流输出电流
	直流输出功率
	交流输入电压
	限流状态
	实时效率
	电子标签
	运行状态
	硬件版本
	软件版本
电池组	电池状态
	电池总电流
	总额定容量
	总剩余容量
	总剩余容量百分比
	备电时间
	限流状态
	测试状态
	电池温度

表6-3　智慧能源平台对南向设备信号量采集要求的告警信号

部件	信号量
市电	市电停电
	交流过压
	L1相过压
	L2相过压
	L3相过压
	交流欠压
	L1相欠压
	L2相欠压
	L3相欠压
	L1相缺相
	L2相缺相
	L3相缺相
	交流过频
	交流欠频

（续表）

部件	信号量
直流输出配电	直流输出过压
	直流输出欠压
	负载熔丝断
	LLVD即将下电
	LLVD下电
整流模块	整流模块故障
	整流模块保护
	通信失败
	整流模块掉电
整流模块组	整流模块丢失
	整流模块冗余不足
	单模块故障——冗余
	单模块故障——非冗余
	多整流模块故障
	所有整流模块通信失败
	系统重载
	模块升级失败
电池组	电池高温
	电池低温
	电池温度传感器未接
	电池温度传感器故障
	电池均充
	电池下电
	电池均充保护
	电池即将下电
	电池放电
	电池反接
	电池测试取消
	电池充电过流
	电池容量过低
	电池空开跳
温控设备组	柜内回风口传感器未接
	柜内回风口传感器故障
	柜内回风口高温

6.4 能效管理技术的发展趋势

"双碳"目标带领千行百业开始节能减排，每一个高能耗企业将更加重视能效管理，在数字化转型大趋势下，能效管理将在大平台上实现智能化，通过云端协同的智能能源调度实现整体能效最大化，而信息通信系统最终将向零碳化发展。

1. 大平台

当前，数字产业化已经发展成为产业数字化，行业数字化转型进入智能升级新阶段。数字化企业将打破"烟囱"、打通数据，在数字平台中形成"数据湖"，AI能力通过数字平台共享。所有设备运行、能源消耗等相关数据都在"数据湖"中，能效管理是基于数字平台的大数据处理，而非仅仅是预置的能效管理逻辑。

2. 智能化

能效管理除了进行能效自动统计、排序、报表、预警并提供优化建议，还包括AI调优、能源调度等，可使用自动化、智能化手段代替人工设置或调节，实现更加精细化的能效管理。

3. 云端协同

我们从运营商能耗相关的设备分析，电源、UPS、逆变器等传统智能设备如果要实现全面模块化和高效化，则可以通过能源调度实现整体能效最优，例如，设备内的模块休眠、旁路智能在线，系统内的错峰削峰或市电优先等。电池、配电柜、变压器等传统非智能设备因硅进铜退而将逐步全面智能化，例如，智能锂电、智能配电柜、固态变压器等能进行能效管理和能源调度。能源调度是能效管理的高级阶段，优化能源流在时间和空间上的分布，不仅包括休眠、错峰削峰等，也包括储冷、太阳能等能源资源调度，使全网在运行安全的前提下将能耗成本降到最低，能效管理从以集中云中处理为主向云端协同演进。

4. 低碳化

在锂电综合成本与铅酸蓄电池相当、太阳能发电成本低于火电的背景下，大幅度提高备电时长并将信息通信基础设施打造成虚拟电厂，将降低包括电网在内的整体碳排放量。信息通信基础设施同样可以广泛使用太阳能等新能源，功率密度低的通信局（站）有望直接实现低碳排放，功率密度大的数据中心可以"东数西算"，借助高速数据中心互联网络，从西部向东部的远程送电变成数据传输，利用西部新能源的优势，解决东部算力的集中需求，最终实现数据中心零碳排放的目标。碳排放的计量将是体现能效管理的重要指标，也是推动信息通信系统全面低碳化发展的必要因素。

6.5　专家视点

6.5.1　节能技术在通信局（站）的应用实践——智能化空调运维平台在数据中心的应用

随着 5G 时代的到来，社会步入大数据时代，全国数据中心的规模和数量不断增大，而且数据中心的冷源多采用冷水空调系统，但冷水空调的水系统较为复杂，运维人员缺乏专业培训及专家支持，运维手段和技术落后，运维压力较大，现亟须一套现代化、智能化的空调运维平台和技术解决方案。本节从港区数据中心的应用案例入手，就智能化空调运维平台的必要性进行说明，进而有效推广先进运维技术手段在数据中心冷水空调系统中的应用与实施。

6.5.1.1　港区数据中心水冷空调系统的现状

1. 港区数据中心介绍

中国移动（河南郑州航空港区）数据中心（以下简称"港区数据中心"）占地面积约为 13.3 万 m² 左右，建设规模为 20.7 万 m²，投资规模达 45 亿元，港区数据中心一期工程示意如图 6-19 所示。目前，一期工程已完成并投入使用，其中，可容纳 6000 个机架，出口带宽为 5000 Gbit/s。

图 6-19　港区数据中心一期工程示意

2. 港区数据中心水冷空调系统介绍

港区数据中心的空调冷源采用 10kV 高压离心式冷水机组+板式换热器+开式冷却塔，港区数据中心水冷空调系统路由示意如图 6-20 所示。在 B01 和 B02 业务机楼对应的制冷站内分别放置相同台数和规格的制冷机组，两个制冷站之间通过连通管形成一整套制冷系统。根据 B01 和 B02 机楼终期空调功率负荷 34254kW（9740RT）的情况，两栋楼一层制冷站分别配置 3 台功率为 7034kW（2000RT）的 10kV 高压离心式冷水机组，远期实现"5 用 1 备"，总空调冷量为 35170kW（10000RT）。每台冷水机组配套 1 台板式换热器，在过渡季节或者冬季由冷却塔及换热器利用较低的室外气温提供冷源，以减少冷水机组开启时间和降低能源消耗。

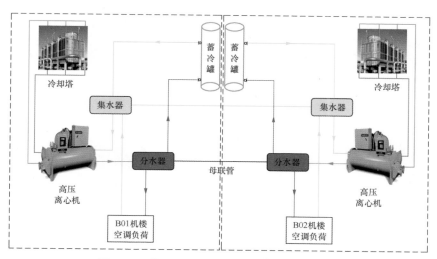

图 6-20　港区数据中心水冷空调系统路由示意

在图 6-20 中，冷冻水循环如图 6-20 中的蓝色管路和黄色管路示意（其中，蓝色管路和黄色管路分别代表低温冷冻水和冷冻水回水，绿色管路和红色管路分别代表低温冷却水和冷却水回水），由离心机机械制冷产生的低温冷冻水通过冷冻水循环泵进入分水器，为满足 4 楼末端空调的冷冻水需要，分水器内的压力较大。分水器内的冷冻水通过管路供给业务机楼各楼层的空调末端，空调末端将业务机房的热量通过冷冻水回水带回至集水器，集水器内的回水再循环至离心机冷却，进入下一个循环。

空调冷冻水系统采用一次泵变流量系统，冷冻水泵通过测量供回水环管两侧的压差并与压差设定值比较，从而调节水泵转速。末端空调机组采用电动二通阀控制流量。冷却水系统也采用一次泵系统，冷却水泵仅在完全自然冷却工况下变频，根据板换侧冷冻水设定温度进行变频。

3. 智能化空调运维平台必要性分析

目前，数据中心的水冷空调系统在运维过程中存在诸多难点，其中，最为突出的是冷源群控系统（水冷空调系统的自动化控制软件平台）没有统一的规范标准，运维人员对水冷空调系统的运维经验也较为欠缺，特别是暖通运维经验不足，导致水冷空调系统的主要设备可能长期运行在异常工况下，进而影响设备和系统的使用寿命和可靠性。同时，在水冷空调系统的运行模式的选择上也缺少智能化平台，智能化平台可用于指导运维人员进行不同季节、不同负载下的模式选择，进而缓解运维压力，保障数据中心空调设备安全运行。

随着 5G、物联网、大数据、人工智能技术的发展，以及国家对加快信息网络等新型基础设施建设的要求，数据中心的数量和功耗急剧增加，对空调运维的安全可靠性要求，以及节能需求和降本增效的需求也会越来越迫切。为支持中国移动云和数据中心的业务发展，降低运行维护费用、节水节电及降低运营成本的需求增大，数据中心的空调智能化运维技术具有极大的发展空间。同时，作为信息基础设施中的重要构成和数据存储及计算的关键设施，数据中心已成为中国移动利用数据提供优质服务的基础保障，其作用及价值日渐凸显，智能化空调运维平台也是体现数据中心自动化程度的一个核心窗口。

6.5.1.2 港区数据中心智能化空调运维平台案例应用

1. 智能化空调运维平台概况

该平台主要是基于人工智能的数据中心水冷空调系统大数据分析与智能配置方案，并输出一套数据中心空调系统节能配置优化、健康的诊断工具，搭建一个云端的数据中心空调智慧运维和大数据诊断平台，提供一套健康诊断、节能诊断等新型数据中心节能降耗解决方案，服务于数据中心数字化运维，保障数据中心运维节能增效、安全可靠。

2. 平台介绍

（1）平台总体目标

研究基于人工智能的数据中心空调系统大数据分析与智能配置方案，输出一套数据中心空调系统节能配置优化、健康诊断工具。

空调节能诊断研究：基于人工智能、机器学习、深度学习、物理模型等方式，实现不同区域、不同季节和不同负载率场景下的空调系统运行参数配置优化解决方案和节能优化策略。

空调健康诊断研究：通过空调运维大数据采集，基于健康诊断、预警诊断、故障诊断等 AI 专用算法，实现可预见性和主动性空调维护，保障空调系统处于节能运行状态。

（2）平台实现原理

构建数据中心空调节能优化能耗模型如图 6-21 所示。为了使不同 IT 负载、不同外界环境（不同季节、不同气候）条件下水冷空调系统各主要设备达到最佳节能状态，即达到最优水量和最优供水温度，如图 6-21（a）所示，需要水冷空调系统各主要设备建立水泵、冷却塔风机和冷却机的模型来预测出不同季节和负载条件下水冷空调系统各主要设备的可调参数，从而实时预测空调系统能耗并寻优，达到最佳节能效果。

为实现该平台对数据中心空调节能和健康诊断的目标，平台通过数据中心冷源群控系统采集历史运行数据，分别对冷机、水泵、冷塔等主要设备进行建模，模拟设备之间的协同运行关系、系统能耗与运行参数的联系，并在物理模型的基础上通过人工智能算法（建立冷机主要设备模型，并通过历时运行参数对模型参数进行迭代训练优化，将训练后的模型用于对实时数据的实时预测，并提供可调优化参数方案）的分析，给出能耗最优的运行方案，建立空调系统模型，基于数据建立空调系统模型如图 6-22 所示。

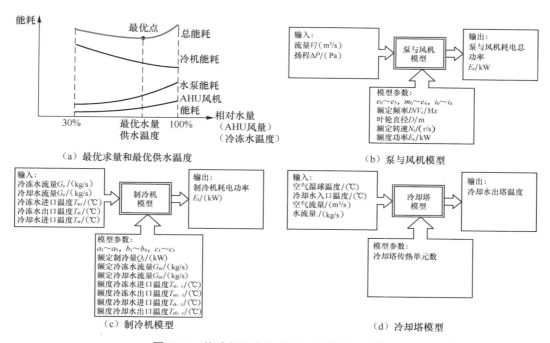

图 6-21 构建数据中心空调节能优化能耗模型

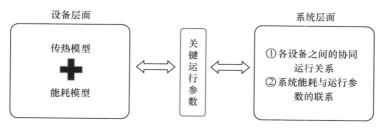

图 6-22 基于数据建立空调系统模型

以港区数据中心空调夏季工况为例，智能化空调运维平台优化流程如图 6-23 所示，在实际计算中，对冷冻侧和冷却侧进行整体控制，为减少运算量，采用先控制冷冻侧再控制冷却侧的控制策略，最终对整个供冷系统运行进行优化。冷冻水遍历温度为 11℃～17℃，冷却水遍历温度为 26℃～35℃。

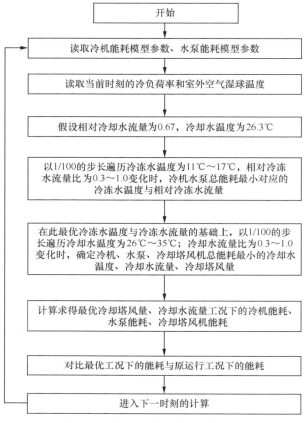

图 6-23　智能化空调运维平台优化流程

3. 应用效果

（1）装机情况

港区数据中心目前投运 B01 和 B02 两栋业务机楼，每栋业务楼设计 12 个机房，两栋楼的设计 IT 总负荷约为 32000kW。目前，装机机房为 21 个，IT 负荷为 8713.41kW，IT 装机负荷率为 27%。

（2）空调运行现状

冷冻水供回水温度为 12℃和 14.8℃，冷却水供回水温度为 28.3℃和 25.4℃，开启冷水机组 2 组，负荷率分别为 71% 和 67%，冷冻水泵运行频率为 35Hz，冷却水泵的运行频率为 40Hz。

4. 节能诊断功能验证和能耗模型的准确性验证

通过对港区数据中心进行试点测试，我们可借助集团节能平台输出节能报告，从而可辅助现场运维人员优化调整冷机、水泵、空调末端等设备的参数值，与日常运维的经验值相符，达到进一步节能的效果。

数据中心智能化空调运维平台的前端界面如图 6-24 所示。我们将 2020 年下半年节能平台推荐的运行参数与 2019 年历史数据进行对比发现，目前已实现空调系统同比节能约 5%。图 6-24 中的绿色部分为空调系统节能率。根据目前测试情况，如果港区数据中心全面采取智能化节能措施，那么 2021 年可实现空调同比节能 15% 的目标。

在图 6-24 中，界面中包含冷源群控各设备的实时运行参数、平台建议可调参数、模型与现场设备能耗曲线拟合图等，有助于数据中心维护人员掌握水冷空调系统各设备的运行工况，并根据可调参数进行整个供冷系统的调优。

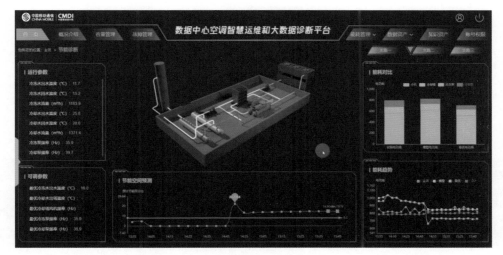

注：浅黄色为监测能耗曲线，黄色为模型能耗曲线，红色为基本寻优曲线，蓝色为自动寻优曲线。

图 6-24　数据中心智能化空调运维平台的前端界面

我们通过平台模型的预测能耗与现场监测的能耗进行对比，验证模型的准确性，平台模型的预测能耗与现场监测能耗的对比见表 6-4，空调能耗模型总体准确率为 97.7%，符合要求。

表6-4　平台模型的预测能耗与现场监测能耗的对比

空调系统分项	节能诊断前耗电功率（kW）	节能诊断后耗电功率（kW）		调参节能方案
	现场监测耗电功率	现场监测耗电功率	模型耗电功率	
冷水机组耗电功率/（kW）	588	468	502	冷水机组供水温度由12℃调参为13℃
冷却塔耗电功率/（kW）	36	12	10.25	冷却塔风机频率由35Hz调参为30Hz

（续表）

空调系统分项	节能诊断前耗电功率（kW）	节能诊断后耗电功率（kW）		调参节能方案
	现场监测耗电功率	现场监测耗电功率	模型耗电功率	
冷冻水泵耗电功率/（kW）	116	117.18	100.45	冷冻水泵频率比35Hz调参为30Hz
冷却水泵耗电功率/（kW）	120	84	67.33	冷却水泵频率由40Hz调参为35Hz
总计/（kW）	860	681.18	696.69	—
模型准确率	—	—	97.7%	—

　　智能化空调运维平台关于冷水机组的节能健康诊断如图 6-25 所示。图 6-25（a）展示了平台对空调系统冷水机组的能耗模型的预测曲线与最优曲线的对比，并根据平台的调参节能方案，将冷水机组供水温度由 12℃ 调参为 13℃；水冷空调系统的冷水机组能耗有所下降，在平台调参节能方案的指导下，达到了冷水机组设备节能运行的效果。

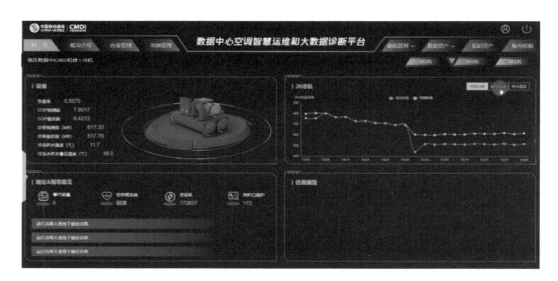

图 6-25（a）　智能化空调运维平台关于冷水机组的节能健康诊断

　　图 6-25（b）展示了平台对空调系统冷却塔的能耗模型的预测曲线与最优曲线的对比，根据平台的调参节能方案，将冷却塔频率由 35Hz 调参为 30Hz，水冷空调系统冷却塔的能耗有所下降，达到了冷却塔设备节能运行的效果。

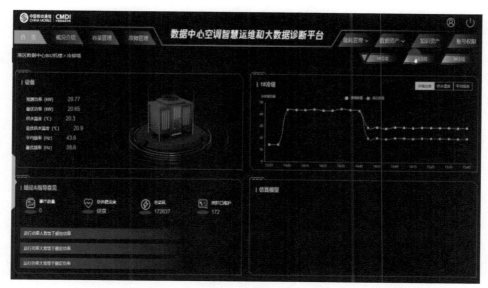

图 6-25（b）　智能化空调运维平台关于冷却塔的节能健康诊断

图 6-25（c）展示了平台对空调系统冷却水泵的能耗模型的预测曲线与最优曲线的对比，根据平台的调参节能方案，将冷却水泵频率由 40Hz 调参为 35Hz，水冷空调系统冷却水泵的能耗有所下降，达到了冷却水泵设备节能运行的效果。

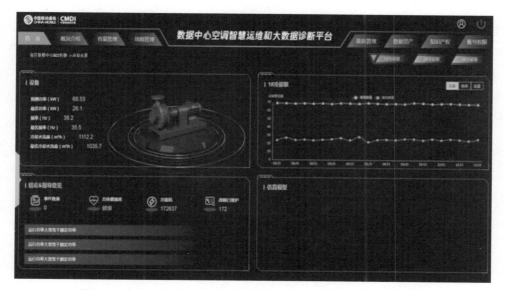

图 6-25（c）　智能化空调运维平台关于冷却水泵的节能健康诊断

图 6-25（d）展示了平台对空调系统的冷冻水泵的能耗模型的预测曲线与最优曲线的对比，根据平台的调参节能方案，将冷冻水泵频率由 35Hz 调参为 30Hz，水冷空

调系统冷冻水泵的能耗有所下降，达到了冷冻水泵设备节能运行的效果。

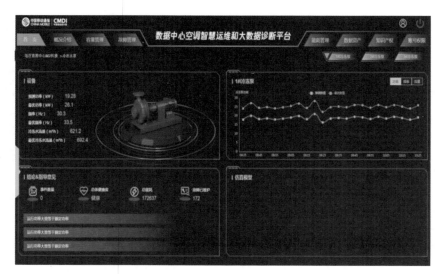

图 6-25（d）　智能化空调运维平台关于冷冻水泵的节能健康诊断

6.5.1.3　总结

目前，智能化空调运维平台作为港区数据中心水冷空调系统的辅助平台，对运维人员掌握空调系统的运行情况起到了一定辅助作用，实时展示了空调系统各主要设备的节能和健康情况，并根据可调参数进行节能调节，支撑一线运维，对数据中心空调系统冷源侧节能起到了指导作用。然而智能化空调运维平台对末端侧空调运维的技术支持手段不足。例如，末端空调无法根据机房温度动态设置开启台数及送风温度等。未来，智能化空调运维平台将持续优化冷源侧的节能算法，同时增加对末端侧空调的智能化技术手段。

6.5.2　节能技术在通信局（站）的应用实践——南方电网公司蓄电池远程核容应用

6.5.2.1　应用背景

南方电网公司有 7000 多个 35kV 及以上变电站，电力通信设备总数量约为 9 万台（不含配电通信网络），共有通信电源设备约 9000 台（包括通信直流电源、交流电源、DC/AC、DC/DC），采用 –48V 通信直流电源系统的变电站均配置有通信专用蓄电池组。

调度机构、220kV 及以上厂站以及通信中继站必须安装通信直流供电系统。通信直流供电系统应双重化配置，配置两套独立的高频开关电源，每套高频开关电源配置独立的蓄电池组。110kV 及以下电压等级新建变电站应采用 DC/DC 供电方式，但仍有较大存量 110kV 变电站配置了通信直流电源系统和蓄电池组。

通信蓄电池组规模大、所在变电站分布广阔，导致其维护工作劳动强度高、成本高、风险大，按照每站配置两组蓄电池，每次核容至少需要两人 3 天的工作量。远程核容系统的应用，可节约人力、物力的投入。

传统的蓄电池核容工作，蓄电池的容量转化为热量消耗掉，通过远程核容系统，蓄电池核容的能量用于通信设备运行。

6.5.2.2 方案简介

1. 系统方案

蓄电池远程核容系统包含蓄电池在线监测和远程核容装置两个部分。

蓄电池在线监测至少包括蓄电池工作状态、蓄电池容量、蓄电池组总电压、单体电池电压、充放电电流、蓄电池温度、蓄电池内阻（电导）、续航时间预估等参数。

蓄电池远程核容装置配有独立的 DC/DC 升压放电模块，通过主站对蓄电池进行远程放电操作，并对放电过程全程进行参数检测记录，以达到测定蓄电池容量的目的。

远程核容装置利用用户实际直流负载对电池组进行放电（DC/DC），以达到电池组节能放电的目的。为了保证在线升压核容的安全性，升压 DC/DC 应使用输入/输出变压器隔离型的 DC/DC 技术，其输出的电压由变压器控制在安全范围内，以保证系统设备的安全，避免出现 DC/DC 电路故障导致过压损坏系统设备的情况。

远程核容装置示意如图 6-26 所示。

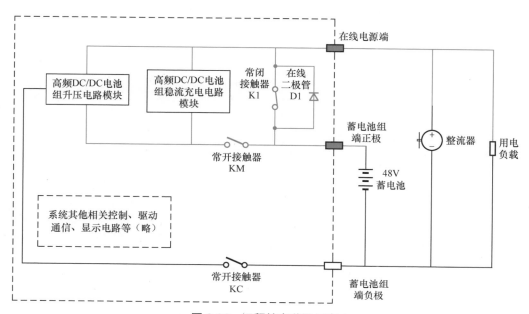

图 6-26　远程核容装置示意

蓄电池远程核容系统可实时在线监测每节单体电池的电压、温度、内阻以及整组电池的总电压、电流等参数，并对单体蓄电池进行均衡充电管理，配套的后台管理软件需对放电采集的数据信息进行处理，分析电池剩余容量，生成各种图表，评估蓄电池安装质量，并在导电条氧化或者接触不良时告警；轻松甄别落后单体、评估电池组性能、及时发出修复信号，为分析电池性能提供科学依据。系统的数据采集模块采用RS-485有线方式与主机通信，可以将单体采集模块采集到的指标通过内部网络上传到后台软件，以此实现对蓄电池组的远程集中监控。后台软件远程发送放电指令，在放电条件符合的前提下，远程监测核容系统启动放电核容。

本系统内置DC/DC升压放电装置，在不改变整流器电压/电流输出的情况下，根据外部环境的变化，智能调节对蓄电池的电流/电压输出，减少两组电池的压差从而实现涓流充电；并通过单向二极管防止合闸时出现环流过大的情况，安全高效。当蓄电池组充电达到和另外一组蓄电池电压基本均衡的状态时，把蓄电池组切换到与母线直连的状态，避免出现大电流充电引发的故障，从而达到保护蓄电池、延长其使用寿命的目的。

另外，DC/DC升压放电装置并联了单向二极管，当直流母线异常无电压供应时，单向二极管由蓄电池向整流器导通，无缝为负载供电。对于仅配备单组蓄电池的直流系统，建议放电深度不超过50%；对于配备两组蓄电池的直流系统，则可以进行100%深度放电核容。

广东电网在110kV变电站试用了远程核容技术，试用远程核容技术的部分现场照片如图6-27所示。

站点：广东某变电站1
容量：48V 300Ah

站点：广东某变电站2
容量：48V 300Ah

站点：广东某变电站3
容量：48V 300Ah

图6-27　试用远程核容技术的部分现场照片

2. 系统结构

蓄电池远程核容系统结构如图 6-28 所示。电池组在线维护管理功能是利用DC/DC升压对蓄电池组进行核容放电来实现的，不改变原有电源系统，在确保电源安全的前提下完成对蓄电池的核容放电试验。

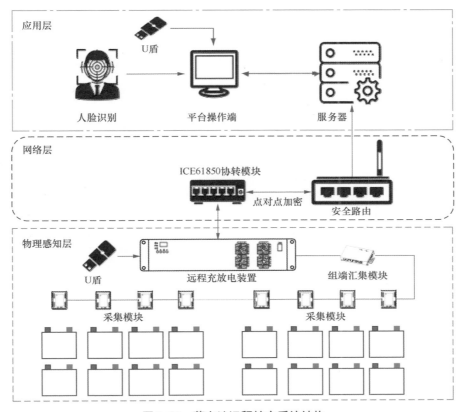

图 6-28　蓄电池远程核容系统结构

（1）蓄电池监测传感器及充放电核容装置（物理感知层）

蓄电池监测传感器及充放电核容装置实现对电池组每节电池的电压、内阻、温度、母线电压、充放电电流、环境温度等各项参数的采集监控，可控制本地充放电装置实现远程充放电核容，可设定本地装置实现对电池组的均衡。

（2）构建基于物联网技术的蓄电池智能运维网络（网络层）

每台设备配置IEC61850协议转换模块，通过内部网络与服务器连接，监控中心建设数据处理服务器实现数据的处理、备份。

（3）蓄电池远程充放电运维平台（平台层）

平台使用B/S（Browser/Server，浏览器/服务器）架构，使用者无须安装用户端、终端或移动设备，直接通过 Web 浏览器进行访问或操作。B/S 架构直接放在广域网上，通过不同的访问权限对相关授权内容进行访问，支持多用户访问，交互性较强。现场维护人员、监控中心运维人员、管理者根据不同的角色授权，可同时进行相关的业务查询操作。

（4）构建蓄电池智能运维系统（应用层）

1）蓄电池监控管理

通过主界面可实时查看蓄电池的位置、配置情况、蓄电池的厂商、规格型号、投入使用日期、实时状态、告警信息等重要信息；监控界面可实时查看电池组的电压、电流、续航时间等关键参数信息。

2）蓄电池核容管理

通过测试界面，远程对指定单个或多个蓄电池组进行核容参数设置，并启动/停止核容测试。在历史数据界面查看核容历史数据，可对充放电过程中电池的电压、电流等进行详细查看及对比。

3）蓄电池健康管理

通过对批量蓄电池组的充放电运维来获取大量的电池状态信息，对蓄电池的容量、ODO 循环深度、充放电次数、环境温度、充放电起止电压等数据，建立蓄电池健康状态评估模型，实现蓄电池组全生命周期的预防、检测以及健康寿命管理。

（5）安全防护

1）感知层防护措施

对于物理感知层的安全防护，采用双因子认证，对节点的身份进行严格的管理和保护，对节点增加认证和访问控制，只有授权的用户才能访问相应供应节点的数据，设计能够使未被授权的用户无法访问节点的数据，有效地保障了物理感知层的数据安全。

2）网络层防护措施

网络层为保障数据的完整性、数据在传输过程中不被恶意篡改，采用点对点加密机制，对每个节点的数据进行加密，加密后再进行传输，从而有效地降低数据被攻击者解析出来的概率，保障数据在跳转过程中的完整性、安全性。

3）应用层的防护措施

应用层是信息物理系统决策的核心部分，所有的数据都是传到应用层处理的，因此，必须要对应用层的数据的安全性和隐私性进行保护。应用层的安全措施主要是加强不同应用场景的身份认证。系统中有系统管理员和高级管理员，他们的管理权限不同，为了防止攻击者欺骗系统进而对系统采取不法的操作，系统采用人脸识别的方式登录。不同应用场景的身份认证有效地保护系统使其不受攻击者的侵害，保障应用层的安全。

3. 系统功能要求

（1）电池单体采集及均衡模块

电池单体采集及均衡模块负责采集蓄电池数据，并将采集到的蓄电池数据通过 RS-485 总线传输给汇集器。除蓄电池组的总电压、充放电电流、环境温度、单体电池电压等数据外，电池监测装置还能测试两个重要的参数：电池内阻、电池温度，并可对每节单体电池单独进行均衡充电。

1）电池内阻测试

蓄电池的内阻是衡量蓄电池性能的重要参数。研究表明，阀控式蓄电池的失效模式例如早期容量损失、板栅腐蚀和膨胀、失水干涸、硫酸盐化等都会导致电池内阻增大，因此电池内阻可以反映绝大部分的电池故障或失效信息。本系统采用瞬间脉冲放电来测试电池的内阻，这种测试方法具有速度快、精度高、一致性好、对电池无损伤等优点。

按照 YD/T 1360—2005《通信用阀控式密封胶体蓄电池》、YD/T 799—2010《通信用阀控式密封铅酸蓄电池》对蓄电池内阻的要求可知，蓄电池的额定容量越大，其内阻越小。定期的内阻测试能够了解蓄电池的内阻变化趋势。核对性放电试验是为了测试蓄电池容量，并找出落后的单体电池。由于蓄电池组中各单体电池电压存在差异，核对性放电试验不能准确判断各单体电池状态，而内阻测试为找出落后单体提供了另一个有效的判断依据。

2）电池温度测试

蓄电池在充电时或单体电池存在失水等故障时，电池的充电电流与温度均升高且互相促进，使电池内部温度迅速升高，形成热失控。本系统采用高精度的 NTC 热敏电阻来监测蓄电池的温度，监测点为充电时蓄电池反应最为剧烈的负极柱，这种测试方式具有响应速度快、精度高等优点，可有效监测电池内部温度，避免电池热失控现象发生。

（2）智能控制充放电功能

系统集成 DC/DC 模块用于升压放电，将蓄电池电源升压，为用户负载供电。当满足放电停止条件时自动转为稳流充电，系统内稳流充电电路模块开始工作。充电电流小于浮充电流时结束充电，蓄电池直接恢复在线，由整流器直接给蓄电池浮充充电。系统电源取自蓄电池组，保证系统工作不受市电影响，在市电断电后可保证用户负载的供电不间断。蓄电池组浮充状态—电源系统电流方向如图 6-29 所示。

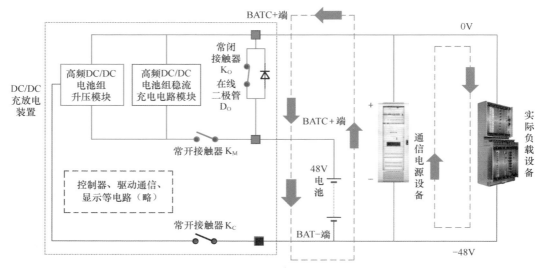

图 6-29　蓄电池组浮充状态—电源系统电流方向

常闭接触器 K_O 断开，K_c 和 K_m 闭合，高频 DC/DC 电池组升压模块开始工作，蓄电池电源升压至略高于整流器电压，从而取代整流器给用户负载供电。电池组开始进行容量核对性放电测试，放电过程中设备实时控制放电电流（前提条件是用电负载电流大于设备所设定时放电电流）。蓄电池组核容放电状态—电源系统电流方向如图 6-30 所示。

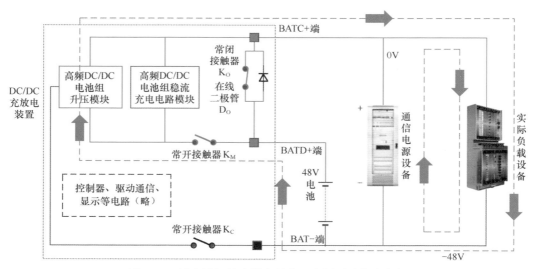

图 6-30　蓄电池组核容放电状态—电源系统电流方向

放电结束后自动转为充电，高频 DC/DC 电池组稳流充电电路模块工作，系统自动调节充电电流到设定的值并稳流；电池组开始使用原有的整流器进行稳流充电。蓄电池组稳流充电状态—电源系统方向如图 6-31 所示。

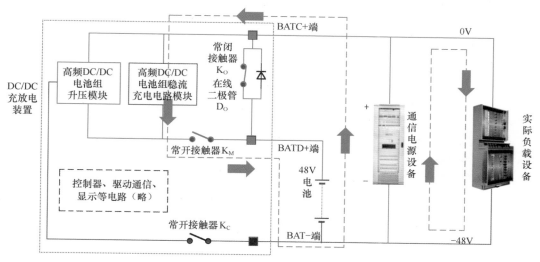

图 6-31　蓄电池组稳流充电状态—电源系统电流方向

（3）安全加密认证模块

蓄电池远程核容主站与蓄电池远程核容装置之间的通信需要按照 Q/CSG 120311—2016《南方电网通信电源技术规范》采用统一协议，同时采用符合网络安全的 HTTPS 传输。安全分区为 II 区。

（4）后台服务器

后台服务器主要包括设备服务器、Web 服务器以及数据库。设备服务器的主要功能是负责分析并转发用户的操作命令到管理主机，对管理主机上传的蓄电池数据、状态以及告警信息等进行分析，并将其存储至数据库中。Web 服务器主要负责为用户提供数据浏览服务，以及响应用户的操作命令。用户通过浏览器可以查询设备的工作状态，浏览蓄电池的数据，查看充放电过程中蓄电池数据（总电压、放电电路、单体电压等）的变化曲线。蓄电池在线监测系统包括蓄电池在线监测、通信网络以及后台数据管理和分析等功能。

（5）系统的功能

系统的功能如下。

① 能自动识别浮充、均充、停电放电、内阻测试等电池工作状态。

② 支持在线放电管理，记录蓄电池的放电曲线与放电容量。

③ 内阻测量采用开尔文四线测试方法，具有在线测量、重复精度高、抗纹波能力强的特点。

④ 蓄电池在线监测。

⑤ 单体电池电压测量精度的误差不超过 ±0.005V；总电压测量精度的误差不超过 ±0.2V；电流测量精度的误差不超过 ±1A；温度测量精度的误差不超过 ±1℃；蓄电池容量检测精度的误差不超过 ±10%；内阻重复精度的误差不超过 ±3%。

⑥ 设备应具有 RS 232 接口、RJ45 网络接口和 USB 接口，用于设备采集到的各项参数的本地和网络化传输，支持 IEC61850 协议。

⑦ 单体电池监测模块禁止从电池上取电。

⑧ 单体电池监测应采用"一拖一"监测的方案，即：一节电池接一个监测模块，该模块采集单体电池的电压、内阻和温度。电池在浮充状态下，测试内阻时的峰值电流应不超过 1.5A，避免损坏蓄电池的极柱或极板。

⑨ 单体电池监测模块应具备自动顺序编号的功能，能自动和电池编号一一配对。

⑩ 配置服务器软件采用 B/S 架构，使用浏览器访问。

⑪ 支持曲线、柱状图等图形显示功能。

⑫ 支持报表功能（月报、季报可自动发送）。

⑬ 具备实时告警功能。

⑭ 支持短信、邮件功能。

⑮ 接收设备服务器下发的命令，分析并执行，最后返回执行结果。

⑯ 通过网络（TCP/IP），定时上传测量数据到设备服务器。

⑰ 定时执行本地数据保存功能（USB 或 SD 卡）。

⑱ 实时分析测量数据，及时产生告警数据，并上报给设备服务器。

不同电压等级厂站的设备配置参考见表 6-5。

表6-5　不同电压等级厂站的设备配置参考

设备材料名称	主要技术参数	单位
110kV远程监测核容装置	标称100A放电、200A带载，可根据实际配置	套
220kV远程监测核容装置	标称100A放电、400A带载，可根据实际配置	套
500kV远程监测核容装置	标称200A放电、600A带载，可根据实际配置	套
J站大楼远程监测核容装置	标称200A放电、800A带载，可根据实际配置	套

4. 标准化说明

南方电网企业标准 Q/CSG 120311—2016《南方电网通信电源技术规范》的 8.2.2 节规定新站点应配备蓄电池在线监测及基于安全认证的远程核容装置。新建厂站的远程核容装置已成为标准配置。

6.5.2.3　节能效果

远程核容装置利用用户实际直流负载对电池组进行放电（DC/DC），以达到电池组节能放电的目的。

按照南方电网 500kV 及以上变电站约 180 个，220kV 变电站约 1000 个，110kV 变电站约 4900 个进行规模估算；一般，500kV 变电站配置 1000Ah 蓄电池组 2 组，220kV 变电站配置 500Ah 蓄电池组 2 组，110kV 变电站配置 300Ah 蓄电池组 1 组（另外考虑 50% 的变电站配置了直流电源和蓄电池组，其他 50% 配置 DC/DC 模块，不配置通信蓄电池组进行估算，有 50% 的 110kV 变电站配置通信蓄电池组）。节能效果方面，以 500kV 变电站为例，每个站点因为远程核容装置可节约用电 48V×100A（放电电流）×5 小时（估算放电时间）=24000V×A×H=24 千瓦时，估算站点累计每年可预计的节能约 50280 千瓦时。500kV 变电站年节电情况见表 6-6。

表6-6　500kV变电站年节电情况

序号	站点类型	蓄电池容量（Ah）	数量（个）	放电5小时能量（Wh）	节电（kW·h）
1	500kV及以上	1000	360	24000	8640
2	220kV	500	2000	12000	24000
3	110kV	300	2450	7200	17640
合计					50280

从绝对数量上看，由于电力通信系统的总体负荷不高，所以纯粹的电能节能效果并不显著。但是，考虑到人力成本、差旅成本和时间成本，系统推广后可减少大约 5000 次的核容工作，还能提高蓄电池组的维护质量，综合节能减排效果值得期待。

6.5.2.4　集装箱式数据中心在多站合一中的应用

电力行业业务主要包含 5 个环节，分别为清洁友好的发电、安全高效的输变电、灵活可靠的配电、多样互动的用电、智慧能源与能源互联网。在互联网、物联网、5G 技术蓬勃发展的趋势下，数据处理和存储的需求显著增加，数据中心是智慧城市、智能电网的重要基础设施。南方电网公司深圳供电局依托本地变电站资源优势，从提高公司资产利用率角度出发，探索多站合一业务。

1. 应用背景

多站合一，是以变电站为载体，基于存量变电站改造，在不改变原变电站的基础设施和相关功能的前提下，实现功能和应用上的再升级。多站合一可以利用电网公司现有或新建的变电站中的闲置土地、空间、通信、电力等资源建成融合数据中心、5G 基站、变电站、电动汽车充电站的综合站点，也可以将储能站融入多站合一方案中。国家电网公司和南方电网公司均有多站合一的案例。

多站合一方案采用的集装箱式数据中心是成熟产品，已有相关国家标准规范，在互联网行业多有应用，它提供数据中心的计算能力并通过通信网络对外延伸，与数据中心通过强电引电集中传输相比，缩短了强电供电的距离，节省了导线建设费用。

2. 方案简介

本方案采用集装箱式数据中心，依据GB/T 36448—2018《集装箱式数据中心机房通用规范》、GB 50174—2017《数据中心设计规范》，在某110kV变电站一期建设配电集装箱一个，集装箱式数据中心一个，充电桩4个，预留5G基站空间。

数据中心集装箱内IT设备为双路UPS供电。正常工作时各带50%的IT负载，在任意一路电源异常断电或出现闪断的情况下均能确保各个系统不间断供电。监控、消防设备采用双路UPS供电。

配置间接蒸发冷空调机组的数据中心集装箱，IT机柜、监控主机及消防主机的UPS交流负荷约为80kW，相应配置两套交流不停电源系统，每套容量为100kVA，并配置两套蓄电池，每套含40只12V、120Ah蓄电池。

上述设备组成不间断电源柜两面、电池架两组，均安装于数据中心集装箱内。

集装箱尺寸为15000mm×3000mm×3400mm，箱体外配置枪机摄像头，箱体采用波纹板，箱体内设置保温层，内部冷热通道隔离，冷通道为900mm，热通道为700mm，集装箱内配置线缆进出防水组件、等电位接地网。

数据中心由以下结构组成：

① 装饰装修系统，由集装箱厂商提供；

② 供配电系统，包括UPS、配电柜、照明系统及防雷接地系统等；

③ 空调系统，包含间接蒸发冷空调、精密空调、新风机等；

④ 综合布线系统，包含设备机柜、配线模块、光缆、铜缆等；

⑤ 综合监控系统，包含视频监控、门禁管理、电源及设备监控；

⑥ 消防系统，包含消防探头、七氟丙烷灭火瓶组。

新建24芯光缆从集装箱1分2路由到变电站的通信机房内，在集装箱和通信机房内的光纤配线模块成端。数据中心集装箱通过电力通信机房实现外网连接。

多站合一方案可通过盘活电网公司现有变电站、通信、电力等闲置资源，深入挖掘基础资源潜力。按照每个集装箱包含14个机柜（含服务器）、一个网络机柜、供配电系统、空调系统、照明系统、综合布线系统和消防系统等配置。远景项目可结合变电站资源确定可新增的集装箱数据中心数量，从而匹配业务需求。

3. 相关指标

本方案数据中心采用间接蒸发技术，PUE值最低可降低至1.25。采用间接蒸发冷空调，充分利用室外自然风冷却，降低了数据中心能源消耗，比普通冷却方式节能40%以上。制冷空调共有3个工作模式：春秋冬季时采用高效热交换器自然冷却；夏秋季时采用水喷淋蒸发冷却＋高效热交换器换热；夏季时采用水喷淋蒸发冷却＋高效热交换器换热＋机械补充制冷。集装箱内采取冷热通道封闭设计，防止冷凝水进入设备区，并预留冷热通道维护通道，最大限度地保障IT设备的可靠运行。

　　本方案以变电站为枢纽，打造数据中心、充电桩等新型基础设施平台，促进电网公司数字化转型。其中数据中心最具规模化发展前景，可形成靠近电网公司的边缘计算资源，是泛在电力物联网建设的必备数字基础设施，充分发挥了现有通信、电力等资源优势，提供分布式计算资源。

6.6　技术应用案例

6.6.1　DCIM 智能运维管理平台在数据中心的应用

6.6.1.1　平台介绍

　　DCIM智能运维管理平台以DevOps方法论为指导思想，开发、实施及运维三级中心架构，包含自动化中心（一级中心）、监控中心（二级中心）以及全国中心（三级中心）。平台集成多个自研的运维管理子系统，共同组成智能运维管理平台，全方位满足数据中心运维管理的需要；同时整合数据中心动力环境监控系统、楼宇自控系统和IT基础架构监控系统（指服务器、网络、存储、数据库、中间件等），将数据中心设备监视和控制进行了统一和开放性管理。

　　平台采用先进的微服务分布式系统架构，具备海量数据处理能力；采用多种数据库，例如时序数据库，支持大规模数据吞吐量，速度快，效率高；对数据中心运行能耗数据进行采集展示，根据能耗数据分析挖掘，结合人工智能、物联网和云计算等技术，对数据中心实现全方位的"监、管、控"，实现有效的绿色节能减排，提供数据支撑。

　　平台的全国中心汇集各地方中心的实时监控数据及告警、运维人员实时动态、运维班组排班、工单系统、安防相关数据，以及重要的知识库数据，同时记录所有关键数据并进行分析，用于指导生产工作；减少现场驻场运维人数，同时保证部分小型机房可在无人值守情况下稳定、高效运行；大量的数据采集样本带来大数据资源，基于大数据分析功能，成为了节能减排工作的重要数据依据。

6.6.1.2　平台架构

　　从基础的机房设施到IT设施，再到虚拟化平台，最后到应用，平台实现了从物理层到应用层的全面综合监控。微服务分布式的架构、采用时序数据库满足了数据中心监控的大规模数据吞吐量。在安全性上，做到了事前预防（告警通知）、事中控制（BA实时控制）、事后追溯（历史查询）。配套IT服务管理（IT Service Management，ITSM）系统，实现整个运维业务流程自动化、操作自动化。告警功能支持智能化分析，包括根源分析、影响分析等，快速定位故障点，提高了运维工作效率。展示层组态功能支持用户自定义监控视图，3D可视化、丰富的仪表盘提升了平台的体验性。

6.6.1.3　主要核心参数

单测点更新响应时间：100ms内。

单周期测点处理量：90万个/s。

告警响应时间：测点更新后10ms内。

单周期告警处理量：90万个/s。

控制指令处理时间：100ms内。

单周期控制执行处理量：50万个/s。

6.6.1.4　节能效益

基于能耗、能效等分析数据，结合后台算法，通过人工智能算法并和BA联动，对制冷系统自动进行实时控制，有效节约冷量，间接达到节能和节水的目的，并给出节能措施建议，实现节能减排目的。

DCIM平台提高了专家资源的利用率，专家团队与其他数据中心进行资源整合优化，缩减35%的人员配置。

DCIM平台在长期采集、汇总、分析数据后，按周期不断地对自动化中心内参与运算的参数进行微调优化，进一步优化用能效率，对降低PUE值有显著效果。

6.6.1.5　设计施工要点

1. 工程设计要点

（1）自动化中心

DDC安装位置尽量靠近自动化主机，例如集中式冷机；采集设备按物理位置安装在相关弱电/接入间，例如按楼层安装、按区域安装；采集设备分配方面，建议按暖通及电气设备区分不同的采集器；在采集设备端口分配方面，建议对测点多于100个的设备单独分配通信端口，单个端口并入设备建议不超过12个；对于需要单独供电的小型设备，直流电源模块可统一安装在分区的弱电/接入间。

（2）监控中心

建议采用双机热备方案，确保系统能够持续提供稳定的服务，应用方案可采用Nginx+Keepalived；监控中心服务器建议安装在统一设备间，与各区域自动化中心使用工业交换机通信，交换机之间考虑到监控网共用，建议采用1Gbit/s及以上带宽的光线链路；交换机配置部分，建议将不同的弱电系统做网段隔离，以保证数据安全。

（3）全国中心

各个监控中心与全国中心建议部分采用100Mbit/s专线网络通信。

（4）其他

监控网段需要与外网做隔离，尽量避免由于外网因素导致病毒或者木马感染。

2. 工程施工要点

（1）监控设备端

设备与采集器、DDC 之间需要采用屏蔽两芯线（需要单独供电的设备可使用 4 芯屏蔽线或者两根两芯屏蔽线）；所有线路需要走弱电桥架/线槽，避免与强电桥架/线槽冲突。

（2）自动化中心控制箱

由于部分设备存在信号反馈时延或者调试不完善情况，对于弱电控强电部分，建议选用可调节时延继电器。

（3）环境要求

服务器、采集器及 DDC 的安装环境需要保持良好的温度和湿度，以减少由于环境因素导致的设备损耗、老化。

6.6.1.6 项目应用案例

河北廊坊的三河数据中心，投产于 2018 年下半年，设计容量为 15000kVA，总在线机架数量为 966 个，目前在线服务器数量超过 13000 台，主要服务于某大型互联网公司。

该数据中心在设计及建设时均以 DCIM 平台历年收集及分析的其他数据中心的数据为参考依据，优化资源配置，同时监控系统完全采用 DCIM 平台解决方案搭建，项目效益主要体现在用能效率和节能减排等方面。

1. 用能效率

由于该数据中心是以大数据为依据设计和建设的，因此在 2018 年建立投产初期，PUE 值均值已经达到 1.38 的较优值，大数据用于指导建设的价值已经稍有体现。

2019 年，用户服务器大批量上线后，监控中心开始全面运行，自动化中心开始部分采用标准参数运行后，数据中心的 PUE 值均值由 1.38 下降到了 1.35。

2020 年，用户服务器上架率提高之后，自动化中心开始完整运行，同时 DCIM 平台根据各数据中心本地特有参数的汇算数据进行进一步优化，数据中心的 PUE 值均值由 2019 年的 1.35 下降到了 1.29，用能效率进一步提高。

2. 节能减排

该数据中心 2019 年及 2020 年单服务器月均电耗见表 6-7，单服务器月均水耗见表 6-8，可以看出，该数据中心节能效果显著。

表6-7　单服务器月均电耗

年份	1月电耗(kW·h)	2月电耗(kW·h)	3月电耗(kW·h)	4月电耗(kW·h)	5月电耗(kW·h)	6月电耗(kW·h)	7月电耗(kW·h)	8月电耗(kW·h)	9月电耗(kW·h)	10月电耗(kW·h)	11月电耗(kW·h)	12月电耗(kW·h)
2019	242	242	271	233	282	291	287	261	251	245	237	241
2020	229	211	227	226	245	244	262	243	243	243	231	239

表6-8　单服务器月均水耗

年份	1月水耗 (m³)	2月水耗 (m³)	3月水耗 (m³)	4月水耗 (m³)	5月水耗 (m³)	6月水耗 (m³)	7月水耗 (m³)	8月水耗 (m³)	9月水耗 (m³)	10月水耗 (m³)	11月水耗 (m³)	12月水耗 (m³)
2019	0.38	0.20	0.36	0.46	0.64	0.65	0.68	0.64	0.61	0.48	0.41	0.35
2020	0.24	0.23	0.34	0.41	0.51	0.56	0.57	0.59	0.51	0.48	0.40	0.34

6.6.2　站点节能解决方案

6.6.2.1　方案介绍

　　站点节能解决方案针对运营商用户面临的经营风险和降本增效的诉求，帮助运营商用户实现"按需用能、节能减排"的目标。站点节能解决方案如图6-32所示。站点节能解决方案不改变现有的维护模式，能够实现各类节能策略的编辑、下发、执行以及电量计量、节能效果评估等功能。

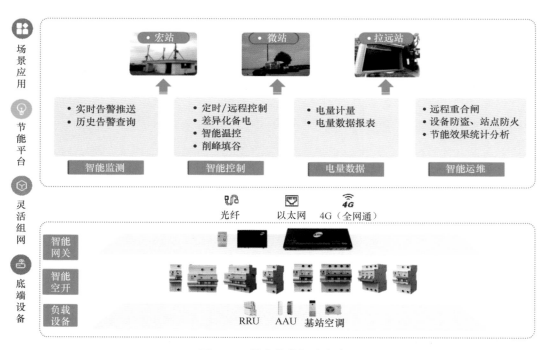

图6-32　站点节能解决方案

6.6.2.2　方案主要支持的业务功能

　　1. 负载设备智能关断

　　智能关断技术能够实现精细化按需用能，在基站负载低或者用户量极少时，关断休眠基站多余能耗部件，当基站负载升高时，智能开启相应部件以满足需求，从而达到节能减排的目的。

2. 空调设备智能温控

空调是机房在线监控的盲区，具有常年打开、固定温度/风量设置、人为调整后无复位机制的特点，因此容易产生不必要及多余耗电。本方案采用智能空开+智能网关，通过机房室温动态、季节特征调整空调的运行状态，实现智能温度调节、特定季节冻结时段等站点节能。

3. 多运营商共建共享站差异化备电

铁塔公司为运营商提供了站址资源，实现站址资源共享共建并整合了各运营商无线网络业务需求。因此，面临停电时，需要对不同运营商负载设备进行分组差异化供电，本方案可通过智能空开+智能网关为站点提供基站设备分组差异化供电。

4. 电费"削峰填谷"

直供电电价具有"峰平谷"的特点，当基站站点能可靠备电且峰谷电价差较大时，本方案可通过交流智能空开+智能空开实现 5G 用户"削峰填谷"降低电费支出。

5. 多家运营商共建共享站电量计量

多家运营商共享的存量基站需要对运营商负载功耗进行计量电费分摊，对此可采用智能空开+智能网关实施基站电量计量。并可通过节能平台精准分析，支持用日/月/年用电量查询及掌握整体耗电情况，以便调控大功率电量，节约用电。

6.6.2.3 多种组网模式

1. 本地组网解决方案

本地组网解决方案如图 6-33 所示。

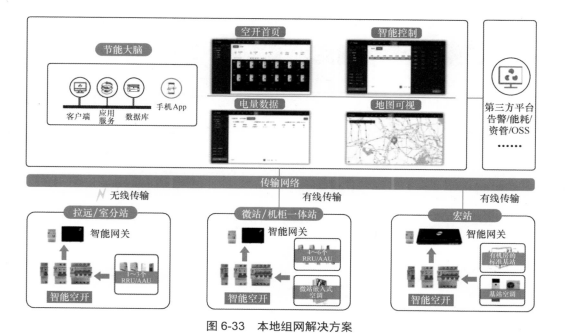

图 6-33 本地组网解决方案

2. 公有云组网解决方案

公共云组网解决方案如图 6-34 所示。

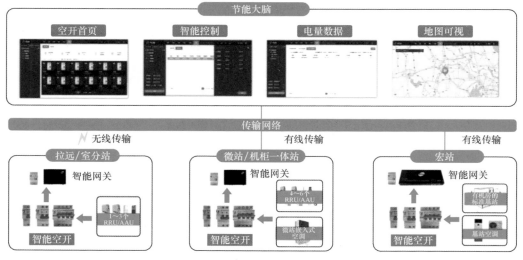

图 6-34　公有云组网解决方案

3. 现网改造解决方案

现网改造解决方案如图 6-35 所示。

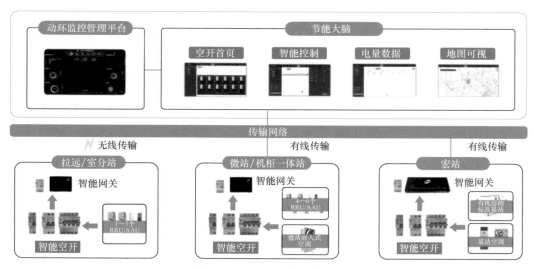

图 6-35　现网改造解决方案

6.6.2.4　方案优势和价值

1. 灵活组网统一管理

① 该方案具备多种灵活组网方式，可实现不同场景下的节能管理。

② 该方案可与动环网管平台无缝对接，统一管理，避免分别搭建平台。

③ 该方案支持有线、无线混合组网统一接入同一套动环监控平台并且模式丰富。

④ 该方案支持手动控制、定时控制、无线业务流量控制、数据智能控制等多种控制方式。

⑤ 该方案后期可以综合利用动环的能耗、环境、负载等数据迭代演进，功能更丰富。

2. 高效节能，降本增效

① 该方案可实现基站站点的节能策略、电费计量、安全保障、智能运维。

② 该方案通过数据报表可统计节能经济效益，可综合利用动环的能耗、环境、负载等数据进行功能迭代演进。

3. 性能强大，安全可靠

① 智能空开带有保护和灭弧装置，额定电流最大为100A，分断能力大于6kA。

② 智能空开具有过欠压、过载、短路、漏保自动跳闸和自恢复功能。

③ 智能空开有自动、手动两种工作模式，便于本地维护。

4. 易于部署，维护便捷

① 智能空开内置软件判断逻辑，可以通过自行检测参数实现自动重合闸，减少人力运维。

② 可纳入现网平台统一管理，管理维护方便。

③ 前端控制设备均支持导轨式安装。

6.6.2.5 设计施工要点

① 根据现网情况选择合适的组网方式。

② 根据所需接入设备和安装环境选择合适的网关。

③ 前端设备需要根据所实现的业务功能确定接线位置。

④ 前端设备安装时需要充分考虑施工安全性，避免安全事故。

项目应用案例见表6-9。

表6-9 项目应用案例

用户案例	业务量闲时（h）	单个负载设备平均节能（kW·h/D）	单个负载设备平均节能（kW·h/Y）	节能率（%）
温州电信（AAU）	6	3	1099	22.80
资阳铁塔（AAU）	6	2.76	1007.5	20.35
东营铁塔（大功耗RRU）	6	6.4	2336	25

第7章

低碳能源应用

7.1 低碳能源和智慧节能管理概述

随着国家碳达峰、碳中和目标的提出,通信行业常规以化石能源为主的高碳排放能源供应结构亟须转型,需要因地制宜地采用各类二氧化碳等温室气体排放量低或者零排放的能源产品作为通信行业的补充能源,且随着科学技术的发展,不断提升其占比,从而实现总体能源供给结构的优化提升。

能源低碳化就是要发展对环境、气候影响较小的低碳替代能源。低碳能源主要有两大类:一类是清洁能源,例如核能、天然气等;另一类是可再生能源,例如风能、太阳能、生物质能等。核能作为新型能源,具有高效、无污染等特点,是一种清洁、优质的能源。天然气是低碳能源,燃烧后不产生废渣、废水,具有使用安全、热值高、洁净等优势。可再生能源是可以永续利用的资源,其中风能和太阳能完全不涉及碳排放。利用生物质能中的秸秆燃料发电,农作物可以重新吸收碳排放,具有"碳中和"效应。

开发利用可再生新能源是保护环境、应对气候变化的重要措施。中国可再生能源资源丰富,具有大规模开发的资源条件和技术潜力。通信行业作为国家的信息"高速公路",其覆盖面广,更有条件大力发展风能、核能、太阳能、生物能等新能源,我们应优化能源结构,推进能源低碳化。

"十四五"是我国深入推进生态文明建设的关键期,也是以生态环境高水平保护促进经济高质量发展的攻坚期、持续打好污染防治攻坚战的窗口期,以及实现碳中和宏伟目标和美丽中国建设目标的重要时期。作为碳排放总量的大国,我国工业总体上尚未完全走出"高投入、高消耗、高排放"的发展模式困境。随着网络技术的演进,通信机房内的各类电源空调设备等数量指数级增长。长期以来由于电源、暖通等机电设备技术发展缓慢,相对于通信主设备而言,其自动化水平较低,在自管理、自优化方面存在不足,无法匹配智能化程度较高的CT、IT类后端负载业务,导致在供电、供冷等方面无法精确匹配。同时,海量数据的存储、处理、关联分析等对运维人员的工作造成了较大管理压力。在这种背景下,大量的配套动力设备和多个系统给高效管理带来了挑战,随之而来的能耗管控的复杂度和难度也越来越大。要解决通信机房能耗管控的痛点问题,需要智慧节能技术及管理系统改进现有通信机房节能管理、运营管理的复杂度和难度,向智能化、数字化、标准化、精细化演进。通信机房智慧节能管理、运营管理离不开信息化技术的支撑,在国家政策要求及行业背景下,通信机房智慧节能管理系统应运而生,成为发展的必然趋势。

本章重点阐述了各类低碳能源的定义、技术架构和应用案例,同时针对典型智慧节能技术和一种典型的通信能源总体智慧节能系统做了介绍,希望有助于各类通信企业用户在实际中借鉴应用，借助 IT 与大数据等手段不断提升能源使用效率，实现总体能耗水平的降低。

7.1.1 低碳能源的定义

低碳能源是替代高碳能源的一种能源类型，它是指二氧化碳等温室气体排放量低或者零排放的能源产品，主要包括核能和一部分可再生能源等。

低碳能源应用是指通过发展清洁能源，包括风能、太阳能、氢能源等替代煤炭、石油等化石能源，以减少二氧化碳排放。同时，近几年随着电网的峰谷电量管理要求的不断增强，通信局（站）采用蓄电池开展储能，电网波谷时段进行充电，电网波峰时段进行放电，有效吸纳和利用电网供给，成为通信行业一个重要的低碳应用。利用峰谷差价实现通信网络电费的降低，为运营商的运行成本降低提供了良好的途径。

7.1.2 低碳能源的分类

目前，通信行业中广泛使用的低碳能源主要有太阳能、风能、燃料电池、蓄电池储能、水（冰）蓄冷等，还包括多种低碳能源组合的混合供电架构。

从集中开发利用的规模大小划分，可以把低碳能源划分为集约式低碳能源和分散式低碳能源。

集约式低碳能源一般装机容量比较大，建筑周期相对较长，一般由国家层面主导建设，主要包括水能、核能、风能以及油气资源等。

分散式低碳能源装机容量较小且分散，多位于用户需求终端，主要包括生物质能、太阳能、地热能和海洋能等。

通信行业身处信息化行业，能源使用的智能化和信息化是必然的要求，同时也是有效的服务低碳化途径。服务智能信息化可以降低服务过程中对有形资源的依赖，将部分有形服务产品，采用智能信息化手段转变为软件等形式，进一步减少服务对生态环境的影响。

7.1.3 低碳能源的使用场景

随着国家网络强国目标的提出和 5G 网络的建设发展，网络建设从广度向深度、厚度转变，关注目标从传统的网络规模覆盖转向用户体验提升，为此，在基站的建设方面要求渗透率更高，在一些交通不便且市电覆盖不到的偏远地区，人们对通信服务的需求与通信基站建设的矛盾逐渐显现。以往这种通信基站多采用双油机供电方案，但柴油的大量消耗以及油机的维护增加了基站的日常运营成本。在这种情况下，新能源独立供电方案越来越受到运营商的重视。

在偏远地区，如果仍然采用传统站点建设方案，不但成本高昂，工程周期也会较长。而采用风能、太阳能等低碳能源，则可以实现快速部署，而且从很大程度上降低了网络部署的综合成本。对于采用替代能源方案的基站本身而言，由于替代能源基站采用了一些特殊的抗恶劣环境的措施，相对于传统油机供电方案更能适应各种恶劣的自然环境，保证系统的稳定运行。

另外，随着国家对能源消耗的重视，国家层面和地方政府层面陆续出台了针对储能、蓄冷的优惠政策。例如国家发展和改革委员会出台《国家发展改革委关于创新和完善促进绿色发展价格机制的意见》（发改价格规〔2018〕943 号），针对用户侧的峰谷电价提出调节建议，鼓励和引导用户错峰用电。基于此，通信基站和数据中心可根据实际情况开展相关蓄电池储能项目，利用峰平谷差价有效利用电能。又例如广东省发展和改革委员会出台了《关于蓄冷电价有关问题的通知》（粤发改价格函〔2017〕5073 号），明确针对使用蓄冷式中央空调的用户可实施差异化电价，鼓励企业开展技改，调节电网负荷。通信企业可以充分利用相关的政策开展储能、水蓄冷等项目，一方面从总体能源使用方面作为低碳能源的有效利用，另一方面利用价格差异减少企业运行成本。

7.2　低碳能源架构及组成

7.2.1　太阳能供电系统

太阳能供电系统由太阳能电池组件、太阳能控制器、蓄电池（组）组成，按实际需要还可以配置逆变器。太阳能是一种干净的可再生的新能源，在人们生活、工作中得到广泛的应用，其中最常用的就是将太阳能转换为电能。太阳能发电分为光热发电和光伏发电，通常说的太阳能发电指的是太阳能光伏发电，具有无动部件、无噪声、无污染、可靠性高等特点，在偏远地区的通信供电系统中有极好的应用前景。

太阳能供电系统在设计过程中有以下 3 个重要部分。

（1）太阳能电池板的选取

我们在选取太阳能电池板的时候应注意电池板的质量，要选择达到使用质量标准以及国家标准的优质太阳能电池板，要结合具体的使用要求和外在因素等多个方面，例如实际外场设备能耗、工程建设位置的气候资源等，施行因地制宜的战略，制定更加合适、有效的方案，选择出优质、正确的太阳能组成器件，从而使太阳能供电系统可以在其建立的区域内取得更好的应用效果，让其即使处于日照时间短的时期也可以得到充足的太阳能源。太阳能电池板的作用是将太阳的辐射能量转换为电能，或送往蓄电池中储存，或推动负载工作。太阳能电池组件的质量和成本将直接决定整个系统的质量和成本。

（2）铅酸蓄能电池

铅酸蓄能电池的制作原材料需要从德国进口，然后根据国际上蓄电池的制作要求和标准、太阳能供电的具体需求进行开发制造，专门为太阳能发电系统所使用。铅酸蓄能电池具有良好的使用效果，它能够使用很长一段时间，还能够多次循环利用，同时，铅酸蓄能电池还有着对使用温度要求不高、较低温度下使用效率依旧良好和自动放出的电量值很小等多个优点。太阳能发电系统是一种外场设备，为了能使其不受外在因素的影响保持稳定、持续的供电，铅酸蓄能电池在建造时应该在追求续航能力的同时，考虑到工程所在地的气候因素努力提升安全性能，以保证即使所在地长时间处于阴雨天，太阳能发电系统也可以做到正常、稳定的供应电量。

（3）太阳能控制器

太阳能控制器的作用是控制整个系统的工作状态，并对蓄电池起到过充电保护、过放电保护的作用。在温差较大的地方，合格的控制器还应具备温度补偿的功能，它还有其他附加功能，例如光控开关、时控开关等。

太阳能控制器的使用包含了两个方面：一方面是为了能够有效地掌控太阳能电池，以便及时地对铅酸蓄能电池进行充电；另一方面是控制可储蓄能源的铅酸蓄能电池，自动为太阳能逆变器供应电力。太阳能控制器是一种能够优化使用效率、使用智能负荷、增强蓄能和方便远程控制系统设备的重要工具，是太阳能通信以及高速公路监控电源的专用设备，同时，我们还会在其内部放置数据储存器，能够保留前 30 天左右的详细运行数据，而且还可以提供通信接口监测数据的远程传递。太阳能控制器的作用是在有光照时储存太阳能电池组件所供出的电能，直到需要的时候再释放出来。

太阳能发电主要是指光伏发电，因此光伏发电系统可以按照是否接入电网来进行分类。光伏发电系统分为独立光伏发电系统、并网光伏发电系统和混合型光伏发电系统 3 种。

独立光伏发电系统输出的电力会直接被负载消耗而不被传送到公共电网中，并把多余的能量存储在蓄电池中来供给夜晚或者阴雨天负载的用电需求。独立光伏发电系统如图 7-1 所示。独立光伏发电系统是由太阳能电池板、控制器、蓄电池、逆变器和负载组成的。在白天光照充足的情况下，太阳能电池板可以通过控制器对蓄电池直接充电；在光照不足的情况下，太阳能电池板和蓄电池同时对负载进行供电。如果需要给交流负载进行供电，就需要把太阳能电池板或蓄电池的直流电能通过逆变器进行逆变，输出交流电能供给交流负载。

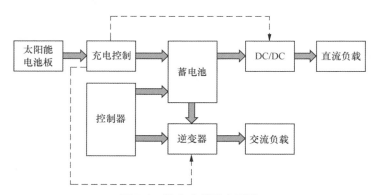

图 7-1　独立光伏发电系统

并网光伏发电系统是与电网直接相连的光伏发电系统。并网光伏发电系统是由太阳能电池板、控制器、逆变器、电网组成。由于该系统需要与电网直接相连，要求将太阳能电池板输出的低压直流电通过逆变器得到与电网能够匹配的交流电，即所产生的交流电必须与电网电压同频率、同相位。白天光照充足的情况下，并网光伏发电系统能够产生供给负载后多余的能量将会被送往电网；光照不足的情况下，光伏发电系统不能产生负载所需的交流电能时，电网会自动给交流负载进行补给。并网光伏发电系统如图 7-2 所示。

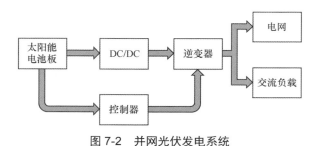

图 7-2　并网光伏发电系统

混合型光伏发电系统与独立光伏发电系统的不同之处是增加了备用发动机组，这是为了在光照不足或者蓄电池储电量不足时，可以启动备用发电机组来给交流负载供电，也可以经过整流器给蓄电池充电。混合型光伏发电系统如图 7-3 所示。

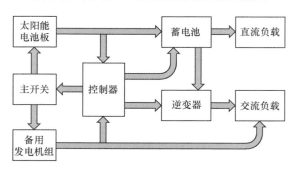

图 7-3　混合型光伏发电系统

7.2.2 风能供电系统

风能是最常用的可再生能源之一，与太阳能一样安全无污染，取之不尽用之不竭。我国土地辽阔，不仅太阳能资源丰富，风能资源也比较丰富。风能资源分布见表 7-1。

表7-1 风能资源分布

地区	风功率密度	分布地区
三北地区风能丰富带	>200W/m²～300W/m²	三北指的是东北、华北和西北，包括东北三省、河北、内蒙古、甘肃、青海、西藏和新疆等省/自治区
沿海地区风能丰富带	>200 W/m²	台山、平潭、东山、南鹿、大陈、马祖、马公、东沙等
陆地局部风能丰富区	<100 W/m²	潘阳湖、湖南衡山、湖北九宫山、河南嵩山、山西五台山、安徽黄山、云南太华山等
海上风能丰富区		我国近海50m等深线浅海域10m高度地区，包括福建、江苏、山东、浙江、辽宁、上海、河北、广西、海南、天津等

目前，我国的风能发电技术日益发展，风力发电机的发展日益成熟，根据功率不同分为大、中、小 3 种机组。

风能发电机主要由风轮和发电机组成，是将风能转换为机械能，机械能带动转子旋转，最终输出交流电的设备。

风能发电系统主要由风力发电机、风机控制器、蓄电池和逆变器等部分组成，其中每一部分都有很重要的功能，具体介绍如下。

风力发电机：主要功能就是将风的动能通过转换装置转变为所需要的电能。

风机控制器：主要有两个作用，一个是控制和管理整个系统的工作状态，另一个是保护蓄电池，即防止蓄电池发生过充电和过放电的现象。

蓄电池：主要作用就是储能，它会把风力发电机所产生的多余电能储存，当风能发电系统不能满足供电需求时，再将这些电能释放出来为基站供电。

逆变器：作用是交直流电能转换，将交流电转换为直流电储存在蓄电池中，等到负载有供电需求的时候，再将直流电转换为交流电供给交流负载使用。

风力发电机的种类有很多，按照发电机的主轴来分类的话，可以分为水平轴风力发电机和垂直轴风力发电机。

（1）水平轴风力发电机

水平轴风力发电机很早以前就被大家利用，也是迄今为止风能应用最广泛的形式。水平轴风力发电机的优点有：a）叶片旋转空间大；b）转速高，适合大型风力发电厂。水平轴风力发电机的发展历史悠久，已经完全达到工业化生产的要求，结构简单，效率比垂直轴风力发电机要高。目前，用于发电的风力发电机都为水平轴，还没有商业化的垂直轴的风力发电机组。水平轴风力发电机如图 7-4 所示。

（2）垂直轴风力发电机

随着时代的发展和科技的进步，垂直轴风力发电机开始出现在人们的视野里，其旋转轴与叶片垂直，一般与地面平行，旋转轴处于水平垂直轴风力发电机具有很多水平轴风机所不具备的优

图 7-4　水平轴风力发电机

点，包括所需的启动风速低，能量转换效率高，可在地面安装机电设备，不需要安装风向调节装置，容易维护保养。除了以上优点外，垂直轴风力发电机还具有叶片在高速运转时无振动、无噪声的优点，因此给人类和环境造成的影响极小；其安装和运行所需要的空间都比较小，特别适合安装在风力条件不好且空间有限的场所。但是垂直轴风力发电机也存在一定的缺点，鉴于其叶片的形状比较特殊，在设计、加工和运输方面都存在比较大的操作难度，因此单位发电量的成本比较高。垂直轴风力发电机如图 7-5 所示。

水平轴风力发电机与垂直轴风力发电机的

图 7-5　垂直轴风力发电机

参数对比见表 7-2。

表7-2　水平轴风力发电机与垂直轴风力发电机的参数对比

序号	性能	水平轴风力发电机	垂直轴风力发电机
1	发电效率	50%～60%	70%以上
2	电磁干扰（碳刷）	有	无
3	对风转向机构	有	无
4	变速齿轮箱	10kW以上有	无
5	叶片旋转空间	较大	较小
6	抗风能力	弱	强（可抗12～14级台风）
7	噪声	5dB～60dB	0～10dB
8	启动风速	高（2.5m/s～5m/s）	低（1.5m/s～3m/s）
9	地面投影对人影响	眩晕	无影响
10	故障率	高	低
11	维修保养	复杂	简单

（续表）

序号	性能	水平轴风力发电机	垂直轴风力发电机
12	转速	高	低
13	对鸟类影响	大	小
14	电缆绞线问题	有	无
15	发电曲线	凹陷	饱满

垂直轴风力发电机与水平轴风力发电机相比，有三大优势：

① 同等风速条件下，垂直轴风力发电机发电效率比水平轴风力发电机发电效率高，特别是在低风速区；

② 在高风速区，垂直轴风力发电机比水平轴风力发电机更加安全稳定；

③ 国内外的大量实例证明，水平轴风力发电机在城市地区常常会有不转动的情况，在我国西北等高风速地区常常出现桨叶折断、脱落等问题，影响路上行人与车辆的安全，易发事故。

7.2.3 燃料电池供电系统

燃料电池是一种把燃料所具有的化学能直接转换成电能的化学装置，又称电化学发电器。燃料电池用燃料和氧气作为原料，同时没有机械传动部件，没有噪声污染。由此可见，从节约能源和保护生态环境的角度来看，燃料电池是最有发展前途的发电技术。各类燃料电池的相关参数见表 7-3。

表7-3 各类燃料电池的相关参数

简称	燃料电池类型	电解质	工作温度（℃）	电化学效率	燃料、氧化剂	功率输出
AFC	碱性燃料电池	氢氧化钾溶液	室温～90	60%～70%	氢气、氧气	300W～5kW
PEMFC	质子交换膜燃料电池	质子交换膜	室温～80	40%～60%	氢气、氧气（或空气）	1kW～5kW
PAFC	磷酸燃料电池	磷酸	160～220	55%	天然气、沼气、双氧水、空气	200kW
MCFC	熔融碳酸盐燃料电池	碱金属碳酸盐熔融混合物	620～660	65%	天然气、沼气、煤气、双氧水、空气	2MW～10MW
SOFC	固体氧化物燃料电池	氧离子导电陶瓷	800～1000	60%～65%	天然气、沼气、煤气、双氧水、空气	100kW

通信行业采用氢燃料电池或甲醇燃料电池较多。

氢燃料电池供电系统主要由储氢单元、供氧单元、燃料电池单元、变换单元（可选）、监控单元、配电单元、水热综合管理单元及其他附件组成。

氢燃料电池是组成氢燃料电池供电系统的核心模块，是能把氢气和氧气的化学能直接转化为电能的一种质子交换膜燃料电池。氢燃料电池工作原理如图 7-6 所示。

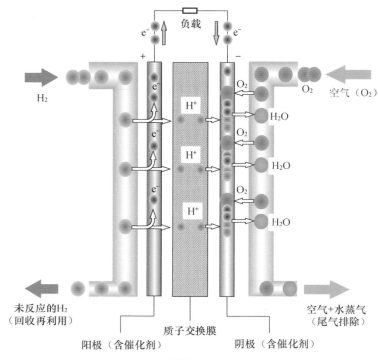

图 7-6　氢燃料电池工作原理

氢燃料电池的主要功能是将其内部储存的燃料和氧化剂中的化学能经过催化剂转化为电能。由于氢燃料电池的电极本身不含有活性物质，因此氧燃料电池只是个催化的部件。氧燃料电池并不是能量存储容器，而是一种能量转换装置。

氢燃料电池的具体工作过程：在催化剂的作用下，燃料电池里的氢向阳极移动，而氧化剂即空气则向阴极移动，从而在两侧聚集；阳极的氧在催化剂的作用下分解成正氧离子和带负电的电子；分解出的氢离子会进入电解液中，并不断向阴极移动，而相对的电子则是沿着外部电路向阴极移动；在阴极上，由刚才电解液中从阳极迁移过来的氧离子加上外部电路迁移来的电子与空气中的氧结合发生反应生成水。依照原电池的定义，燃料电池内部的阴极对于外电路即为正极，阳极即为负极。

供电系统只有单电池或电池堆是无法正常工作的，必须有储氢系统和氧化剂供给单元不断地向电池内部输送反应物。另外，必须不断排出或回收反应过程中生成的水和热，才能保证系统工作温度的稳定性及连续可靠运行，因此，需要一套完善的辅助装置，即水热综合管理单元。氢燃料电池的内阻较高时具有较好的抗短路能力，但降低了动态响应能力，需要加装直流—直流变换单元才能得到稳定的电压，通过直流配电单元向负载供电。监控单元肩负着综合的控制和管理功能，不仅对各组成部分进行监控，还要具有各种保护和告警功能。储氢系统管理单元承担着重要的氢气泄露保护功能。由于系统从启动到稳定运行需要一段时间，因此储能单元在这段时间既给负载供电，又为系统的开启提供必要的驱动电流。

氢燃料电池系统由氢储备供给单元、氧化剂供给单元、燃料电池模块、启动电源、系统水热管理单元及系统监控单元等附件组成。其中，氢储备供给单元负责储蓄氢气并向燃料电池模块输送燃料（氢气）；氧化剂供给单元负责把氧化剂（空气中的氧气）输送给燃料电池模块；燃料电池模块把氢气和氧气中的化学能直接转化为电能并向直流配电模块供电；启动电源一般由超级电容或铅酸蓄电池组成，负责启动氢燃料电池系统，并在系统启动到能输出稳定电压期间给负载供电；系统水热管理单元负责把燃料电池内部的生成物排到系统外，并为系统散热，以保证系统能可靠持续运行；系统监控单元时刻监控氢储备供给单元是否漏气、气量是否用完，并控制、保护该单元的正常运行，同时对整个氢燃料电池系统的每一个组成部分进行监督、管理和控制。氢燃料电池供电系统的组成结构如图 7-7 所示。

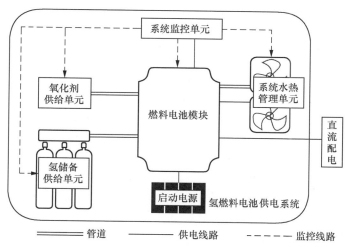

图 7-7 氢燃料电池供电系统的组成结构

7.2.4 组合新能源供电系统

组合新能源供电系统主要指的是组合多种低碳能源架构，在不同场景下投入不同的供电系统。例如，一个典型的风光氢混合发电系统，供电模式根据不同的外在风和光条件而有所变化，白天在太阳光的照射下，太阳能发电系统采用太阳能光伏电池板，将太阳能转换为电能，风力发电系统则利用小型的风力发电机，将风能转换为电能。太阳能发电系统产生的直流电流与风力发电系统发出的交流电在整流后，通过风光控制器进入直流控制中心。直流控制中心控制电力的运行方向，一部分供基站负载使用，另一部分供电解水制氢系统使用，产生的氢气储存在固态储氢系统里面，供氢燃料电池使用。蓄电池可以平抑风光系统快速电压变化对供电带来的不利影响，起到稳定器的作用。当阳光或风能不足时，氢燃料电池工作，利用固态储氧系统储存的氧气发电，供基站负载使用。

供电系统充分利用了太阳能和风力这两种互补能力很强的资源，同时使用固态储氢系统进行能源的储备。风力发电系统和太阳能发电系统在能源的利用上相互补充，同时又各有特点。太阳能发电系统的运行及维护成本比较低，供电可靠，但现阶段的造价高；风力发电系统的运行及维护成本低，单元的发电量高，但可靠性没有太阳能发电系统高。发电系统的选择取决于平均的日用电量以及最大的负载用电量，风光控制器设备的选择取决于最大的负载用电量；风力发电系统及太阳能发电系统的容量和储氢系统的容量取决于平均的日用电量。此外，在确定太阳能发电系统容量和风力发电系统容量时，也需要考虑风光氢混合发电系统的安装地点以及当地的风力和太阳能气候资源。

风光氢混合发电系统的优势在于有效地利用了两种自然资源，其中一部分电能用来制氧以及用氧再发电，把氢发电作为备用电源，不再使用蓄电池作为备用电源，从而较好地避免了蓄电池过放电，延长了蓄电池的使用寿命。虽然其一次性投资会高于原本的风光发电系统加蓄电池的联合基站供电系统，但是供电的安全性、稳定性均比较高。

7.3 低碳能源应用案例

7.3.1 太阳能智能供电系统

由于山区电力引入难度较大，停电频率较高，所以某电信公司积极探索利用太阳能设备供电，进行太阳能电站试点，具体分析如下。

1. 项目背景

岳西县共有模块接入网 62 个，综合接入网关（Access Gateway，AG）点 104 个（已建成开通的），数字用户线路接入复用器（Digital Subscriber Line Access Multiplexer，DSLAM）下移点 33 个，AD 点 40 个，基站收发台（Base Transceiver Station，BTS）82 个（已开通），遍布每个乡镇。一些偏远或山高岭大地区采用供电线路，但线路长，造价高，供电电压极不稳定（高时相电压为 300V，低时为 140V），停电频率高、面积广，经常造成 BTS、AG 点、DSLAM 下移点和无人值守机房大面积断站，通信中断。维护人员有限，电子流工单超时，严重影响业务发展，且维护成本高。由于岳西县平均年光照约为 6000h，因此维护人员研究开发出一套通信机房太阳能智能供电系统，太阳能作为主供电，市电作为备用供电，实现了双电源保障，解决了山区接入点供电问题，同时节省了用电和维护费用。

2. 项目总体思路

本项目以综合 AG 点进行分析，系统设计如图 7-8 所示。

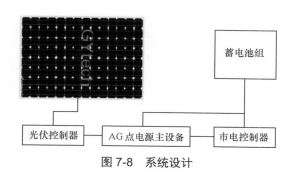

图 7-8　系统设计

该系统负载功率为 480W，工作电压为 48V，工作电流为 45A，每天工作 24h，蓄电池容量为 200A。当地光照辐射为 1000lx～10000lx，电流为 4.5A～5.5A（7：00—10：00），光照辐射为 10000lx～15000lx，电流为 5.5A～6.7A（10：00—12：00），光照辐射为 15000lx～10000lx，电流为 6.7A～5.5A，（12：00—15：00），10000lx～1000lx 电流为 5.5A～4.5A，（15：00—18：00）。当地平均日照时长为 6h，最低气温为 -10℃，最长阴雨天数为 2 天，蓄电池放置地点的温度为 -20℃。该系统以太阳能为主用，当光照低于 2000lx 时，蓄电池开始放电，即从时间 18：00 到次日 7：00，共 13 小时，总放电电流为 5A×13h=65Ah。当电池放电容量低于 48V 时，该市电转换控制器收到过放命令，延时 5min 后自动接市电（220V）对蓄电池进充电，当蓄电池电压充至 55.5V 时，市电转换控制器收到恢复命令，延时 5min 后自动切断交流，从而达到双路电源供电的目的。

3. 项目实施

为验证此系统的可行性，技术人员购买了 120W 太阳能电池板 4 块，光伏控制器一台，太阳能电池板固定架及配件和导线，在该县海螺 AG 点进行了一个月左右的试验工作。

将 4 块 120W 太阳能电池串接，经光伏控制器输出 0～6.7A 直流电流和 48V 直流电压，直接与电源设备的母排按正、负并接，对设备、蓄电池进行供电和补充电。光伏控制器输出部分进行了技术改进后，与市电控制器连接，实现以太阳能为主、市电为备的供电方式，主、备电源系统切换的电压参数为蓄电池的容量、电压、过充、过放、保护，可按要求对数据进行修改。

本项目选用的太阳能电池板型号参数见表 7-4。

表7-4 太阳能电池板型号参数

型号	开路电压 （V）	短路电流 （A）	输出压电 （V）	输出电流 （A）	电池面积 （m²）	效率
GYP-120	44.37	8.64	36	7.7	3.9	90%

海螺AG点一个月的试验报告见表7-5。

表7-5 海螺AG点一个月的试验报告

日期	天气	电表指数（kW·h）	充电电流（A）	输出电压（V）	测试时间（h）
6月13日	小雨	2282.8	4.5	50.1	19
6月14日	阴		6	48.3	12
6月15日	多云	2291.2	6.3	52	12
6月16日	阴	—	2	50.5	7
6月17日	阴	2304.4	4.2	49.3	7.2
6月18日	晴	—	7.2	49	12
6月19日	多云	2326.9	6	50.9	12
6月20日	多云		2.8	49	8
6月21日	多云		—	—	—
6月22日	多云		1.1	48.1	18
6月23日	小雨	2337.9	0.9	54.5	18
6月24日	阴多云	—	5	52	12
6月25日	阴多云	—	4.5	48.6	12
6月26日	阴多云	2368.2	2.6	51.9	8
6月27日	阴多云		0.9	49.7	18
6月28日	阴多云		2	48	7.3
6月29日	阴多云	2381.2	5.1	53.9	12
6月30日	阴多云		4.7	51.8	12
7月1日	晴	—	7	50	12
7月2日	晴	—	7.1	48.9	12
7月3日	晴	—	7.3	52	12
7月4日	阴雨		0.9	50	8
7月5日	阴雨	2405.6	1.2	48.5	18
7月6日	多云	—	6.8	52.9	12
7月7日	阴雨		—	—	—
7月8日	阴雨		—	—	—
7月9日	阴雨		—	—	—
7月10日	阴雨		—	—	—
7月11日	阴雨		—	—	—
7月12日	阴雨	2444.5	—		18

4. 效益评估

（1）改造前

该县 200 个接入点已配置移动油机 36 台、固定油机 22 台。

每台油机每月发电 10h，每小时油耗为 3L，每月用油为 1740L，油价按 6.5 元/L 计算，发电机调度费用为 100 元/次，每月调度 36 次，油费月支出为 14910 元，平均每个网点月油费为 74.55 元，年油费为 8946 元。电池配置为 200Ah 的 AG 点，每月平均用电为 460kW·h，电价按 0.8 元/kW·h 计算，年电费为 4416 元。年油费加年电费总计为 5310.6 元。

（2）改造后

电耗由每月 460kW·h 下降到 160kW·h 左右，以电价为 0.8 元/kW·h 计算，月电费为 128 元，年油费、年电费从 5310.6 元降到 1536 元，年节约费用为 3774.6 元，节电率 60%。太阳能电站的投资约 11 万元，预计 3 年即可收回投资。

该太阳能电站的试点可以彻底解决接入点供电保障问题，同时节省了燃油消耗，具有良好的经济效益和社会效益。

7.3.2 燃料电池供电系统案例

中国移动在 2013 年至 2014 年年底，开展了 50 个基站的燃料电池供电系统试点应用，其中甲醇燃料电池 14 个，纯氢气燃料电池 36 个。以某分公司为例，涉及超级基站两个、长期发电基站两个、传输节点基站 3 个、海岛基站一个、普通基站两个。

1. 燃料电池运行情况总结

自 2013 年 8 月开始试点以来，13 台燃料电池累计发电达 484 次，累计运行时长超过 3992h（含 1009h 连续发电压力测试，运行可靠稳定），累计发电量达 8329kW。燃料电池发电成本约为 4.53 万元（含甲醇与电堆保养折旧），比燃油发电机发电成本低 10.15 万元。

燃料电池连续发电能力良好，从 2013 年 11 月 30 日至 2014 年 1 月 11 日，无故障连续发电共 1009h。在燃料电池累计运行的 3992h 内，没有发生一起因为燃料电池自身故障导致供电中断或停机的事故。通过动环监控的接入，在使用过程中可以实时观察甲醇燃料电池的工作状态、燃料液位。在配置告警量后，一旦燃料电池液位达到预设值或者有其他异常信息，监控平台将一直显示告警信息，直到燃料液位恢复或者排障完成。试点的燃料电池一次加满 200m³ 燃料可持续供电 40h（5kW），远高于一般蓄电池供电能力。各试点的燃料电池情况统计见表 7-6。

表7-6　各试点的燃料电池情况统计

燃料电池编号	试点名称	累计发电时长（h）	累计发电功率（kW）	累计发电次数	消耗燃料（m³）
燃料电池1	中港雅典城	1454	3438	86	3860
燃料电池2	秀强大桥	126	402	23	490
燃料电池3	车管所节点	30	161	30	200
燃料电池4	富丽莱节点	1.5	0.6	2	1
	季桥幼儿园	1.5	0.6	3	1
燃料电池5	双沟苗庄节点	35	105	20	132
燃料电池6	戴场岛	174	404	48	520
燃料电池7	湖滨墩吴	246	622	133	705
燃料电池8	泗洪靳庄（拆除）	990	1900	80	2400
	府苑污水站	9	77	6	100
燃料电池9	曹庙路口（拆除）	876	1102	15	1236
	盐业公司	50	116	40	135
合计		3993	8328.2	486	9780

2. 通过双机可实现大功率后备

为了进一步探索甲醇燃料电池对大负载站点（大于5kW）的保障能力，对两台燃料电池并机协作进行了试验。经过两个多月的测试和观察，在市电停电情况下，两台甲醇燃料电池能同时快速启动，且满载情况下两台设备均能实现负载均衡。自测试以来，两台燃料电池已成功保障节点基站两次，时长约为1h。

同时，使用燃料电池可以将空调温度由28℃提升至32℃，缩短空调开启时长，目前试点已经将空调年度开启时长由7～8个月缩短至4～5个月，情况稳定。

试点空调温度由28℃提升至32℃，用电节约率为10%～16%。试点空调温度提升用电节约率见表7-7。

表7-7　试点空调温度提升用电节约率

序号	基站名称	试点名称	温度提升（28℃提升至32℃）		
			空调用电量（万kW·h）（温度在25℃~28℃）	空调用电量（万kW·h）（温度在32℃）	用电节约率
1	超级基站	中港雅典城	0.7	0.62	11.43%
2	超级基站	秀强大桥	0.85	0.76	10.59%
3	普通基站	盐业公司	0.66	0.55	16.67%
合计			2.21	1.93	12.67%

空调开启时间缩短3个月，用电节约率为31%～45%。空调开启时间缩短的用电节约率见表7-8。

表7-8 空调开启时间缩短的用电节约率

基站	2013年9月~2014年8月空调用电量（kW·h）	2013年10月~2014年5月空调用电量（kW·h）	用电节约率
西楚庄园	6075.94	1900	31.27%
双庄	13154.25	5332.25	40.54%
西北转盘	7561.39	3058	40.44%
盐业公司	6874.00	3099	45.08%
合计	33665.58	13389.25	39.77%

3.节能效果结论

① 通过空调温度提升与缩短空调开启时间，可节约空调用电量：1−（1−39.77%）×（1−12.67%）=47.04%。

② 通过空调温度提升与缩短空调开启时间，整体用电节约率为9.87%。

节能效果见表 7-9。

表7-9 节能效果

基站	2013年7月~2014年6月空调用电量（kW·h）	2013年7月~2014年6月基站总用电量（kW·h）	空调用电量占比	整体用电节约率（%）
西楚庄园	5653	29519	19.15%	9.08
双庄	11256.25	48052	24.43%	11.10
西北转盘	6867	36349	18.89%	8.95
盐业公司	7156	34683	20.63%	9.78
合计	30932.25	148603.00	20.82%	9.87

经济效益与社会效益如下。

1）经济效益

普通铅酸蓄电池与燃料电池经济效益对比见表 7-10。

表7-10 普通铅酸蓄电池与燃料电池经济效益对比

主要对比项目	普通铅酸蓄电池模式费用汇总（按照蓄电池5年更换，油机6年更换）	燃料电池模式费用汇总（燃料电池使用寿命可达10年）
购置成本（10年）	蓄电池投资与更换电池费用	蓄电池投资（80Ah启动电池）与燃料电池投资（一次性投资或租赁）
	空调投资	空调投资
	油机投资	—

（续表）

主要对比项目	普通铅酸蓄电池模式费用汇总（按照蓄电池5年更换，油机6年更换）	燃料电池模式费用汇总（燃料电池使用寿命可达10年）
维护成本（10年）	电池维护成本	电池维护成本（80Ah启动电池）+燃料电池维护成本（清理过滤网）
	发电机维护成本&发电支出（含派遣费、燃油费、油机维护费）	发电支出（含派遣费+甲醇燃料）&电堆保养费
	电费支出（空调在25℃～28℃）	电费支出（空调可提高至30℃～32℃），4月、5月、10月空调可关闭。
业务量损失（10年）	停电引起的话务量+流量损失（万元）	—
隐形投资和费用	室内电池占用机房空间	室外安装或者机房顶安装

经过数据收集与对比，主要经济效益（静态投资）见表7-11。

表7-11　主要及经济效益（静态投资）

基站类型	试点站数量（个）	全省站点数（个）	租赁方式（万元）		一次性采购方式（万元）			
			租赁费用（10年）	单站经济效益（10年）	采购费用（<100台）	单站经济效益（10年）	采购费用（≥100台）	单站经济效益（10年）
超级基站	2	33	30	19.74	25	24.74	20	29.74
长期发电基站	3	—		12.50		17.50		22.50
传输节点	3	2456		−7.84		−2.84		2.16
海岛基站	1	14		−15.61		−10.61		−5.61
普通基站	1			−16.54		−11.54		−6.54

注1：超级基站与长期发电基站经济效益最显著。
注2：如果甲醇燃料电池采购量超过100台，其采购价格可降低至20万元/套，传输节点经济效益良好。
注3：由第三方操作租赁模式；按照5年的模式，100台规模，月租赁费每年4万元～5万元。

　　由表7-11可见，超级基站蓄电池成本高，即10年需要更换4组1000Ah蓄电池，需要32万元投资和维护成本，超级基站使用燃料电池最为经济；由于市电和业主因素，部分基站需要长期发电，油机损坏与燃油支出昂贵，此类基站使用燃料电池经济效益更好。

　　通过对比10年的普通铅酸蓄电池和燃料电池的综合成本，燃料电池价格低于临界点后，经济效益比普通铅酸蓄电池更优。燃料电池价格临界点如图7-9所示。

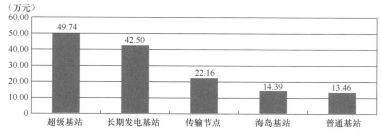

图7-9　燃料电池价格临界点

① 燃料电池（5kW）价格低于 13.46 万元，普通基站使用燃料电池比使用普通铅酸蓄电池经济效益好。

② 燃料电池（5kW）价格低于 14.39 万元，海岛基站使用燃料电池比使用普通铅酸蓄电池经济效益好。

③ 燃料电池（5kW）价格低于 22.16 万元，传输节点使用燃料电池比使用普通铅酸蓄电池经济效益好。

2）社会效益

由于燃料电池保障性能好，持续工作时间长，可连续 40 个小时工作不断电，因此在紧急情况下起到关键保障作用，例如大规模停电或紧急灾害天气，市电中断，但是基站能够保持正常工作，为通信提供保障。

7.3.3 风光互补供电系统案例

中国移动某分公司按照覆盖需要建设一个通信基站，由于该站点规划位置在高山区域，没有市电引入，因此采用了风光互补方案建设机房供电系统。该站点主要参数如下：电压等级为直流 +24V 电源，负载为 50A，负载每天工作时间为 24h，蓄电池后备时间为 2 天，设备安装地点为山顶。

1. 基站供电系统配置

根据上述要求，基站供电系统配置如图 7-10 所示。

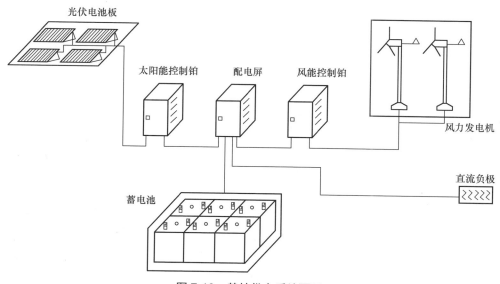

图 7-10　基站供电系统配置

2. 供电系统配置组成

供电系统主要包括光伏电池板、太阳能电源控制机柜、蓄电池。光伏电池板是发电设备，太阳能电源控制机柜是系统控制部分，蓄电池则是蓄能设备。

设备运行环境要求见表 7-12。

表7-12　设备运行环境要求

海拔高度	≤2000m
环境温度	−10℃～+45℃
工作温度	5℃～40℃
相对湿度	≤85%（40℃±2℃）
供电系统抗风	12级台风

蓄电池采用胶体电池，对于 24V/50A 负载，采用 2 天后备的蓄电池容量为：

$$C_{2bat} = \frac{40A \times 24 \times 2}{0.8} = 2400Ah$$

核算后取两组 1500Ah/24V 蓄电池，总容量为 3000Ah/24V。

太阳能和风能容量根据负载类型，选取具有代表性的地区气象站数据，利用供电系统容量的计算软件进行分析，得出风光互补供电系统在不同的月份中，平均每天产生的能量和消耗的能量，以此制定系统配置。制定系统配置的关键依据是：在任何一个月份，发电系统平均每天产生的能量必须大于负载每天消耗的能量。

根据当地近 10 年的月平均日照时长，风光互补供电系统计算软件分析见表 7-13，由此得出风光互补供电系统在不同的月份中平均每天日照、风速情况的能量。日照时长最短的是 3 月，风速最慢的是 8 月，而风光互补供电系统比较差的月份是 4 月，采用 8100W_p 的太阳能发电以及 2000W 的风力发电能满足 4 月的负载需求。

表7-13　风光互补供电系统计算软件分析

负载：（24V，1020W）					
设备	型号	规格		数量	容量
光伏电池板	KC135GH-2P	12V，135W_p		60块	8100W_p
风力发电机	EXCEL 1	1000W		2台	2000W
系统总容量		10100W_p			

月份	1月	2月	3月	4月	5月	6月
平均每天日照（h）	4.41	3.96	3.79	4.25	4.85	5.01
光板平均每天产生（Ah）	880	790	756	848	968	1000
平均每天风速（m/s）	6.18	6.07	5.85	4.73	4.37	4.49
风机平均每天产生（Ah）	693	669	631	404	333	353

（续表）

平均每天产生总和（Ah）	1572	1459	1387	1252	1300	1352
平均每天消耗（Ah）	1200	1200	1200	1200	1200	1200
产生—消耗比（Ah）	372	259	187	52	100	152
平均每天日照（h）	5.24	5.37	5.68	5.64	5.19	4.88
光板平均每天产生（Ah）	1046	1071	1133	1125	1036	974
平均每天风速（m/s）	4.14	4.02	5.32	6.15	6.28	6.83
风机平均每天产生（Ah）	288	290	631	690	690	780
平均每天产生总和（Ah）	1333	1362	1764	1816	1816	1754
平均每天消耗（Ah）	1200	1200	1200	1200	1200	1200
产生—消耗比（Ah）	133	162	616	616	543	554
全年光板产生（kAh）	354	—	—	—	—	—
全年风机产生（kAh）	197	—	—	—	—	—
产生总和（kAh）	550	—	—	—	—	—
全年负载消耗（kAh）	438	—	—	—	—	—

3. 太阳能充电控制器（光电控制器）

太阳能充电控制器是太阳能电源系统的监控中心，监视太阳能电源系统的工作状态，控制着太阳能发电设备对蓄电池的充电和蓄电池对负载的放电。太阳能充电控制器通过设置可以实现多种控制模式，提供多种告警干接点输出，由 RS232 接口实现多系统并联工作以及远程集中监控。

4. 风能充电控制器（风电控制器）

风能充电控制器是风力发电系统的监控中心，将风机输出的交流电转化成直流电对蓄电池充电。由于采用了耐高压的功率器件，控制器可以在风速过高时切断风机输入，任由风机空转，不必担心风机转速过快造成高压损坏控制器。

5. 设备安装

太阳能电源系统设备安装分为室外安装和室内安装两个部分。根据不同的环境特点、地形限制、用户要求，太阳能系统设备的安装方式有很多种，可选择放置在机房顶或基站周边的空地。由于该站点处于山顶，可以利用的土地非常少，因此将电池板安装在机房顶。

室内设备则按照通信机房室内安装规范进行安装。设备室内安装如图 7-11 所示。

图 7-11　设备室内安装

6. 总体配置

系统总体配置见表 7-14。

表7-14　系统总体配置

序号	名称	型号	规格	单位	数量	备注
1	光伏电池板	KC135GH-2P	功率为135W，输出电压为12V	块	60	
2	光电板支架	N062-15K2	落地安装，每副安装12块光电板	副	5	
3	太阳能控制箱	SPS2-24-300	室内安装，600mm×600mm×2000mm（长×深×高）400A	架	1	太阳能控制器、防雷器、直流配电单元
4	风力发电机	XL 1/R24	1kW	台	2	
5	风机塔架	EXCE:-T	9m高度	套	2	
6	风机电缆	RVVZ22 6×3	铠装电缆	m	240	
7	风能控制柜	EXCE:-C	室内安装，600mm×600mm×2000mm（长×深×高）	架	1	
8	风机安装附件	WA	各类电缆、安装固定件	套	2	
9	蓄电池（含电池架）	DFS2-1500	1500Ah/24V	组	2	
10	蓄电池电缆	ZR-BVR-150	120m²	m	48	
11	安装材料及配件	SA	包括板间连线、端头、防水头、防水盒、护套电缆等	套	1	

7.3.4　数据中心机房余热回收节能案例

某联通北方数据中心由于机房内负载低，无法按照原设计回收热能，因此用电锅炉辅助采暖，从而导致能耗大幅增加。

① 原设计供暖示意如图 7-12 所示。

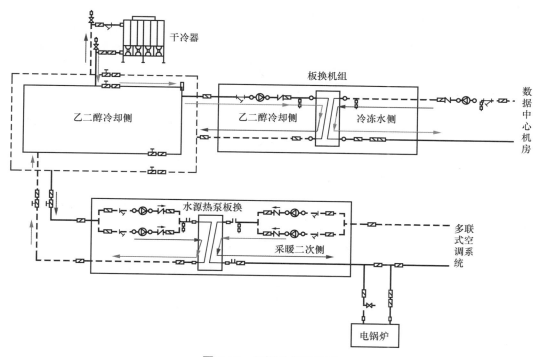

图 7-12　原设计供暖示意

2020 年采暖期暖通各主要设备的能耗占比情况如图 7-13 所示。

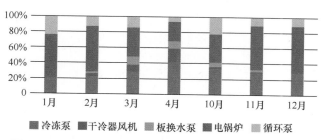

图 7-13　2020 年采暖期暖通各主要设备的能耗占比情况

② 低负载下电锅炉辅助采暖系统示意如图 7-14 所示。

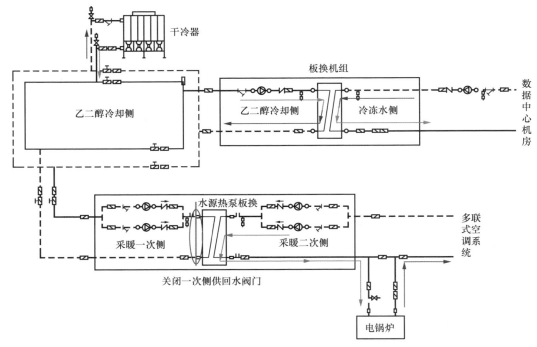

图 7-14 低负载下电锅炉辅助采暖系统示意

对数据中心机房热负荷及电锅炉功耗的数据计算分析，我们推断，把机房热量直接回收用于采暖是可行的，同时现场设备及配套设施也满足改造要求。2020 年 12 月数据中心机房热负荷及电锅炉功耗见表 7-15。

表7-15 2020年12月数据中心机房热负荷及电锅炉功耗

设备	12月能耗（kW·h）	负载（kW）	负荷系数	热负荷（kW）
A和B机房	76700	103.09	0.8	82.47
电锅炉	61300	82.34	0.98	80.69

③ 增加"冷却环路"。

在不影响原有设计的基础上，创新性地改造了冷冻系统管路，将冷冻侧回水直接引入多联机采暖空调系统的供水管路上，不需要经过冷却管路和换热系统，相当于添加一个冷却环路，使机房热能得到充分回收，进而可以关闭电锅炉辅助加热和配套循环泵，达到低碳节能的效果。

考虑到远期机房的负载变化情况，适时开启板式换热器以及进行流量调节，可以灵活地调整机房热能的回收量，适应不同的气候场景，实现长期低碳节能。

优化后的采暖系统示意如图 7-15 所示。

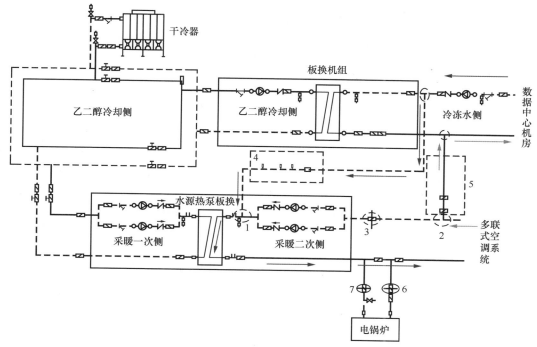

图 7-15　优化后的采暖系统示意

④ 低碳节能效果评估。

数据中心的供冷和采暖系统改造后通过并网调试，主系统和技改系统稳定运行，在电锅炉及配套水泵都关闭的情况下，实现了热能回收。楼内 VRV（Variable Refrigerant Volume，变制冷剂流量）空调系统的多联机空调稳定制热，与 2019 年同期相比，节约了电锅炉及配套水泵的电能，并且缩短了干冷器及冷却泵的开启时间，每天节约电量 3000kW·h 左右，每月节约电费约为 8 万元，可在两个月左右完成投资回收。通过在冬季和过渡季节运行技改系统，预计全年可节约电费 96 万元，达到预期节能目标。

7.4　智慧节能技术及管理系统

7.4.1　智慧节能技术及管理系统演进

当今，PUE 值已经成为国际上通用的数据中心电力使用效率的衡量指标。PUE 值是指数据中心消耗的所有能源与 IT 负载消耗的能源之比。PUE 值越接近于 1，表示一个数据中心的电源利用效率越高，绿色化程度越高。降低 PUE 值的核心是降低非 IT 负载（例如空调、照明、消防等）的消耗，其中空调负荷在数据中心的能耗占比为

30% ～ 40%，基于此，通信机房智慧节能技术目前主要面向的对象是空调系统。

通信机房智慧节能技术主要通过自动化控制、AI算法调优等节能手段，针对后端用电使用冷负载的实时运行情况做出动态调节。目前，演进方向是借用IT，纵向拉通供电供冷全链条的数据，利用AI算法及时或提早部署节能策略，从而降低机房总体能耗和PUE值，但是降耗的前提是确保通信网络系统、设备能够正常、稳定、安全运行。

同时，随着物联网、5G、云计算、大数据、AI等新一代信息技术和应用的快速演进，通信机房规模、功率密度、能耗成本都在成倍增长，随之而来的是能耗管控的复杂度和难度也越来越大。运营商日常运营面临的痛点问题包括：站点及设备规模庞大，电量、制冷量等无法精确自动化采集，须由维护人员手工录入管理，导致无法全局化观察局站用电用冷情况；机房空调维护缺乏自动化，基于网络安全考虑配置的系统冗余度过高，且无法自主调节；多个平台之间相互独立，数据分散，不能实现数据互通，统一管理；通信局（站）尤其是数据中心内部系统横跨电气、暖通、ICT等多个专业，均为割裂式"信息孤岛"，不能协同产生最优的节能效果。因此，有必要通过建设统一的节能管理平台对总体能耗进行分析。

7.4.2　通信机房智慧节能技术应用

1. 通信机房智慧节能技术特点

通信机房智慧节能技术是基于全量分析机房内各环节设备的耗电因子，并根据各环节设备可优化空间选定相关的节能技术。统计通信局（站）的用电负荷分布，制冷环节能耗约占局（站）总能耗的30%以上，且随着数据中心的不断建设和发展，大型水冷式空调机组应用增多，其结构涉及主机、泵、冷却塔、末端等多个环节，跑冒滴漏能源较为普遍；同时针对通信局（站）（含数据中心）的基于PUE值能耗的评估体系，对空调系统的节能提出了较高要求。目前，通信局（站）节能的措施重点针对空调系统开展，例如变频改造、空调智能群控、AI空调参数调优等；同时针对局（站）中的多种能源类型及使用场景，也有必要实施统一的平台化管理。

2. 通信机房智慧节能技术典型案例

（1）冷水机组系统变频改造

某通信公司总部机房制冷系统由3台螺杆式冷水机组、3台冷冻水泵、3台冷却水泵及4个冷却塔组成，为机房提供制冷量。其中2台为约克冷水机，一主一备；第3台为开利冷水机，是最早的机组，作为极端情况下的备用机组；3台冷水机接入同一套管网。冷水机组系统三维示意如图7-16所示。平时只需开启一台冷水机即可满足数据中心机房的供冷需求，系统全年7×24h不间断运行。

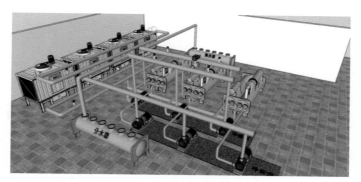

图 7-16　冷水机组系统三维示意

　　由于冷冻水泵和冷却水泵的容量是按空调最大设计负载（即最高气温、负荷最大）选定的，且留有 10% 左右的余量。水泵系统长期在固定的最大水流量下工作。空调实际的热负载在绝大部分时间内远比设计负载低。据统计，该局（站）的负载率在 80% 以下的运行时间约占总运行时间的 50% 以上。因此，对空调水泵变频控制技术的改造和应用，可使水泵的转速随系统负载的变化而自动调整，水泵流量输出与空调负载实际需求功率最大限度地实现动态平衡，从而达到综合节能的目的。系统节能原理如图 7-17 所示。

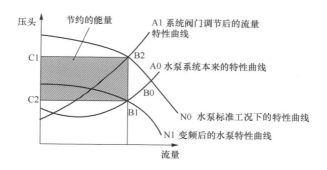

图 7-17　系统节能原理

　　A0 是水泵系统本来的特性曲线；A1 是系统阀门调节后的流量特性曲线；N0 是水泵标准工况下的特性曲线；N1 是变频后的水泵特性曲线。A0 与 N0 交于 B0 点。当我们需要减小水泵流量时，使用调节系统阀门的方法（水泵标准工况下的特性曲线不变），A1 交于 B2 点；使用水泵变频的方法（水泵系统本来的特性曲线不变），N1 相交于 B1 点，则 C1、C2、B1、B2 间的面积就是水泵变频所节约的能量。比较采用阀门开度调节和水泵转速控制两种方法，显然使用水泵转速控制更为有效合理，具有显著的节能效果，而通过变频控制可以实现有效的转速控制，从而降低能耗。

　　本次改造范围包括：4 个冷却塔的风机由直接启停控制改为变频控制，冷却风机自动运行模式改为变频SPFC闭环控制模式，根据反馈温度或压力值与设定值比较结果，驱动变频器输出功率控制水泵转速和增减附泵数量；一台冷冻泵和一台冷却泵由直接启停控制改为变频及软启控制。软启为检修应急模式，变频为常用模式，将原有的冷冻泵、冷却泵控制方式改为变频/软启控制，手动为软启动，自动为变频启动。冷冻泵、冷却泵自动运行模式为变频PID（Proportion、Integration、Differentiation，比例、积分、微分）闭环控制方式，根据反馈温度或压力值与设定值比较结果，驱动变频器输出功率控制水泵转速，有效降低了水泵能耗。

实际改造后的运行参数见表7-16。

表7-16　实际改造后的运行参数

改造前			改造后		
设备	频率（Hz）	电流（A）	设备	频率（Hz）	电流（A）
冷冻泵	50	71	冷冻泵	40	64
冷却泵	50	86	冷却泵	45	51
1#风机	50	10.6	1#风机	40	8.2
2#风机	50	10.6	2#风机	50	10.6
3#风机	50	10.7	3#风机	0	0
4#风机	50	10.5	4#风机	0	0

实际改造后，综合节电率在30%左右，投资回报期在15个月左右。

（2）空调群控节能

某通信机房中，同一机房内的每台空调都是独立运行的，彼此之间没有联系，在这种情况下，可能会出现：① 机组之间竞争运行；② 机房冷量冗余较大，但机组的风机仍在24h不停工作；③ 当机房内某一台空调出现故障，或机房出现局部区域过热时，其他区域的空调不能及时地做出反应；④ 机房内有多种品牌、不同型号的空调，无法进行常规的节能群控。

同时，运行维护管理还存在以下问题：① 空调在设定温度边界频繁启停，影响空调系统寿命，造成电能浪费；② 空调设定依赖运维人员，滞后、遗忘、误操作频繁发生；③ 故障率居高不下，无法降低维修费用；④ 无法实现应急管控，统计分析依赖运维人员等。

空调系统节能改造可以有效解决以上问题，通过对机房内的多台空调进行集中的联动和配合，智能化控制，合理化运行，不但可以缩短空调系统运行时间，并且可以达到以下目的。

① 温度管控：提高室内温度，扩大温度回差，精确控制机房温度。

② 风机节能：缩短风机运行时间，减少启停次数。

③ 压缩机节能：缩短压缩机运行时间，减少启停次数。

④ 维修节费：延长机组寿命，节省管理成本，缩减备件储备。

⑤ 强化管理：季节运行模式、最佳致冷效率运行模式、重保运行模式等按区县等集群控制，并进行空调运行数据统计分析等。

基站空调群控如图 7-18 所示。

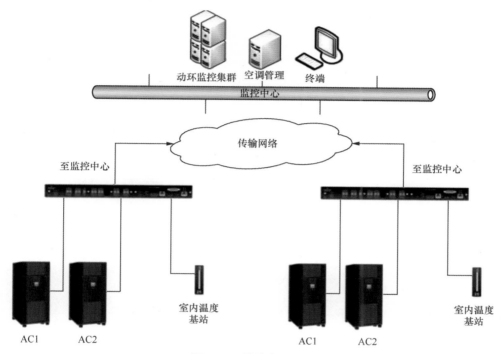

图 7-18　基站空调群控

具体控制逻辑如下。

机房只配置一台空调的运行模式见表 7-17。

表7-17　机房只配置一台空调的运行模式

			温度下降过程空调运行状态	温度上升过程空调运行状态
室内温度	上限温度		空调运行	空调运行
	临界温度			
	下限温度			空调关闭
			空调关闭	

机房配置两台空调的运行模式见表 7-18。

表7-18　机房配置两台空调的运行模式

		温度下降过程空调运行状态		温度上升过程空调运行状态	
		空调1运行区域	空调2运行区域	空调1运行区域	空调2运行区域
室内温度	上限温度	两台空调同时运行		两台空调同时运行	
	临界温度	两台空调同时运行	两台空调全部关闭		
	下限温度	两台空调倒换运行	两台空调全部关闭		
		两台空调全部关闭			

新风设备的运行状态见表 7-19。

表7-19　新风设备的运行状态

环境状况	新风设备运行状态
室外温度高于临界点或室外温度高于室内温度	新风设备关闭
室外温度低于下限或室外温度低于室内温度	新风设备运行
其他状况：室外温度处于临界点和下限之间且室外温度与室内温度相当	新风设备维持当前的运行状态

其中，上限温度和下限温度可根据实际情况进行动态配置。建议优选配置在转供电（电费较高）条件及空调配置功率较大的站点，以实现最大节能收益。该方案综合节电率为 12% ～ 15%。

7.4.3　智慧节能管理系统助力绿色创新发展

当前，全球信息技术创新开始新一轮加速。

某省联通公司前期在能耗管理工作中发现存在以下问题：通信机房管理未实现电量自动采集；站点及设备规模庞大，分表计量改造难度大、投资大；机房电费跑冒滴漏现象严重；存在用电安全隐患，油机发电虚报；基站闲时无收入，运行浪费能耗；IDC 数据机房租赁业务管理粗放等。针对以上问题，联通公司针对性地建立通信机房智慧节能管理系统，应用于各种通信机房场景，例如 IDC 机房、乡镇支局、综合接入网点、宏基站、一体化基站、拉远站、室内分布等各类机房进行能耗管控，通信机房应用场景如图 7-19 所示。

通过物联网方式获取能耗数据，对能耗数据进行标准化、统一化汇聚治理，提高数据质量及数据安全性，让能耗数据可视化，精准赋能业务及决策，同时实现可用数据的共享服务。能耗数据系统设计如图 7-20 所示。

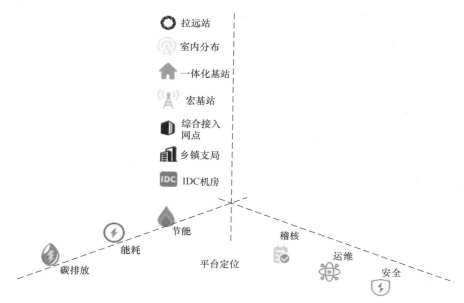

图 7-19　通信机房应用场景

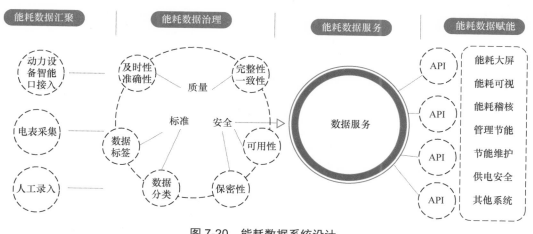

图 7-20　能耗数据系统设计

建设原则：智慧节能管理系统应优先选择安装在存在以下问题或现象的通信机房，例如：用电量超标的通信机房；存在偷电及供电跑冒滴漏现象的通信机房；抄表不及时的通信机房；存在估表情况的通信机房；转供电的通信机房；耗电量较大的的通信机房；存在私改电表情况的通信机房；实行电费定额包干的通信机房；用电量台账不准确的通信机房；网络设备用电与办公、生活及营业厅用电未分别计量的通信机房。

覆盖规模：某省联通公司共有约 71000 个缴费点，全省共有各类机房（核心机房、汇聚机房、IDC 机房、乡镇支局、综合接入网点）约 5500 个，已覆盖 2480 个，覆盖率为 45.10%；全省自留基站（不含铁塔、宏基站、一体化基站、拉远站、室内分布）约为 20000 个，已覆盖 7500 个，覆盖率为 37.5%。

数据采集监控系统如图 7-21 所示。

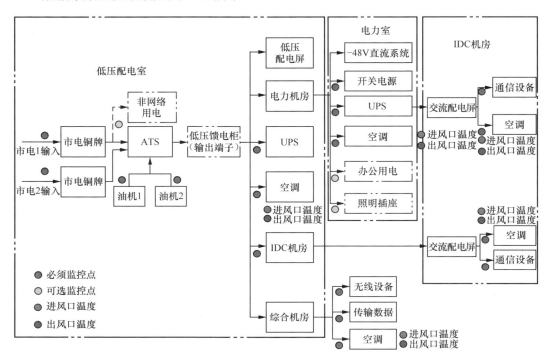

图 7-21　数据采集监控系统

数据采集监控系统的主要功能：对各种通信机房能耗数据采集、状态实时监测、能耗分析、能耗稽核、空调动力设备节能维护、供电安全保障等功能进行管理及应用。

数据采集监控系统有以下功能。

① 通信机房市电总电监控和能耗稽核功能：通过物联网实现电费台账能耗数据精确采集，通过稽核规则和账单稽核，可减少 90% 以上的人工重复、烦琐对账工作，保证台账准确率；实现前置审核、一键录入、分析及风险防控业务流。

② 油机发电监控管理功能：对通信机房发电机组进行精细化管理，实时传输、采集油机发电数据，其中包括交流电压、电流、有功功率、功率因数、电量、发电时长、发电次数，以防止虚假发电。

③ 供电状态监控管理功能：对通信机房的供电状态进行统一管理，根据系统采集的实时数据，判定通信机房供电状态，例如停电告警、来电提醒，结合蓄电池充放电能力，合理安排油机发电，防止通信局（站）退服事故发生。

④ 蓄电池续航能力管理功能：对通信机房蓄电池充放电能力进行监控管理，实时传输、采集蓄电池组充放电数据，其中包括蓄电池组直流正负极电流、电压，防止蓄电池组因未及时维护和修复，造成基站断电事故发生。

⑤ 变压器容量监控管理功能：对变压器容量实时监测，避免出现变压器长时间低负载运行等现象，从而造成建设费用高、运行费用高、无功损耗大。

⑥ 无功补偿监控管理功能：监控通信机房市电功率因数，通过系统实时监控市电功率因数，当功率因数小于阈值时，系统发出告警，通知通信局（站）管理人员检查补偿设备是否正常运行，防止因功率补偿设备损坏造成电力局罚款。

⑦ PUE 值管理功能：实现通信机房 PUE 值自动统计分析，及时发现异常用电数据，防止因 PUE 值指标差，造成能耗浪费。

⑧ 机房分项计量、预算、考核管理功能：对通信机房网络用电、非网络用电进行分项计量，区分不同专业部门之间的能耗成本，确保各专业部门之间能耗成本分摊有据可依，实现精细化管理。网络用电包括机房设备、空调、UPS、IDC 机房、节能设备、下挂基站等为生产服务的用电；非网络用电包括办公用电、生活用电、营业用电、职工宿舍用电、外租用电等。

⑨ 空调节能维护管理功能：实现对通信机房空调运行状态和能效比的监控和精细化管理，实时传输、采集空调运行数据，防止通信机房空调因未及时维护、修复故障，造成高温告警及网络设备退服事故发生。

⑩ 开关电源转换效率管理功能：对开关电源转换效率进行监控，当转换效率过低时系统自动发出告警，对开关电源转换效率监控管理，从而避免因开关电源转换效率低造成能耗浪费。

⑪ 成本预算和考核管理功能：通过系统对能耗数据的实时采集及其他能耗成本报账费用的统计分析，为能耗成本预算和考核指标提供准确的数据依据，实现对能耗成本指标的考核（上线率、能耗费用超标站点、能耗异常 ToP 站点等）管理，导出自动对比、分析、汇总的考核数据，通过成本预算和考核管理，确保能耗精细化管理目标的实现。

⑫ 节能设备监控管理功能：通过对节能设备的实时监控，评估节能设备效果，用于优质节能技术的评估及快速推广。

从应用效果来看，某省联通公司 2015 年网络能耗占收比为 4.38%，首次在集团北十省最优、排名第一，2016 年、2017 年位居全国第二，2018 年至今位居全国第一，综合节能率达 30%。

7.4.4 智能通信机房未来创新之路

万物皆互联，无处不计算。随着互联网、手机、无线传感器的普及，实时监测、远程协作、大数据分析已融入人们的生活，数据信息像水电一样通过网络供应、传输，计算机上有形数据转化为数据财富，低碳和节能创新无处不在。

从采购后的各类设备评估来看，对其设计指标、建设资料、验收数据、维护记录、退役时限、安全事故等数据进行实时分析，可打通各系统数据"孤岛"，依托运营AI智能分析，实现设备全生命周期的评估服务，为采购提供指导意见。

从3G、4G、5G多网协同智能管理来看，基于基站的运维数据，设计并实现实时预测基站小区下个时段的关键KPI指标，通过基站用户对语音、数据不同时段的需求，以及不同时段的用户数，并结合基站供电安全情况，可智能关断及开启3G、4G、5G的载频小区，建立完整的基站小区价值度量指标体系，从而为基站小区的智慧节能提供全套解决方案。

智能革命正在到来，将逐步重构现有的低碳节能管控方式。在通信机房智慧节能管理工作中引入智能化、数字化、可视化等技术，将现有的监控系统、资源系统、报账系统等进行深度融合，打破数据"孤岛"，是对传统管控模式的改革和创新，实现借助通信机房智慧节能管理系统帮助管理人员发现问题、分析问题、解决问题，大幅减少人工参与环节，降低劳动强度；提高精细化管理能力和管理效率，降低运营维护成本。未来，通信机房智慧节能管理系统将扮演越来越重要的角色。

7.5 技术应用案例

◆ 7.5.1 HBC2-5通信基站光柴储混合能源供电系统在通信基站的应用

7.5.1.1 系统介绍

HBC2-5通信基站光柴储混合能源供电系统是一体化基站供电解决方案，本方案可降低通信基站供电成本、能源消耗、运维成本、综合成本，提高无故障在线时间。本方案是一种可靠、环保、可扩展、高度集成、灵活便捷的通信基站供电解决方案，所有组件在工作时都可实现无缝衔接，以最经济的投资达到最大的工作效益，可以为基站减少约70%的综合费用。采用本方案可以随时随地建设通信基站。一体化基站供电如图7-22所示。

图7-22　一体化基站供电

7.5.1.2 系统构成与控制策略

通信基站光柴储混合能源供电系统由机组静音箱、底座油箱、综合柜 3 部分组成。机组静音箱包含高性能柴油发电机组、高性能传感器，综合柜包含电源切换系统，可将交流电源转换为直流电源系统、光伏控制系统、储能电池组、空调、门禁控制器、主控器、通信路由器等。

该系统的控制策略如下。

① 系统按光伏系统供电—市电—电池组供电—柴油发电机组供电的顺序供电。

② 如果有风力发电系统接入，其工作模式与光伏发电系统的工作模式类似。

③ 以上功能由系统中的混合能源控制器自动检测工作状态及控制切换。

④ 用户和管理人员可通过云计算管理平台实时了解应用的运行状况，并采用合适的措施确保系统安全可靠运行。云计算管理平台通过收集相关数据，可以直接确认现场问题原因，并快速解决问题，从而保证系统的安全可靠运行。

系统构成如图 7-23 所示。

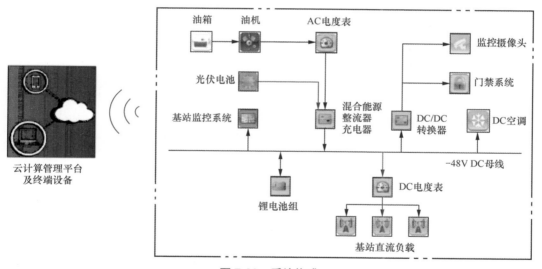

图 7-23　系统构成

整机设计具有良好的防盗性能，各箱体门均无外漏门锁，采用电子门锁和机械门锁相结合的方式。但加油口与箱体其他空间隔离并单独设置电子门锁（加油等须委托第三方管理），可用磁卡打开或远程操作打开，以避免加油人员触碰到其他区域。

7.5.1.3 主要技术参数

① 输出电压：–48V 供电系统；输出功率为 5kW ～ 18kW。

② 环境特性：环境温度在 –20℃～ 50℃；海拔在 3000m；存储温度在 –40℃～ 70℃。

③ 防护等级：综合柜为 IP55；油机舱为 IP23。

④ 系统防雷：交流侧、光伏侧以及负载侧均配置浪涌保护器。

7.5.1.4 节能效果与效益

该产品是一种性能良好的节能环保产品，利用光伏发电，为通信设备提供清洁、安全的能源，利用锂电池存储富余能源，在光伏能源下降时提供负载。该产品相较于传统的柴油机组，供电节能达 50% 左右，减少发电机的启停次数，降低油耗、排放物和设备的损耗，推动光伏、锂电池等新能源产业的发展。

7.5.1.5 设计施工要点

1. 项目选用建议

HBC2-5 系统采用一体式设计，安装便捷灵活，主要由油箱及底座、机组室箱体、消音室、综合控制箱、进风箱部件共 5 个部分组成。机组室布置柴油发电机组；消音室安装二级消音器，可有效降低机组在运行时发出的噪声；进风箱内部底板被设计为 45°，可避免沙尘聚积、雨水流入箱体内部，同时保证足够的进风面积，出口处装有过滤网，可有效防止风沙进入机组室箱体。

2. 工程设计要点

① 技术人员在配置时，应考虑基站负载大小、机组每天运行的时间、蓄电池组充电功率和放电深度（日常使用放电深度不应大于 30%）等因素来选取机组功率、蓄电池组种类和容量。柴油发电机组功率可选择以工作时供给负载用电且以 0.1C 电流对蓄电池组充电的功率，并尽可能使柴油发电机组工作在 75% ～ 80% 功率段。

② 光伏系统功率是在考虑额定光照条件下，在工作时供给负载用电，并以不大于 0.15 C 电流对蓄电池组充电所需的功率。

③ 投资额或场地所限时，可将光伏发电作为补充，配置功率可任意选择，能补多少发电量就补多少。

④ 柴油发电机组功率、蓄电池组种类容量、光伏系统电压功率均可选配。

3. 工程施工要点

HBC2-5 系统采用一体式箱体设计，适用于各种室外条件，对工程施工没有过高要求，仅提供硬化基础用于放置箱体即可，光伏板可安装于附近的建筑物屋顶，或采用支架安装于地面，场地应能保证阳光充分照射。

4. 项目运维要点

工作人员可在云平台上监测各类参数和设备运行状况，不需要人员值守，油机开机时间减少，延长了各保养和维修周期，大幅减少油料供应，可计划性地安排巡检和运行维护工作。

7.5.1.6 项目应用案例

该系统广泛应用于国外无市电供电区域、新建或旧通信基站的改造项目，例如由原纯柴油发电机组供电改为光柴储混合能源供电系统供电。

1. 位于尼日利亚拉各斯的站点

该项目原采用两台柴油发电机组交替供电，没有云平台监控系统，改造后引入3kW光伏系统、48V126Ah储能系统、云平台监控系统等，尼日利亚拉各斯的站点如图 7-24 所示。

图 7-24　尼日利亚拉各斯的站点

2. 位于菲律宾马尼拉某公司用作试点的站点

该项目为新建通信基站，采用 HBC2-5 光柴储混合能源供电系统，以及 6kW 柴油发电机组功率、3kW 光伏系统、48V126Ah 储能系统、云平台监控系统等，菲律宾马尼拉的站点如图 7-25 所示。

图 7-25　菲律宾马尼拉的站点

通信基站光柴储混合能源供电系统具有无人值守、自动管理、云监控平台、数据及故障自动上传、易于远程分析故障等优势，性能稳定，可靠性优良。

混合能源控制器可以自动检测工作状态及切换控制，实现无人值守的智能能源管理策略，加上云管理平台实时收集现场数据，帮助分析甚至直接确认现场问题，有效降低油耗及减少后期维护成本，减少约70%的综合费用。

比起单一能源发电，混合能源系统不仅实现成本降低，还可以向用户端提供高质量的以及稳定的电量，使随时随地建设通信基站成为可能。

◆ 7.5.2 蓄电池移峰填谷节能技术在通信基站的应用

7.5.2.1 方案介绍

依据电力资费标准，峰电与谷电有明显的电价差，谷电存在电力冗余浪费的问题。峰电存在电力不能满足用户需求的问题。因此，山东圣阳电源股份有限公司采用新一代大容量、长寿命、高性能通信用阀控式密封铅碳蓄电池（以下简称铅碳蓄电池），实现通信基站电源系统在峰电期间采用蓄电池给通信负载供电，在谷电期间给蓄电池充电，采取每日一充一放循环应用，可减少谷电电力浪费，降低通信基站能源消耗。

铅碳蓄电池采用铅炭技术，充电接受能力高，适合深循环放电短时快充，尤其是能够满足部分荷电状态下的循环使用，具有超长的循环寿命，25℃环境下70%DOD（Depth Of Discharge，放电深度）循环次数不低于4200次。铅碳蓄电池组25℃环境下70%DOD循环次数不低于3500次。

不同DOD循环曲线如图7-26所示。

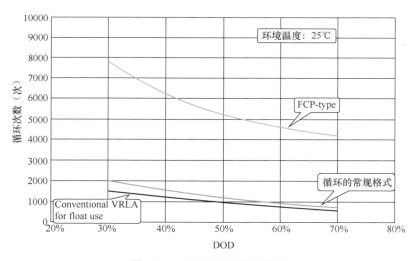

图 7-26 不同 DOD 循环曲线

7.5.2.2 技术理念

我们根据电力能源用电峰谷的实际情况，在结合通信基站备用电源24小时不能间断的特点，优化基站电源配置方案，提高电力资源利用效率。相关人员采用铅碳蓄电池实现通信基站备用电源移峰填谷，以能效管理为重点，降低能源消耗，减少运营成本。

7.5.2.3 项目优势

该项目有以下 5 点优势。

① 谷电时蓄电池充电，峰电时蓄电池放电。

② 节约基站能源消耗及节省电费支出。

③ 实时监测基站关键参数。

④ 异常信息实时报告，远程控制处置。

⑤ 实现历史数据统计分析，为不断优化电源配置方案提供依据。

7.5.2.4 系统结构

本方案通过能效管理系统进行智能控制，配置在线供电的铅碳蓄电池组，将蓄电池应用方式由备电使用转为循环使用、谷电峰用，达到节约基站电费支出的目的。

① 峰时段：仅由铅碳蓄电池组向负载供电，开关电源整流模块待机或关机。

② 平时段：交流市电仅向负载供电，铅碳蓄电池组处于备电状态，不充电也不放电。

③ 谷时段：交流市电既向负载供电，又向铅碳蓄电池组充电。

④ 停电时：铅碳蓄电池组可无缝切换向负载供电。

通信基站方案设计示意如图 7-27 所示。

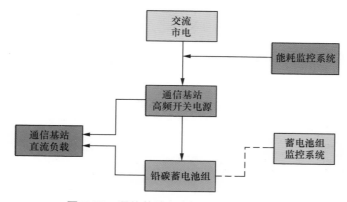

图 7-27 通信基站方案设计示意

7.5.2.5 功能特点

通信基站能效管理系统具有分时控制功能，通信基站电源系统能在峰电期间采用蓄电池给通信负载供电、谷电期间给蓄电池充电，采取每日一充一放循环应用，减少谷电电力浪费，降低通信基站能源消耗及运营成本。

7.5.2.6 应用范围

基于通信基站节能减排降耗需求及当地峰谷电价差，本方案适用于以下 4 种通信基站。

① 具有峰谷时间段且有峰谷电价区域的站点，峰谷价差越大，相对收益越明显。

② 新建与需要改造的基站、意向减少电费支出的站点。

③ 上站困难的站点，可以通过远程监控平台实时监测电池及系统状态，提前预警，减少人员上站。

④ 重要的核心站点可以通过远程监控平台实时监测电池及系统状态，提高站点供电可靠性。

7.5.2.7 节能效益

通信基站通过能效管理系统智能控制铅碳蓄电池组峰谷时段的充放电运行模式，可以实现远程实时监控、监测谷电峰用，达到节约基站能源消耗的效果。

① 增加基站削峰填谷管理系统，保证在安全备电的基础上削峰填谷套利，实现经济备电。在保证可靠备电的基础上，做到峰时部分放电、谷时充满备电，从而错峰用电，减少电费支出。

② 实时采集单体电压、温度、组电压和电流等信息，远程监控让在线电池智慧化，节省运维费用（代维＋发电）。在精确检测电池电压和温度等参数的基础上，实现SoC（System on chip，系统级芯片）的实时可靠监测、SoH（State of Health，段开销）的周期远程标定，在后台集中监控电池状态，减少非必要上站发电。

③ 可接入远程监控系统，也可接入基站动环监控系统。在远程监控平台，技术人员通过数据分析、趋势预测，及时发现潜在故障点，有计划地开展预防性维护工作，提高运维工作的精准性和高效性，减少运维成本。

远程监控系统如图7-28所示。

图7-28　远程监控系统

④ 充分利用谷时电量，减少谷时资源浪费，降低峰时用电拥挤，减少电网负荷压力，从而提升电网资源利用率。

7.5.2.8 设计施工要点

1. 工程项目选用建议

① 市电稳定，具备峰谷电价的站点。

② 站房内应有足够的电池摆放空间，空间要求：1 组 24 只，宽×深×高为 1200mm×515mm×1000mm。

③ 承重要求：$2T/m^2$。

④ 负载电流范围：36A ～ 72A。

⑤ 开关电源功率模块数量应为负载使用模块的两倍。

⑥ 蓄电池应具备安装方便、免维护、低内阻、循环性能优异等特性，有效提升系统安全性和增加使用寿命周期。

2. 工程设计要点

① 通信基站能效管理系统智能控制峰谷平充放电运行逻辑。

② 在线实施实时监控、监测系统。

③ 历史数据统计分析系统。

④ 异常信息实时报告，远程控制处置。

⑤ 选择充电接受能力高，适合深循环放电短时快充备用蓄电池。

⑥ 蓄电池室配置空调，保证环境温度在 15℃～ 30℃，保证蓄电池具有更优良的性能以及更长久的服务周期。

⑦ 蓄电池安装地点应远离热源和易产生火花的地方，避免阳光直射，周围无有机溶剂和腐蚀性气体；应避免放在空调或通风系统的通风口，从而直接影响电池单体温度，造成电池电压不均匀。

3. 工程施工要点

① 严格按照施工设计图及施工工程要求实施。

② 能效管理系统安装布线符合要求。

③ 蓄电池组及检测线束安装连接符合要求。

④ 蓄电池正负极不可接反，连接处要紧固且做好防腐处理，不可与含有机溶剂配件、连接件等物品接触。

7.5.2.9 项目应用案例

通信基站铅碳蓄电池移峰填谷技术项目已在浙江省台州市、河南省焦作市、山东省枣庄市等示范站点正常运行，最长运行时间已达 6 年，为通信基站提供可靠的电力保障，降低能源消耗及减少费用支出，应用案例如图 7-29 所示。

图 7-29　应用案例

项目主要采用铅碳蓄电池、基站能效管理系统、电池管理系统 BMU、智慧能源云平台等。项目运行的效益如下。

1. 蓄电池成本计算

（1）铅碳蓄电池成本

通信基站配置 2V500Ah 铅碳蓄电池。电池单价成本按照 1.225 元/VAh 计算，两组48 只共 58800 元（1.225×48×2×500），报废残值按照原价的 25% 计算，共计 14700 元。

（2）普通铅酸蓄电池成本

如果基站配置 2V500Ah 普通铅酸蓄电池。电池单价成本按照 0.6 元/VAh 计算，两组 48 只共 28800 元（0.6×48×2×500），报废残值按照原价的 25% 计算，共计 7200 元。

（3）铅碳蓄电池与普通铅酸电池的寿命对比

铅碳蓄电池 60%DOD 循环使用，其循环寿命约 4600 次，约 12.6 年，实际使用期按 12 年计算。

普通铅酸蓄电池备电使用，更换周期为 5～6 年，按照 6 年计算，从第 7 年开始，再次购买两组新电池，需再投入 28800 元。

2. 收益计算

以山东省枣庄市铁塔城子改造基站为例，该基站直流负载平均功率约 3702.6W，配置两组 2V500Ah 铅碳蓄电池。蓄电池每天在 58%DOD 状态下循环使用。移峰填谷后平均每天节约电费 17.85 元。按此计算，全年节约电费约 6516 元（17.85 元/天×365 天）。

（1）使用铅碳蓄电池系统的成本及静态回收期

系统改造安装费用约 6000 元，应用铅碳蓄电池总投资约 50100 元（58800－14700+6000），收回系统成本需 7.7 年（50100÷6516），企业在 7.7 年内能够收回铅碳蓄电池的投资成本。

从第 7.7 年到第 12 年，每年可节约电费 6516 元，除去投资成本外可节约 28018.8

元电费［（12–7.7）×6516］，相当于净收益 28018.8 元。

12 年内，如果采用普通铅酸蓄电池总共需投入（28800×2–7200×2）=43200 元。

（2）对比备电普通铅酸蓄电池的成本及回收期

系统改造安装费用约 6000 元，普通铅酸蓄电池的安装成本为 7200 元，对比备电电池的总投资约（58800–14700–28800+7200+6000）=28500 元，收回系统成本需 4.4 年（285000÷6516），企业在 4.4 年内能够收回铅碳蓄电池相对于普通铅酸蓄电池的投资成本。

从第 4.4 年至第 12 年，每年可节约电费 6516 元，共节约电费［（12–4.4）×6516］= 49521.6 元，相当于净收益 49521.6 元。

12 年内，普通铅酸蓄电池需要再投入（28800 － 7200）=21600 元，该系统的总收益为（21600+49521.6）=71121.6 元。

◆ 7.5.3 48V100Ah 磷酸铁锂电池组在通信基站的应用

7.5.3.1 磷酸铁锂电池组介绍

48V100Ah 磷酸铁锂电池组如图 7-30 所示，主要应用在储能、电力、通信备用等领域。该产品在能量密度、结构强度、循环寿命、环境适应性、安全性等方面均有独到的设计。该产品采用模块化支架设计，结构紧凑，并采用螺丝固定模块，整体结构强度高。电池组智能 BMS 可与动环系统通信，实时通报电池组信息，若电池组出现异常，可及时切断电源，保证电池组安全运行。

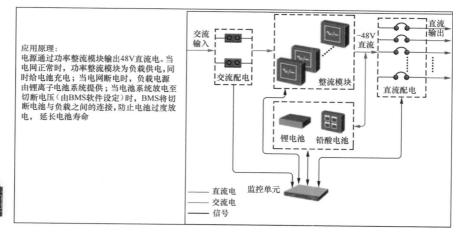

图 7-30　48V100Ah 磷酸铁锂电池组

7.5.3.2 产品构成

本产品选用高安全性、高可靠性、高一致性的磷酸铁锂电芯，配置自主研发的智能 BMS，外壳采用标准 19 英寸（48.26 厘米）机箱，适用于 19 英寸标准机架/机柜安装。

7.5.3.3　功能特点

① 本产品的主要功能是，在市电掉电时，可以零延迟切换为放电状态。产品相较于传统铅酸蓄电池具备更长的循环性能和倍率性能，循环性能如图 7-31 所示，倍率性能如图 7-32 所示。

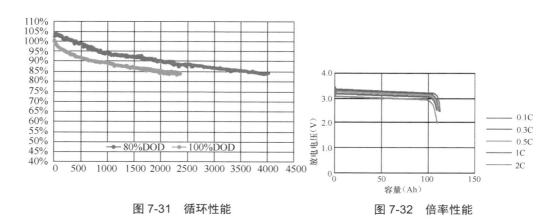

図 7-31　循环性能　　　　　　图 7-32　倍率性能

② 本产品选用磷酸铁锂作为正极材料，相较于其他材料更安全，不同材料对比如图 7-33 所示。

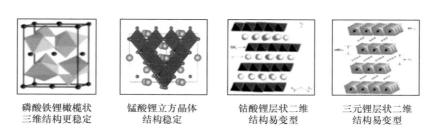

磷酸铁锂橄榄状　　锰酸锂立方晶体　　钴酸锂层状二维　　三元锂层状二维
三维结构更稳定　　　结构稳定　　　　结构易变型　　　　结构易变型

图 7-33　不同材料对比

③ 可选配 Modbus、CAN、SNMP 通信方式，可以远程监控、控制、查看电池组状态。

④ 可选配防盗功能，电池组被盗后，可以自动锁定并无法解锁，使产品失去买卖价值。

⑤ 标配预充电功能，适用于直接使用电池组启动容性负载的场景，不会出现电流过大导致电池组自动保护而无法放电的情况。

⑥ 铅锂混用功能。

7.5.3.4　核心参数

标称电压/容量：48V/100Ah。

推荐充放电流：≤ 0.5C。

峰值充放电流：1.0C。

支持并联扩容：最大支持 30 并。

7.5.3.5 应用范围

该产品可应用于通信备用、电力、储能等领域。

7.5.3.6 节能效益

① 本产品为磷酸铁锂电池组，可应用于通信备电（储能）项目，夜间电网压力减小时，可对磷酸铁锂电池组进行充电；日间电网压力过大时，可对负载供电。错峰调谷，均衡用电负荷，提高能源利用率，实现节能减排。

② 磷酸铁锂电池组的更换周期可以缩短 50% 以上，循环寿命长且能量密度高，安装空间和承重要求较传统蓄电池降低 50% 以上。

7.5.3.7 设计施工要点

1. 工程项目选用建议

推荐应用于基站备电，储能应用。

2. 工程设计要点

本产品的设计理念为施工方便，可直接安装于 19 英寸（48.26 厘米）机柜内部或 19 英寸机架。

3. 工程施工要点

① 安装、维护等操作前，施工人员应按照安装说明进行施工，戴护目镜、戴绝缘手套、穿防砸鞋、穿防护服等必要的防护装备。

② 执行安装、维护等操作时，电池模块回路要保持断开状态。

③ 按照说明书要求，施工人员对固定螺栓、线缆等进行紧固，杜绝虚接、错接、漏接的情况发生。

④ 当电池模块电解液泄漏时，施工人员应避免皮肤和眼睛接触电解液。如有接触，应使用清水清洗接触到的区域并送医治疗。

⑤ 禁止任何人或动物吞食电池模块的任何部件或电池模块所含物质。

⑥ 避免电池模块受机械震动、碰撞、硬物刺穿及压力冲击。

⑦ 请勿将电池模块投入火中。

⑧ 禁止将电池模块浸入水中或放在可直接接触雨水的地方。

⑨ 更换型号不正确的电池模块会有爆炸的危险。

⑩ 电池模块和电池模块回路不能短接，否则会引发成短路起火。

⑪ 务必按照施工方规定处理废弃的电池模块。

7.5.3.8 项目应用案例

中国铁塔备电用磷酸铁锂蓄电池组集采项目应用的产品为 48V100Ah 磷酸铁锂电池组，主要用于铁塔基站备电。48V100Ah 磷酸铁锂电池组在市电状态下储存电能，市电掉电后，释放电能，保证基站的正常运行。铁塔基站备电情况如图 7-34 所示。

图 7-34　铁塔基站备电情况

目前，基站内设定的空调工作温度为 20℃～ 28℃，若工作温度被设定在 30℃以上，空调用电量会下降至 50% 左右，空调用电一般占到基站用电总量的 50% 左右，因此提高空调工作温度是简单有效地实现通信基站节能减排的方法。在基站中，对温度最敏感的物件是蓄电池组，温度每上升 10℃，铅酸蓄电池的寿命会减少一半，磷酸铁锂电池可以耐受 35℃～ 40℃，而寿命基本不受影响。所以技术人员可直接将基站温度设置值调高，从而实现节能减排。

◆ 7.5.4　磷酸铁锂电池在储能项目中的应用

7.5.4.1　技术理念

在通信行业，磷酸铁锂电池通常被作为备用电源和不间断电源。

7.5.4.2　功能特点

① 环境友好，不含重金属。

② 循环寿命长，低自放电率，无记忆效应。

③ 重量轻，体积小，是传统铅酸蓄电池能量的 2 ～ 3 倍。

④ 安装简单，电池组可安装于 19 英寸（48.26 厘米）标准机柜，也可以挂壁安装。

⑤ 在接口设计方面，所有线束选用接插方式，安装简便。

⑥ 体积小，体积比能量是普通铅酸蓄电池的两倍。

⑦ 使用温度范围广泛，–20℃～ 60℃均可，耐高温性能好。

⑧ 配置灵活，支持并联扩容。

⑨ 快速充电性能优，1C 快充，一小时充足 95% 的额定容量。

⑩ FTTH 替代 FTTB（FTTx），使用简单。

7.5.4.3　核心参数

① 体积比能量是普通铅酸蓄电池的两倍。

② 使用温度范围：–20℃～ +60℃。

③ 普通款 80%DOD 循环寿命 3000 次，100%DOD 循环寿命 2000 次；C 款（高循环）80%DOD 循环寿命可达 5000 次，100%DOD 循环寿命可达 3500 次。

④ 低自放电率：≤ 2% 每月。

7.5.4.4　应用范围

① 在固定线路上的光纤接入网。

② FTTB+LAN/Wi-Fi。

③ FTTH 连接。

④ 户外基站。

⑤ 负荷跟踪储能系统。

⑥ 削峰填谷储能系统。

⑦ 电网频率调整储能系统。

⑧ 移动式集装箱储能系统等。

7.5.4.5　性能优势

相比于传统铅酸蓄电池，磷酸铁锂电池寿命更长，循环耐久性能更优。

7.5.4.6　节能效果

磷酸铁锂电池通过智能化动态管理，整合存量电源余量，提升资产利用率，智能调度，最大效率运行，并实现灵活扩展；智能化运营维护，提升运营效率，直接实现运营投入减少，有形的经济效益自然产生；基站空调温度提高 10℃，温度至 35℃，空调能耗降低约 60%，户外站可以不用空调，通风即可，制冷能耗降低 95%，小功率、低发热量的机房可以免安装空调，制冷能耗为零，能节约空调设备投入，降低空调能耗量。

7.5.4.7　设计施工要点

① 项目应用需要综合参考数据基站的能源管理设计、安装场景设计、气流循环设计等标准要求。

② 通过模块化安装，可确保气流循环通畅。

③ 运维方面需要关注监控项目、频次、电池健康值及淘汰标准。

7.5.4.8　项目应用案例

江苏用户侧储能项目，该项目为 2MW/8MWh，2019 年 11 月中旬并网，江苏储能项目如图 7-35 所示。

图 7-35　江苏储能项目

磷酸铁锂电池通过全新设计保证蓄电池延长使用寿命，并结合智能管理，实时监控蓄电池的健康情况，及时淘汰落后电池，保障电池组的高一致性，让电池组在相同工况下运转。

项目保持 1 次/月运维，定期检查系统电压、电池外观、温度、连接件及供电切换情况等。

◆ 7.5.5 铅碳高温电池在储能项目的应用

7.5.5.1 铅碳高温电池的设计理念

正板栅采用高锡低钙多元耐腐蚀合金，并采用超级碳技术、深循环技术，具备优异的充电接受能力，电池使用寿命长，稳健的设计保证产品专业、可靠、安全。铅碳高温电池如图 7-36 所示。

图 7-36 铅碳高温电池

7.5.5.2 功能特点

① 采用超级碳技术+深循环技术，兼具能量和寿命优势。

② 集胶体和 AGM 技术于一体，无可流动电解液。

③ 稳健的设计保证产品专业、可靠、安全。

④ 极板水平方向卧放结构设计，解决电解液分层问题。

⑤ 模块化设计和安装方式，安装维护方便，结构紧凑，节省安装面积和空间。

7.5.5.3 核心参数

① 设计寿命（25℃正常使用条件下）≥ 15 年。

② 循环寿命（25℃且及时补电的条件下）60%DOD ≥ 4000 次。

③ 过放电恢复能力强，PSoC 状态循环寿命长。

④ 充电接受能力强，充电时间可缩短 30%。

⑤ 电池能量转换效率高，充入放出比大于 97%。

7.5.5.4 应用领域

① 太阳能、风能、风光互补等储能系统。

② 新能源（太阳能、风能）通信基站电源系统。

③ 无市电、恶劣电网地区等混合供电系统。

④ 分布式能源与微电网储能系统。

⑤ 太阳能（风能）路灯集中供电系统。

⑥ 离并网一体机户用储能系统。

⑦ 智能电网系统。

⑧ 负荷跟踪储能系统。

⑨ 削峰填谷储能系统。

⑩ 电网频率调整储能系统。

⑪ 移动式集装箱储能系统。

⑫ 核心机房、数据中心等。

7.5.5.5 节能效果

35℃下工作，铅碳高温电池可达到常规电池 25℃下工作的浮充使用寿命，基站空调温度提高 10℃，至 35℃，空调能耗降低约 60%，户外站可以不用空调，通风即可，制冷能耗降低 95%，小功率、低发热量的机房可以免安装空调，制冷能耗为零，空调能耗降低、节约空调设备投入。

① 可应用于削峰填谷储能、核心机房、数据中心、无市电、恶劣电网地区、油电混合供电储能系统等应用场景。

② 模块化安装设计方式，结构紧凑，安装维护方便。

③ 建议安装 BMS 智能监控系统，并确保气流循环通畅。

④ 固定巡检周期，巡检频次加大，做到有效监控，定期检查电池健康状态，及时更换落后电池，保证电池组一致性。

江苏某 150kW/576kW·h LRC 储能铅碳电池储能项目，采用铅碳高温电池，如图 7-37 所示。

图 7-37　江苏某 150kW/576kW·h LRC 储能铅碳电池储能项目

第 8 章

综述与展望

8.1　主设备节能技术展望

8.2　温控节能技术展望

8.3　供电节能技术展望

8.4　能效管理技术展望

8.5　低碳能源技术展望

8.6　节能技术应用与运行安全

2020 年年初，中共中央政治局常委会召开专题会议研究加快 5G 网络、数据中心等新型基础设施建设进度，将数据中心提升到国家战略基础设施层面；"十四五"规划纲要提出，要加快建设新型基础设施。加快构建全国一体化大数据中心体系，强化算力统筹智能调度，建设若干国家枢纽节点和大数据中心集群，建设 E 级和 10E 级超级计算中心。这些都为数据中心的快速发展注入强大动力。数据中心建设短期可以积极拉动投资需求，对冲新冠肺炎疫情和经济下行压力，长期则将推动上下游企业联动发展，带动新技术创新升级，成为引领社会发展的时代引擎。

数据中心随着市场需求的不断增长，技术的不断更新，能耗逐年增加，且增速较快，因此在双碳时代，数据中心向绿色低碳转型是必然趋势，可重点从主设备节能技术、温控节能技术、供电节能技术、能效管理技术、低碳能源技术等方面进行深入研究。

8.1　主设备节能技术展望

数据中心主设备包括服务器和网络设备，其能耗占数据中心总能耗的 70%，且会对为其服务的供电、制冷等设备能耗产生重大影响，因此主设备节能是非常关键的。

对于服务器来说，业界广泛采用的降低能耗的方式通常有 3 种。第一种是整合和虚拟化，这种方式可使 CPU 使用率从原来的 20%、30% 上升到 80% 以上。第二种是在硬件层面采取 DVFS（Dynamic Voltage and Frequency Scaling，动态电压频率调节）和 DPM（Dynamic Power Management，动态电源管理）措施减少服务器运算能耗。DVFS 方案根据负载的大小调整 CPU 的功耗，该技术允许时钟频率自动调整的同时，电压值可以根据负载的利用情况自动变化从而达到节能的目的。相比之下，DPM 可以通过关闭所有组件的电源来实现服务器的节能，可实现更优的节能效果。今后，DVFS 将进一步优化硬件设置来满足降低能耗的要求。DPM 将提高预测业务波动的准确性，以逐步实现近似零耗电来保证节省更多的能源。第三种是提高服务器的运行温度。随着科技的进步和电子技术的不断发展，IT 设备电子元器件的可靠性、耐热性得到进一步提升，高温服务器使 IT 设备对环境温度的苛刻要求得到进一步缓解，也为提升机房环境温度、减少空调能耗创造了条件。

网络设备由交换机和链路组成。网络设备的节能可从两个方面入手：自适应链路速率和休眠模式。一方面，自适应链路可以根据流量需求，动态调整速率。另一方面，通过使处于空闲状态的交换机或者其他相关组件进入休眠状态来实现节能。今后需要进一步研究如何兼顾节能和 QoS（Quality of Service，服务质量），实现数据中心网络的高容错性和节能降耗。

8.2 温控节能技术展望

数据中心制冷系统的节能潜力最大，可从冷源侧、输配侧、负荷侧等不同环节进行节能，根据具体项目的气候条件及特点，因地制宜地选取冷却系统解决方案。

① 冷源侧节能：延长自然冷却时间，可利用部分地区冬季或春秋季室外温度较低时的空气作为冷源，或利用地下水或地表水作为冷源，减少制冷主机的运行时间。

② 输配侧节能：提高供回水温差，采用大温差小流量的模式，降低水泵的输配能耗。提高冷却水温度，不仅可以节省冷塔风扇做功消耗的电量，而且还会减少水蒸发量。

③ 负荷侧节能：应用新型末端形式，降低末端功耗，例如列间空调、重力式热管背板、液冷等新型末端。空调系统节能：因地制宜，根据项目所在地现有条件选择合适的方案，例如风侧间接蒸发冷却空调系统的应用应充分结合项目的建筑形式、交付周期以及当地的地价情况合理选择。

随着国家对 PUE 值要求的逐步提高，冷板式液冷技术、浸没式液冷技术、间接蒸发冷却技术、磁悬浮空调设备等将会在未来得到越来越多的应用。预制化、产品化、去工程化在空调技术上将逐渐成熟，例如集成冷站、模块冷水机组、一体化蒸发冷却设备等，应用在数据中心的案例将会越来越多。

8.3 供电节能技术展望

供配电系统作为数据中心正常运行的电力保障，其设计和应用在数据中心整体设计建设中占有重要地位。面对全面的需求变化，如何对数据中心供配电系统进行最优设计和合理的智能化安全管理，是众多数据中心用户面临的重大问题。

数据中心供配电系统的预制化是未来行业发展的主要趋势之一。设备在场外进行预制和模块装运，然后在现场进行组装，可充分满足快速扩展的数据中心的进度需求，还可以实现适度的高密度、高集成，其系统损耗也相应降低，效率得到进一步提升。

模组化也是数据中心供配电系统的一个主要发展趋势。预制化供配电系统模组包含中压系统、低压配电系统、隔离变压器系统、谐波抑制系统、UPS 输入和输出配电系统、UPS 系统或高压直流系统，末端的精密配电系统，以及自动一体化监控与管理系统、防雷系统等多个独立功能的模组，模组之间的高效性、耦合的合理性决定了整个预制化供配电系统的可用性。多个独立系统的有机耦合可实现整个供配电系统的快速、标准和正确的交付。

数据中心供配电系统的另一个发展趋势是智能化。智能化是数据中心供配电系统的核心，链路的呈现，故障定位和快速排查，全方位、多维度运营，管理报表自动生成等，都是供配电系统智能和高效原则的体现，可保障整体供配电系统的运营安全和高效可用。

8.4 能效管理技术展望

数据中心智能化管理平台正在加速部署应用。随着数据量的高速增长，新建数据中心以大规模、超大规模为主，大量的设备和复杂的系统为高效管理带来了挑战。智能化的数据中心通过对IT设备和基础设施的在线监控、管理，可节省大量维护时间和费用，让企业更加专注于上层业务。智能能耗管理系统采集数据中心各设备的用电参数，精确分析数据中心的PUE值、能耗分布及构成，实现主动式分析与预警、精细化监测与管理、合理化规划与决策，为管理者能耗优化提供有力的依据。如通过监测分析，精确定位数据中心局部的"热点"，采取整体或局部优化的措施，实现精确制冷，并减少安全隐患。

智能运维机器人或将代替传统的人工巡检。随着数据中心单体规模的不断攀升，越来越多的基础设施需要日常维护和管理，智能运维机器人能够24h不间断地在数据中心巡逻，在收集环境数据的同时，还能实时读取主要设备的异常情况并自动报警，大大提高了巡逻的可靠性和规范性，降低劳动强度、提高运营效率、降低运行维护成本。未来将逐步形成"智能化管理平台＋智能运维机器人＋专业工程师"的三道运维安全防线。

8.5 低碳能源技术展望

国家发展和改革委员会、中共中央网络安全和信息化委员会办公室、工业和信息化部、国家能源局4部门于2020年12月23日联合发布了《关于加快构建全国一体化大数据中心协同创新体系的指导意见》（简称《意见》），《意见》明确指出，优化数据中心基础设施建设布局，加快实现数据中心集约化、规模化、绿色化发展，形成"数网"体系。当前，在我国提出2030年"碳达峰"和2060年"碳中和"的宏伟目标下，应当深刻认识数据中心耗能的特殊规律，建立更加科学精准的数据中心单位GDP能耗分层测算体系，形成更加弹性合理的跨域数据中心耗能统筹体系，探索更加绿色、低碳的数据中心集群化发展道路。

国家将加大支持引导数据中心通过自有场所建设自然冷源、数据中心余热回收利用、强化清洁能源的开发利用等多种方式，建立健全新技术设计和应用标准规范，建立数据中心节能的硬指标。明确到2025年，新建大型、超大型数据中心PUE值不超过1.3，推动节能技术的应用，不断提升数据中心绿色发展水平。鼓励西部有条件的地区综合考虑清洁能源和电网布局、选址，就近建设数据中心，更好去开发和利用水电、光伏发电和风能发电等清洁能源，增加可再生能源供给，减少碳排放，同时有效降低中西部地区弃风和弃光的电量。国家应加大数据中心立项、审查、验收等环节的监管力度，将数据中心可再生能源使用和"双控"目标挂钩，在数据中心节能审查环节增加对可再生能源使用情况的考察，健全能耗监测机制和技术体系，严控新建数据中心能耗。国家应鼓励数据中心企业、科研院所、行业组织等加强技术协同创新与合作，构建产学研用、上下游协同的绿色数据中心技术创新体系，扩大可再生能源市场化交易试点范围，支持更多数据中心企业购买绿色能源进行供电，推动形成绿色产业集群发展，引导数据中心走高效、清洁、集约、循环的绿色发展道路，实现数据中心的可持续健康发展。

8.6 节能技术应用与运行安全

为了落实"双碳"目标，信息通信行业正在积极部署战略，完善并实施节能降耗政策，推广优秀节能降耗的案例，这为行业的发展奠定了坚实的基础。每个个体在具体实施节能降耗的过程中，应该正确应用各种节能技术，把控各种节能技术的适用范围、应用条件、对主设备运行安全的影响程度、影响范围等，为此，我们必须在确保主设备运行安全的前提下科学地、因地制宜地开展节能减排工作。

1. 运行安全

以信息通信的数据中心为例，它是伴随着互联网、大数据和云计算技术的飞速发展而规模快速扩张的信息物理空间，由计算机设备、服务器设备、网络设备、存储设备等主设备实现信息的存储、处理、传输、交换、管理等功能。提供能源的供电系统、确保设备可靠运行的空调系统、消防灭火系统和综合安保系统等构成了信息物理空间的基础设施系统。

运行安全是指汇聚在数据中心的信息能够不间断有序正常运转。因此，数据中心信息物理空间的主设备首先应稳定可靠，提供信息运行的网络应畅通无阻，这是构成数据中心运行安全的基本要素；其次，为主设备服务的供电系统必须不间断地提供能满足要求的能源，空调系统必须满足各类设备长期可靠运行所必须的温湿度、洁净度等环境要求，每一个环节都是环环相扣、密不可分的安全节点，只有确保每个节点的安全才能确保数据中心运行安全。其他类信息通信机房（基站）也应遵循上述定义。

2. 在运行安全前提下实现节能减排

如何实现系统的运行安全，是个综合性、系统性、涉及人与系统及各个环节协调统一的复杂问题。信息通信基础设施包括几十类上百种设备，以大型数据中心园区为例，其供电系统包含高压变电站设备、高压发电机组设备、变压器设备、高压配电设备、低压配电设备、UPS 设备、240V 直流设备、蓄电池组设备、列头柜设备、电力母线排等十余种不同设备。水冷空调系统包含制冷主机设备、配电及综合控制设备、蓄冷罐设备、冷却塔设备、板式换热设备、冷冻水泵及管路设备、冷却水泵及管路设备、机房末端空调设备等不同种类设备，仅单套水冷空调系统就包括几百个阀门，几十台水泵，冷冻水进出、冷却水进出等总长几百米的管路系统。

针对上述庞杂的设备，要实现每个系统的运行安全以及高效节能，首先在总体设计上要全面考虑、综合比较各种技术在安全与节能方面的优势与劣势，选取最适合当地环境特点的方案，从根基层面实现系统完善、配置合理、冗余适度、节能高效。其次在工程施工调试方面，应按照设计要求选取技术先进、性能可靠、安全节能的设备，搭建协调统一的系统，依据系统内部、系统之间的统筹配合关系，调试出设备及系统的最佳运行参数。当设备投入运行时，选用精通上述设备的运行维护人员，在统揽全局的视野下，通过监控系统、日常巡检、长时间考察来分析各个系统的运行状况，及时发现并解决每个节点出现的各类问题，在确保系统运行安全的前提下，找出或可以改进性能、或可以提高效率、或可以实现节能减排的环节进行优化，从而实现全过程、全链条的最佳运行状态。

从信息通信基础设施维护的角度来看，维护供电系统涉及变配电、发电机、蓄电池等技术路线的人才，而空调系统与供电系统截然不同，两者需求的人才类别决定了综合性全科人才的稀缺性属性，因此，必须配置技术互补的人才队伍，依靠各类技术人才的相互统一和协调配合，共同完成复杂而充满挑战的"运行安全与低碳节能"有机共存的艰巨任务，但维护的原则仍然是确保系统运行安全的前提下实现低碳节能，这本身就是信息通信基础设施维护管理人员的职责所在。

8.6.1 供电系统节能应用与运行安全

1. 供电系统节能应用综述

信息通信基础设施的供电系统，由于承担着能源供应的重任，无论是设备级还是系统级首先必须满足安全要求，其次必须满足节能要求。从近几年的实践来看，随着设备级效率的不断提升，供电系统降低能耗采取的主要措施在系统架构组成方面以及智能管理方面，比如采用10kV交流输入的直流不间断电源系统（也称巴拿马电源）架构，采用智能休眠暂时冗余功率模块的精细化管理等，无论使用哪种方式，都是从细节上实现节能降耗。

2. 供电系统节能与运行安全

供电系统是设备运行的能源供应来源，容不得片刻中断。为了实现信息通信不间断供电，从市电输入端到主设备电源输入端，整个链条的每一个环节都要不间断传送可靠的电能。为此供电系统除了要配备满足后备时间需求的蓄电池组外，发电机组的合理配置与适度的冗余也是重要的安全保障因素。在"双碳"目标的背景下，进一步降低供电系统自身的电能消耗，降低数据中心整体PUE值，除了尽可能减少功率变换单元的过度配置、提高功率变换单元的效率外，其后端供电系统组成按照负载的重要程度和能源供应等级，形成一路市电加一路240V直流供电系统、一路市电加一路UPS供电系统、N+1并联冗余UPS供电系统、2N双总线UPS供电系统、模块化UPS供电系统、10kV交流输入的直流不间断电源系统等多种供电形式，来满足负载的需要和节能减排的要求。

从节能的角度来看，供电系统效率越高越节能。供电系统效率高除了功率变换单元效率高外，还意味着系统组成要简单高效，如一路市电加一路240V直流供电系统和一路市电加一路UPS供电系统。这两种供电形式更多地运用了市电直供方式，减少了部分功率变换的能量损耗，提升供电系统的效率。这两种供电系统的节能应用对于主设备供电等级要求较低的场合比较适用，最适用由两路互为在线备份的电源体系供电的主设备。但对于对供电等级要求比较高场合的主设备，以及由两路独立但不能互为备份供电的主设备是不能满足供电可靠性要求的，这时就需要采用2N双总线供电系统为其供电。

对于2N双总线供电系统，其结构中没有单点瓶颈，功率变换单元互为冗余备份，配电及供电线路全部互为备份，即使对一套系统全部停电检修，也不会影响负载的正常供电。但由于功率变换单元互为冗余备份，带载率低于50%，使系统的整体效率较低，对于节能减排较为不利。为了寻求供电可靠性与节能减排的相互平衡，在N+1并联冗余塔式UPS供电系统的理念上发展而来的N+X并联冗余的模块化UPS供电系统的应用越来越多，这种供电系统的整体效率较2N双总线供电系统的整体效率要高，因此，节能减排的效果更好。技术创新产生的"10kV交流输入的直流不间断电源系统"也是提升效率、降低电源系统能耗的新选择。

8.6.2 温控节能技术应用与运行安全

信息通信技术的发展，使设备集成度、功率密度越来越高，对基础设施提供保障的要求也不断变化。尤其是数据中心主设备单机架功耗的提高，使主设备对空调的依赖程度不断增加，空调系统的运行直接关系着主设备的运行安全。降低数据中心的PUE值的主要途径是降低空调系统的能耗，由于空调系统的节能减排技术多且繁杂，必须科学地因地制宜地运用适合自身特点的空调节能减排技术才能事半功倍。

1. 水冷空调节能应用与运行安全

大型水冷空调系统由于自身能效高，在信息通信行业、特别是在数据中心的应用比较普遍。这种空调节能减排技术的运用对于降低数据中心的PUE值起到了很大的作用，但由于大型水冷空调系统结构复杂，主机组、室外冷却水塔、冷却冷冻水泵、蓄冷罐、板换热交换器、各种阀门、室内末端空调等各个环节需要统一协调和控制，要做到整体系统时刻处于最佳状态，既需要完善的设计，又需要维护人员的智慧与能力。因此，这种节能减排技术的应用要从多方面共同努力才能确保主设备运行环境的安全。

由于水冷空调系统消耗的水资源比较多，从系统设计到日常运维的各个环节都要从降低水资源消耗的角度考虑。机房内漏水报警系统的建立与正常运行是必不可少的，机房内疏通漏水的通道设置及分布应合理并畅通，楼层间各种封堵应避免本楼层漏水外溢到下一楼层。空调循环水防结垢、防水藻问题也不容忽视，阀门长期处于某种状态造成锁死的情况也时有发生，只有确保上述每一环节不出纰漏，才能使水冷空调系统正常运行，解决空调系统运行安全问题是实施空调节能减排的前提。

2. 自然冷源节能应用与运行安全

为了尽可能降低能耗、最大限度利用自然冷源，信息通信机房运用自然冷源节能技术的案例在不断增加。其中，大型水冷空调结合板换技术、间接蒸发冷却技术、直接引入式自然新风系统、间接换热式自然新风系统、乙二醇干冷器热交换系统、热管技术、氟泵技术等，都是充分利用自然冷源的案例。

无论应用哪种节能技术，最终目的都是确保信息通信设备运行环境在满足要求的前提下降低能耗。而自然冷源与机房所处地理位置与自然环境直接相关，这就决定了当机房处于室外温度低于20℃以下且时间较长的地区时，更适宜采用这种技术。由于自然冷源空调与室外温度直接相关，而室外温度受季节、气候、白昼等多种因素影响，故采用自然冷源空调系统必须考虑上述各种因素对空调制冷作用的影响，特别是在夏季的高温、潮湿季节，必须要保障机房内的温度符合要求。这些特点决定了信息通信机房要采用不同种类空调系统进行混合应用，充分利用它们各自的优点，或是制冷效率高、或是节能减排、或是投资少维护方便，在尽可能多地利用自然冷源的前提下保障机房的环境需求。

3. 列间空调节能应用与运行安全

列间空调应用于信息通信机房越来越普遍，特别是用在数据中心机房，既是解决高功率主设备散热以及热岛问题的有效方法，也是节能减排的措施之一。将制冷单元靠近发热设备，缩短送风的距离，分隔冷热通道，优化气流组织，提高空调的回风温度是空调系统节能降耗的主要思路。对于风冷形式的列间空调，可采用变频压缩机、电子膨胀阀、配合EC风机，能在各个环节提高效率，降低能耗。

列间空调对于保障高功率设备的运行安全是十分必要的，但也有投资金额多、施工难度大、大规模精确控制需要智能监控系统的综合管控等特点。

总之，确保运行安全是所有节能措施应用的前提。在节能应用的领域中，空调系统的节能应用相比供电系统的节能应用成效更显著。空调系统节能应用与机房所处的地理位置、气候环境有直接的关系，因此，机房的选址对于节能减排是至关重要的。为了实现"双碳"目标，各种节能新技术也会不断涌现，把握节能与运行安全的关系势在必行。

通信局（站）节能技术推荐目录

序号	产品/技术名称	主要技术内容	技术支撑单位
1	机房空调分布式水冷节能改造解决方案	该方案是为风冷空调提供主动换热，核心部件在于模块化水冷换热器。在空调室内外机连接管上，串装一台水氟换热器，将本应由室外风冷冷凝器向外部环境散发的热量交换到循环水中，并且通过内置的水泵形成冷却水循环。原有风冷冷凝器可以保留为水冷的备份散热系统，或直接取消风冷冷凝器。 在同一场景下，往往存在多台机房空调，将所有机房空调的冷凝管道逐一安装换热器后，水管道并联，并接入冷却塔，通过水蒸发完成所有空调的散热。 该方案可以满足大、中、小型机房和数据中心的节能需求，可有效获得至少20%以上的节能量，建设改造投资可以在两年以内通过减少电费获得	北京海悟技术有限公司 广东海悟科技有限公司
2	多联氟泵空调系统	多联氟泵空调系统是一种具备高效节能、占地面积小、安装便捷、无安装限制、末端多样化等众多优点的新型数据中心制冷解决方案，适用于中国大部分地区的数据中心机房制冷场景，尤其适用于气温较低和缺水的地区。 多联氟泵精密空调系统主要在于外机模块化设计，室内机部分制冷末端（房级、行级、背板、吊顶等）可以多样化；室外主机模块集中制冷，再通过第一环管、第二环管，将冷量按需分配到多个室内制冷末端。 充分利用自然冷源，设置了独立的全变频压缩机制冷和氟泵制冷模式运行、智能切换，从而降低设备能耗，全年能效比高达16以上	
3	热管空调（背板/列间）	热管空调循环工质通过相变传热，受热由液态变成气态，由气体管路将热量带到DCU中，在DCU内与室外冷源设备（自然冷源或者强制制冷）进行热交换，循环工质受冷由气态变成液态，然后沿液体管路流回热管空调完成热力循环，热量的传递依此顺序源源不断地传递到室外。热管空调具有热管背板、热管列间等空调应用形式，具有换热效率高、能效比高、系统安全性高等特点。 热管空调机组可以提供更高的供水温度，显热比，高效节能，采用微通道或铜管铝翅片换热技术，采用更贴近热源的末端型式，缩短气流回路，降低能耗；采用冷热通道封闭建设技术，提升热源品质，可将水温提高至15℃甚至更高，节能效果显著	南京佳力图机房环境技术股份有限公司
4	氟泵双循环节能空调	氟泵双循环节能空调机组采用氟泵技术，在常规的风冷空调机组中增加一套氟泵制冷循环模块，充分利用自然冷源，减少碳排放，当室外温度较低时，开启氟泵工作，减少压缩机功耗及运行时间，由于氟泵的功率远小于压缩机的功率，从而减少机组的全年功耗，提高机组能效。使得机组全年能效比高达10以上，为碳中和、碳达标起到积极作用。 氟泵双循环节能空调在保证大风量、高显热、高精度控制的基础上整合氟泵循环功能，进一步充分利用室外自然冷源，采用混合制冷和氟泵节能制冷技术，使得机组在20℃的环境下就具备一定的节能效果	

（续表）

序号	产品/技术名称	主要技术内容	技术支撑单位
5	全新风直接蒸发模块化数据中心	全新风直接蒸发模块化数据中心通过自主研发的一套全自动的风机和风阀系统来驱动空气穿过服务器带走热量，同时精确控制服务器进风端的温湿度，根据外部和内部的温湿度情况，使用外部空气作为主要的制冷手段，通过多级的蒸发装置来调节温湿度，通过混合机柜的热排风来加热或者降低相对湿度，用直膨式制冷或者冷冻水作为补充。 模块化数据中心全部预制化，快速部署，PUE值低至1.1，环保节能，减少碳排量，还能优化电力资源，为用户的IT负载实现最大化	苏州安瑞可信息科技有限公司
6	蒸发冷却一体化集成冷站	蒸发冷却一体化集成冷站是蒸发冷却空气—水系统和机械制冷系统的耦合。系统全年部分时间以间接蒸发却冷水机组进行自然冷却、部分时间以变频离心冷水机组制冷。 蒸发冷却一体化集成冷站运行模式可以根据实际需求，自动或者手动调换运行模式。若压缩机所需要的冷却水温度较低，可以使用蒸发冷却机组冷却后的冷却水；若压缩机所需要的冷却水温度较高，可以采用未经过降温的冷却水，再让冷却水流回蒸发冷却机组进行降温	新疆华奕新能源科技有限公司
7	新型蒸发冷却空调系统	该系统是国内外首例完全以"干空气能"为自然冷源，基于蒸发冷却技术实现干燥地区数据中心机房全年采用100%自然冷却的集中式蒸发冷却空调系统；在低温季节时，通过在蒸发冷却冷水机组功能段中集成冬季乙二醇自然冷用表冷器代替常规干冷器用以制冷，实现蒸发冷却冷水机组全年制冷，从而满足该数据中心新型蒸发冷却空调系统全年制冷的需要。 无压缩机空调使用，空调所需配电量降低，可增加机柜的数量，实现全年自然冷却，蒸发冷却设备的耗电量约为传统空调的30%，降低PUE值。蒸发冷却冷水机组耗水量为传统冷却塔的40%～70%，降低WUE值。无化学制冷剂的应用，系统更加绿色、环保、低碳、健康	
8	通信机房双回路热管空调	机房制冷双回路热管空调机融合了热管换热与压缩机制冷两套独立系统，运行机制灵活。热管系统是利用室内、外空气温度差，通过封闭管路中工质的蒸发、冷凝循环而形成动态热力平衡，将室内的热量高效传递到室外的节能设备。 双回路热管空调一体机，包含热管换热与压缩机制冷两套独立系统，压缩机系统与热管系统分别使用不同的蒸发器和冷凝器。 使用机房制冷双回路热管空调机，与传统的机房空调相比，增加了热管换热的功能，且设计上采用热管优先的设计思路，可以大幅减少通信机房和数据中心的制冷功耗。 在冬季运行时，相比传统空调节电率60%以上；在春秋季过渡季节，相比传统空调节电率30%以上；在夏季，由于热管空调设计为高风量、显热比高，相比传统空调节能率在10%以上。综合加权，全年节电率为30%～57%	湖北兴致天下信息技术有限公司 中国移动通信集团湖北有限公司

（续表）

序号	产品/技术名称	主要技术内容	技术支撑单位
9	750V高压直流远供方案	为降低5G拉远基站和C-RAN基站市电引入和蓄电池的投资，探索形成"一点集中，分布供电"的供电模式，直接采用大巴退役的PACK电池进行局端备电，AC/DC的功率模块可以直接采用充电桩模块，采用业界的成熟方案。该方案主要是针对交流取电困难、峰谷电价有优势的场景，采用升压远供的方案实现集中供备电。 系统从稳定的交流电（380V），经局端设备（靠近主变压器侧的基站）转换为直流电（750V），通过两芯供电电缆向远端供电，同时可在750V直流输出端安装电表，计量750V的输出端用电量。区间远端设备进行供电控制和故障隔离，并将传输来的直流电变换为用电设备所需的48V直流电，为用电设备供电。 监控设备实时监控局端设备、远端设备、供电电缆等的工作状况，判断和定位故障，并将信息上传，提供声光报警，最终实现安全、稳定、可靠的远程供电	中兴通讯股份有限公司
10	HBC2-5通信基站光柴储混合能源供电系统	HBC2-5通信基站光柴储混合能源供电系统是集成光、柴、储、市电等供电源的一体化基站供电解决方案，本方案可降低通信基站供电成本、降低能源消耗、降低运维成本、提高无故障在线时间、改善综合成本，本系统提供了一种可靠、环保、可扩展、高度集成、灵活便捷的通信基站供电方案，所有的组件在工作时都可以实现无缝衔接。 通信基站光柴储混合能源供电系统由机组静音箱、底座油箱和综合柜3部分组成。 该系统是一种良好的节能环保产品，利用光伏发电，提供清洁安全的能源给通信设备。利用锂电池存储富余的能源，在光伏能源下降时补充供给负载。相较于传统柴油机组供电节能达50%左右	上海科泰电源股份有限公司
11	铅碳高温电池	电池正板栅采用高锡低钙多元耐腐蚀合金，采用超级碳技术、深循环专利技术，具有优异的充电接受能力，电池寿命长，稳健的设计保证产品专业、可靠、安全。设计寿命≥15年（25℃正常使用条件下）。可应用于削峰填谷储能、核心机房、数据中心、无市电或恶劣电网的地区、油电混合供电储能系统等应用场景	理士国际技术有限公司
12	磷酸铁锂电池	该电池在通信行业通常作为备用电源和不间断电源，环境友好，不含重金属，使用安全；用磷酸铁锂作正极材料，循环寿命长，自放电率低；重量轻，体积小；快速充电特性优；使用温度范围广泛，耐高温性能好，结合智能化动态管理，发挥电池全生命周期的价值最大化，合理使用电池	

298

（续表）

序号	产品/技术名称	主要技术内容	技术支撑单位
13	通信基站240V直流智能互供电源系统	通信基站智能互供电源可以实现相邻基站系统之间的联网环形或线形直流安全智能供电。相邻基站系统的直流资源可互助共享：当左邻基站系统正常而本地基站系统失电时，本地基站系统自动请求左邻基站即时供电支援；当右邻基站系统失电请求支援而本地基站系统供电正常时，本站基站系统自动即时向右邻基站系统供电。 采用240V直流传输具有距离远、损耗低的特点。工频变压器多脉波整流系统效率优于97.5%。各基站蓄电池组智能共享支援，提高了电源的可靠性。电路拓扑简单，维护便利	上海现代通讯设备有限公司
14	通信基站蓄电池移峰填谷节能技术	依据电力资费标准，峰电与谷电有明显的电价差，且谷电存在电力冗余浪费、峰电存在电力不能满足用户需求。因此，采用新一代大容量、长寿命、高性能通信用阀控式密封铅碳蓄电池（简称铅碳蓄电池），实现通信基站电源系统峰电期间采用蓄电池给通信负载供电，谷电期间给蓄电池充电，采用每日一充一放循环应用，减少谷电电力浪费，降低通信基站的能源消耗。 采用铅碳蓄电池实现通信基站备用电源移峰填谷，以能效管理为重点，降低能源消耗，减少运营成本	山东圣阳电源股份有限公司
15	48V100Ah磷酸铁锂电池组	本产品为48V100Ah磷酸铁锂电池组，主要面向储能、电力、通信备用等直流应用领域。该产品主要为打造高性价比、综合性能高的磷酸铁锂储能电池组。产品在能量密度、结构强度、循环寿命、环境适应性、安全性等方面均有独到的设计。 产品采用模块化支架设计，结构设计紧凑，采用螺丝固定模块，整体结构强度高。电池组智能BMS可与动环系统通信，实时通报电池组的信息，如电池组出现异常，可及时切断电源，保证电池组的安全运行	
16	5G-PAD电源	5G-PAD电源产品采用免空调、免机柜、免机房温控设施、免户外FSU设备的全自然散热的自冷技术深度融合电源、电池、配电监控于一体，产品结构主要包括电源模块和电池模块。该产品是为无线基站设计的一款效率高、体积小、重量轻、易安装、免参数设置、免维护的室外/室内供备电解决方案。 5G-PAD电源具有96.5%的超高效率和负载精细化管理功能，可实现5G户外基站"极简、极速、智能、高效"部署	杭州中恒电气股份有限公司
17	5G站点直流侧储能系统	站点直流侧储能方案指根据磷酸铁锂电池循环寿命长，站点电价存在峰谷价等特性。通过站点开关电源或站点直流侧控制器的智能逻辑，科学调度市电和备电电池的供电，动态调度储能模式。智能控制逻辑主要在保障正常备电时长的前提下根据每天峰谷电价情况设置错峰用电功能，实现谷时使用外市电（电池储能），峰时使用电池放电（不使用市电）的功能，最终实现降低电费的目的。 该系统主要由储能电池、储能控制器、储能计量系统和储能调度平台4个部分组成	

（续表）

序号	产品/技术名称	主要技术内容	技术支撑单位
18	240V高压直流供电系统	240V直流电源也称直流UPS，是专为IT设备设计的新型不间断、高可靠性的供电系统。高压直流替代传统的交流UPS供电，在UPS整个生命周期内平均节能20%～30%，相对传统交流UPS具有高效率、高可靠性、极简维护等显著特点。 在新建机房中，采用高压直流系统替代传统的UPS系统，平均节省投资大于40%。240V高压直流供电系统主要由交流配电单元、整流模块、监控单元、直流配电单元组成。整流模块配置的数量根据用户机房负载的大小进行配置，模块扩容方便。单套最大配置32个模块，其容量增加到32×50=1600A，用户还要增加的可以对整流柜扩容，增大容量。模块最低可选不低于2个模块工作，其他模块可休眠节约电能，其效率达到96%，RS-485A/LAN通信接口和整流模块支持热插拔，安全、环保、节能，模块扩容方便，割接方便快捷	中塔新兴通讯技术集团有限公司
19	直流远程供电系统	该系统是专为满足当前通信网络建设的新要求而开发、设计的二次DC—DC升压电源，符合工业和信息化产业部发布的国家通信行业标准（YD/T 1817—2008）要求。适用于移动基站建设、EPON建设、室内（外）机房建设等。该产品采用PMW技术，局端设备将机房内稳定的电能通过复合光缆、电力线缆输送至远端用电点，克服传统供电方式存在的问题，为当地接电不便或供电不稳定的通信设备提供稳定、可靠、经济的电源。 ZTJ系列直流远供电源系统由局端设备（ZTJ）和远端设备（ZTY）组成。适用于引电费用高、难度大、远端负荷小的应用场景	
20	DCIM智能运维管理平台	DCIM平台以DevOps方法论为指导思想开发、实施及运维，采用三级中心架构：自动化中心（一级中心）、监控中心（二级中心）以及全国中心（三级中心）。平台集成多个自研的运维管理子系统共同组成智能运维管理平台，全方位满足数据中心运维管理的需要；同时整合数据中心动力环境监控（指动力系统和环境系统监控）、BA（楼宇自控）和IT基础架构（指服务器、网络、存储、数据库、中间件等）监控，将数据中心设备监视和控制进行了统一和开放性管理。 主要应用于有小型机房、中大型数据中心的基础设施（弱电、安防、动环、BA）以及IT层的监控管理	深圳市杭金鲲鹏数据运营有限公司
21	站点节能解决方案	针对运营商用户面临的经营风险和降本增效的诉求，力维智联推出了站点节能解决方案，帮助运营商用户实现"按需用能、节能减排"的目标。站点节能解决方案不改变现有的维护模式，能够实现各类节能策略的编辑、下发、执行以及电量计量、节能效果评估等功能。 该方案主要支持的业务和功能包括：负载设备智能关断、空调设备智能温控、多运营商共建共享站差异化备电、电费削峰填谷、多运营商共建共享站电量计量等	深圳力维智联技术有限公司

（续表）

序号	产品/技术名称	主要技术内容	技术支撑单位
22	户外基站一体化系统	该系统内部集成了储能电源系统、制冷/散热系统、配电系统、动力与环境监控系统，为用户的AAU、BBU、RRU等设备提供全面的供电保障，用户只需将设备安装在机柜中即可。 该系统主要用于无线通信基站，包括新一代4G/5G系统，通信/网络综合业务，接入传输交换局站，应急通信/传输等。一体化电源解决方案主要目的是为了简化用户建设，增加用户电源系统的可靠性。 系统采用分层分布架构，将站用UPS与电力逆变电源、通信用直流电源等设备按一体化设计、一体化配置，通过通信基站智能动环监控单元，实现统一监控管理，进而实现对基站动力、环境、安全的集中运维和远程管理	先控捷联电气股份有限公司